D1640372

Akademie für Technikfolgenabschätzung
in Baden-Württemberg
Industriestraße 5
70565 Stuttgart

Tel. 0711/9063-0
Fax 0711/9063-299
Internet: www.ta-akademie.de

Birgit Blättel-Mink / Ortwin Renn (Hrsg.)

Ökologische Innovationssysteme im Vergleich

Nationale und regionale Fallstudien

Nomos Verlagsgesellschaft
Baden-Baden

Bibliografische Information Der Deutschen Bibliothek

Die Deutsche Bibliothek verzeichnet diese Publikation in
der Deutschen Nationalbibliografie; detaillierte bibliografische
Daten sind im Internet über http://dnb.ddb.de abrufbar.

ISBN 3-8329-0275-9

Redaktionelle Bearbeitung und Satz:
Birgit Lenuweit und Elke Ristok

1. Auflage 2003
© Nomos Verlagsgesellschaft, Baden-Baden 2003. Printed in Germany. Alle Rechte,
auch die des Nachdrucks von Auszügen, der photomechanischen Wiedergabe und der
Übersetzung, vorbehalten.

Inhaltsverzeichnis

Ortwin Renn

Zur Einführung

Technische und soziale Innovationen, darüber sind sich die Vertreter unterschiedlicher Disziplinen und Schulen in der Innovationsforschung einig, erfolgen nicht mehr aus dem einsamen Ratschluss des voraussehenden Individuums, wie noch in der Lesart von Joseph A. Schumpeter, sondern als Folge eines komplexen Interaktionsprozesses zwischen einer Vielzahl von Akteuren. Zunehmend lassen sich solche Interaktionsmuster mit der sozialen Netzwerktheorie beschreiben und analysieren. Ein erfolgreiches Innovationsnetzwerk oder Innovationssystem zeichnet sich durch eine meist intrinsische Motivation der Mitglieder, eine hohe inhaltliche Kohärenz bei gleichzeitig loser organisatorischer Kopplung zwischen den Systemeinheiten und durch offene Lernprozesse auch gegenüber den Anforderungen der Umwelt aus.

Gerade diese Umweltanforderungen sind es, die Innovationsnetzwerken ihre innere Stabilität aber auch ihre Dynamik verleihen. Unter diesen Umweltanforderungen sind vor allem vier zentrale Trends von Bedeutung:

a) *Globalisierung*: Zunehmende internationale Vernetzung in den Bereichen Wirtschaft, Handel, Politik und Kultur mit der Folge, dass Innovationsnetzwerke nicht mehr regional begrenzt auftreten müssen (aber können) und gleichzeitg mit anderen globalen Netzwerken konkurrieren.

b) *Beschleunigung*: Zunehmende Geschwindigkeit von Innovationszyklen in Technik, Moden und Lebensstilen (dadurch auch Verlust an Geborgenheit, Zunahme von Patchwork Biographien, Zunahme individueller Freiheitsgrade bei nachlassender Lebenssicherheit).

c) *Pluralisierung*: Zunehmende Angebote an konkurrierenden Sinnorientierungen und Lebensstilen innerhalb einer Kultur (aber häufig Universalisierung zwischen den Kulturen).

d) *kürzere Halbwertszeiten des Wissens*: Zunehmende Abhängigkeit der Wettbewerbsfähigkeit von neuen Wissensbeständen, die vor allem mit der Digitalisierung der verfügbaren Informationen und deren Verbreitung durch neue IuK-Technologien verbunden sind.

In Zukunft wird der Bedarf an kollektiver Orientierung angesichts der Zunahme von Globalisierung, Beschleunigung und Pluralisierung ansteigen. Schon heute erleben wir eine Zersplitterung der modernen Gesellschaft in Lebensstilgruppen mit eigenem Wissenskanon, eigenen Überzeugungen, Normen, Gewohnheiten und Konsumbedürfnissen. Damit wächst die Notwendigkeit der Koordination, da in dicht besiedelten Räumen und in hochfunktionalen Abhängigkeiten der internationalen Arbeitsteilung die Handlungen des einen die Handlungsmöglichkeiten des anderen beeinträchtigen. Koordination und

Orientierung sind beides Aufgaben, die auf der einen Seite bessere Kommunikationskanäle voraussetzen, auf der anderen Seite neue organisatorische Formen der Netzwerkbildung und der Leitbildformierung notwendig machen. Hier gehen soziale und technische Innovationsanforderungen Hand in Hand.

Dabei ist es die Rolle der Entscheidunsgträger in Unternehmen, die dazu notwendigen komplexen Vernetzungen zwischen Konsumenten, Produzenten und der Öffentlichkeit zu erkunden und horizontale Vernetzungen aufzubauen. Zunehmend wird deutlich, dass innovatives Handeln von den Unternehmen eine über die normale Verbandsarbeit hinausgehende Kontaktpflege mit anderen Unternehmen, gesellschaftlichen Gruppen und politischen Institutionen erfordert. In solchen unkonventionellen Netzwerken wächst der Nährboden für neue technische Lösungen, bei denen soziale Kosten vermieden und erwünschte Funktionen mit einem Minimum an ökologischen und sozialen Belastungen erfüllt werden können. Eine solche Orientierung an nachvollziehbaren Funktionen sowie an den Möglichkeiten zur Reduktionen unerwünschter Nebenwirkungen erhöht nicht nur die nationale Wettbewerbsfähigkeit, sondern verspricht auch eine bessere internationale Verortung im Wettstreit der Konkurrenten.

Die Rolle der politischen Akteure und der Zivilgesellschaft besteht darin, die Anstrengungen der Unternehmen durch einen intensiven gesellschaftlichen Diskurs über die Zukunft der technik-orientierten Industriegesellschaft zu unterstützen und im Sinne einer Standortbestimmung und eines Leitbildes für die weitere gesellschaftliche Entwicklung Anregungen zu geben. Zweifelsohne hat weltweit das Konzept einer nachhaltigen Entwicklung die Funktion eines solchen gesellschaftlichen Leitbildes erhalten.

Stellt man die Frage, inwieweit sich die neuartigen Innovationssysteme im Sinne des Konzeptes einer nachhaltigen Entwicklung ökologisieren lassen, d.h. Innovationen durchführen, die dem Leitbild der nachhaltigen Entwicklung entsprechen, so ergibt sich vor allem ein grundlegendes Problem: nachhaltige Entwicklung ist ein normatives Konzept, das im Normalfall von außen (durch ‚ecology-pull' oder ‚regulatory-pull'; vgl. Blättel-Mink 2001) auf die Elemente des Innovationssystems einwirkt. Bis auf wenige Ausnahmen verteuert die Internalisierung ökologischer Folgen den Produktpreis. Aus betriebswirtschaftlicher Sicht ist daher umweltgerechte Produktgestaltung ein Kostenfaktor, der zu vermeiden ist. Angesichts des weltweit akzeptierten Leitbildes einer nachhaltigen Wirtschaft wächst gleichzeitig aber der Druck auf Unternehmen, eine nachhaltige Innovationskultur zu pflegen. Dazu kommt noch, dass die Inhalte einer auf Nachhaltigkeit orientierten Unternehmenspolitik andauernd im Fluss sind. Wir beobachten heute, dass die toxikologische Auswirkung von anthropogenen Schadstoffen zunehmend in den Hintergrund treten und durch eine neue Politik der quantitativen Stoffflussbegrenzung und der qualitativen Stoffflussbewertung ersetzt werden. Beide Tendenzen werden Auswirkungen auf ökologische Innovationen haben. Anstelle von den zur Zeit immer noch dominierenden ‚end of pipe' Lösungen werden zunehmend komplexe und integrierte Systemlösungen gefordert, die, ausgehend von einer Bilanzierung der Stoffströme, Technologien und Verfahrensweisen einsetzen, die hohe Wertschöpfung mit geringem Materialaufwand und Umweltnutzung verbinden. Dies kann in Einzelfällen zu ,win-win' Lösungen führen, wenn dadurch neue Produkte erzeugt oder bestehende qualitativ verbessert werden können. Daneben vermittelt die ökologische Qualität eines Produktes wichtige Impulse für die corporate identity und das Image des Unternehmens.

Diese offensichtlichen Vorteile kontrastieren jedoch mit der mangelnden Zahlungsbereitschaft der Konsumenten für ökologisch verträgliche Güter, die bei allem Potential für ,win-win' Lösungen in der Regel teurer sind als die herkömmlichen Produkte. Dazu kommt noch, dass der Aufwand für ökologisch orientierte Produkte und Produktionsverfahren in der öffentlichen Wahrnehmung trotz hoher sozialer Erwünschtheit wenig Beachtung findet und in den Medien eher untergeordnet wahrgenommen wird. Auf diese Weise haben viele Unternehmen die Strategie der ökologischen Inszenierung gewählt – ein Verfahren, das die Imagegewinne versucht zu mobilisieren, ohne substantielle ökologische Innovationen in der Produktgestaltung oder im Produktions-prozess einzuleiten.

Das vorliegende Buch versucht, die Strategien der Unternehmen und der anderen Akteure in Innovationsnetzwerken vergleichend zu analysieren und auf dieser Basis die verschiedenen Wege darzustellen, wie das Dilemma zwischen globalem Preiswettbewerb und globalem Image- und Innovationsdruck in verschiedenen Innovationssystemen gelöst bzw. behandelt wird. Insbesondere geht das Buch den folgenden Fragen nach:

- In welcher Weise entwickeln sich aus Innovationssystemen ökologische Innovationssysteme und wie ergänzen ökologische Fragestellungen die klassischen Innovationsstrategien ?
- Welcher Logik folgt ein derartiger Veränderungs- wenn nicht Transformationsprozess?
- Welche sozialen, wirtschaftlichen und institutionellen Faktoren weisen eher hemmende und welche eher fördernde Wirkung auf die Ökologisierung (und Sozialisierung) eines Innovationssystems auf?

Dafür werden unterschiedliche Innovationssysteme auf nationaler und auf subnationaler Ebene näher untersucht. Die forschungsleitende Hypothese lautet: Gesellschaften auf der liberalen Seite des Innovations-Kontinuums verfolgen im Prozess der Ökologisierung eine Logik des Wettbewerbs – und zwar sowohl innerhalb als auch und vor allem außerhalb der Nationalökonomie – und des Tausches. Sie benutzen die ,nachhaltigen' Instrumente der Effizienz und der Prozessinnovation, um eine Integration von Ökonomie und Ökologie zu erreichen. Sie setzen deshalb auf einen verstärkten Einsatz von preisreduzierenden Umwelttechnologien und finanziell kostengünstigen Innovationen im Produktionsverfahren. Gesellschaften am korporatistischen Ende des Kontinuums von Innovationssystemen hingegen verfolgen im Prozess der Ökologisierung oder auch der Entkopplung von Wirtschaftswachstum und Ressourcenverbrauch eine Planungslogik, die auf eine gegenseitige Verbindlichkeit von Nachhaltigkeitszielen aufbaut und den Wettbewerb auf die möglichst effiziente Umsetzung dieser Ziele lenkt. Sind diese Ziele aber vage oder brechen einzelne Mitglieder aus dem Innovationsnetzwerk aus, dann ziehen sich die Akteure wieder auf ihre klassischen Innovationsstrategien zurück. Korporatistische Innovationsnetzwerke bauen auf Zentralisierung auf, sie bevorzugen top-down-Strategien und orientieren sich – zumindest teilweise – an der ‚nachhaltigen‘ Idee der ‚Heimkehr der Bedrohung‘.

Im Gegensatz zu wichtigen vergleichenden Studien, die vor allem im deutschen Sprachraum in den letzten Jahren entstanden, geht es in diesem Buch nicht nur um die Frage der Umsetzung oder Implementierung von nationalen Umweltplänen im Unternehmensbereich (vgl. u.a. Carius/Sandhövel 1998; Jänicke 1997) oder um die umweltpolitischen Strategien eines Landes (vgl. u.a. Jänicke/Carius/Jörgens 1997; Kern 2002; Rennings 1999), sondern es wird der Versuch unternommen, Ökologisierung aus einem nationalen bzw. regionalen Innovationsverständnis heraus zu begreifen. und dabei vor allem das Augenmerk auf die wirtschaftlichen Akteure zu lenken.

Literatur:

Blättel-Mink, B. 2001: Wirtschaft und Umweltschutz. Grenzen der Integration von Ökonomie und Ökologie. Frankfurt am Main: Campus

Carius, A./Sandhövel, A. 1998: Umweltpolitikplanung auf nationaler und internationaler Ebene. In: Aus Politik und Zeitgeschichte, B50/98: 11–20

Jänicke, M. 1997: Deutschland als Vorreiter und Nachzügler nachhaltiger Entwicklung. In: GAIA – Ökologische Perspektiven in Natur-, Geistes- und Wirtschaftswissenschaften, Jg. 6 (4): 291–292

Jänicke, M./Carius, A./Jörgens, H. 1997: Nationale Umweltpläne in ausgewählten Industrieländern. Berlin u.a.: Springer

Kern, K. 2002: Diffusion nachhaltiger Politikmuster, transnationale Netzwerke und ‚globale‘ Governance. In. Brand, K.-W. (Hg.) Politik der Nachhaltigkeit. Voraussetzungen, Probleme, Chancen – eine kritische Diskussion. Berlin: edition sigma: 193-210

Rennings, K. (Hg.) 1999: Innovation durch Umweltpolitik. Schriftenreihe des ZEW Band 36. Baden-Baden: Nomos

Kontakt:
Prof. Dr. Ortwin Renn: ortwin.renn@ta-akademie.de

Birgit Blättel-Mink

Ökologisierung von Innovationssystemen – Theoretischer Rahmen

1 Einleitung

In der Innovationsforschung ist die Vorstellung vom ‚reinen Unternehmer', der als individueller außeralltäglicher Akteur die Aufgabe hat, durch Innovationen die nationale Volkswirtschaft aus dem Gleichgewicht zu bringen und damit einen ‚Prozess der schöpferischen Zerstörung' einzuleiten (vgl. Schumpeter 1964/1912) längst überholt. Im Augenblick dominiert ein, in den Traditionen des Neo-Institutionalismus und der Evolutionstheorie stehender, theoretischer Ansatz den wissenschaftlichen Diskurs, der die nationale Wirtschaftsstruktur und das nationale Institutionengefüge als ein kohärentes System begreift, das auf der Basis von interaktiven Lernprozessen ein erfolgreiches Innovationssystem konstituiert (vgl. u.a. Lundvall 1992 und 1988; Nelson 1993; Edquist 1997).

Die Ökologisierung derartiger Innovationssysteme im Sinne der Internalisierung externer ökologischer Effekte geschieht nicht aufgrund ökonomischer, sondern eher aufgrund gesellschaftlich normativer Vorgaben (vgl. Blättel-Mink 2001). Noch einen Schritt weiter geht der Übergang zu einem umfassenden System nachhaltiger Entwicklung, in das neben ökonomischen und ökologischen auch soziale Aspekte integriert sind. Im folgenden wird die Internalisierung externer ökologischer und sozialer Effekte in den ökonomischen Entscheidungsfindungsprozess als Innovation verstanden, die nicht – zumindest auf den ersten Blick – der ökonomischen Logik entspricht.

Aber auch für andere gesellschaftliche Teilbereiche und Akteure des Innovationssystems stellen die Schonung natürlicher Ressourcen und die Berücksichtigung der sozialen Folgen technischer Entwicklung keine Selbstverständlichkeit dar.
Im Folgenden wird der theoretische Rahmen der vergleichenden Studie skizziert, in den vor allem die Studien zu Deutschland, Großbritannien, den Niederlanden, Japan und Baden-Württemberg eingebettet sind. Die Beiträge von Zbigniew Bochniarz, Werner Kvarda und Fred Manske basieren auf Studien, die unabhängig hiervon entstanden sind, die jedoch die vergleichende Perspektive zu stärken vermögen.

In einem ersten Schritt werden die Elemente des nationalen Innovationssystems dargestellt, um sodann in einem zweiten Schritt die Ökologisierung bzw. die Entwicklung in Richtung Nachhaltigkeit dieser Elemente bzw. des Systems insgesamt vorzunehmen. Schließlich werden unterschiedliche Aggregate von Innovationssystemen aus der Perspektive nachhaltiger Entwicklung bzw. auf der Folie des normativen Leitbilds ‚nachhaltige Entwicklung' betrachtet. Der Beitrag schließt mit der forschungsleitenden Hypothese der vergleichenden Analyse.

2 Die Elemente des (nationalen) Innovationssystems

Die minimale Voraussetzung für ein erfolgreiches Innovationssystem ist die Kohärenz seiner Teile. Je größer die Kohärenz, desto erfolgreicher das System. Kohärenz meint in diesem Zusammenhang inhaltliche und kommunikative Übereinstimmung im Hinblick auf Innovationen.

Die natürlichen Ressourcen einer Volkswirtschaft

Je geringer die Ausstattung mit natürlichen Ressourcen (z.B. Japan, Deutschland) ist, desto bedeutsamer wird die Exportorientierung einer Volkswirtschaft. Denn um die notwendigen Importe an Ressourcen zu tätigen, muss die Kaufkraft des Landes gestärkt werden. Der Versuch auf dem globalen Markt zu überleben, erfordert wiederum Investitionen in einheimische Humanressourcen (vgl. auch Nelson 1993). Länder hingegen mit einer guten Ausstattung an natürlichen Ressourcen können notwendige Importe über den Handel mit denselben finanzieren.

Die Wirtschaftsstruktur

Branchen verfolgen unterschiedliche Entwicklungspfade (,Trajektorien'), sind mehr oder weniger innovativ, mehr oder weniger abhängig von Humanressourcen (arbeits-versus kapitalintensive Branchen) und kreieren unterschiedliche technologische Regime (vgl. Audretsch 1991; vgl. auch Blättel-Mink 1994). Keith Pavitt (1984) schlägt folgende Branchendifferenzierung vor: wissensbasierte, angebotsdominierte, skalenintensive Branchen und spezialisierte Anbieter. Diesen Branchengruppen können unterschiedliche Innovationstypen zugeordnet werden, die wiederum auf unterschiedlichen Interaktions- und Kooperationsformen basieren. Auch die typische Größenzusammensetzung und damit zusammenhängende Produktionsregime spielen eine wichtige Rolle im Hinblick auf die Innovationsbereitschaft (vgl. Audretsch 1991). Unternehmerische Regime, typisch für die High-Tech-Branche, neigen zu radikalen Innovationen und erleichtern kleinen und mittleren Unternehmen den Markteinstieg. Routinisierte Regime, wie das der Automobilbranche, sind stark zentralisiert, setzen auf Verbesserungsinnovationen und versperren neuen Unternehmen den Marktzugang. David Soskice beschreibt[1] die deutsche und die amerikanische Wirtschaftsstruktur als völlig unterschiedlich. Deutschland wird von etablierten Technologien in Großunternehmen dominiert, während in den USA auch kleine Unternehmen oder kleine Gruppen in Großunternehmen

---

1 In einem Vortrag auf der SASE-Tagung 1998 in Wien zum Thema ,Challenges for the future: structural changes and transformations in contemporary societies'.

für die radikalen Innovationen in ‚Zukunftsbranchen' zuständig sind. Des Weiteren treiben sich in den USA Großunternehmen gegenseitig an (‚Wintelism').

Das (nationale) Institutionengefüge

Zum Institutionengefüge gehören die Wirtschafts- und Forschungspolitik eines Landes, das Bildungs- und Ausbildungssystem, das Finanzsystem, das Muster wirtschaftlicher Koordination (vgl. Soskice 1994) und die strukturellen Bedingungen reflexiver Modernisierung (vgl. Lash 1993). Die beiden letzten Faktoren sind von besonderem Interesse und werden deshalb etwas genauer betrachtet.

A. Koordinationsformen innerhalb der Wirtschaft

David Soskice (1994) nahm einen Paradigmenwechsel innerhalb der Industriesoziologie vor, die bis dahin Volkswirtschaften lediglich nach Branchenstrukturen differenzierte. Soskice unterscheidet Länder nach ‚pattern and degree of organization of national business'. „(...) we accord to national business systems, and their capacity (or incapacity) formally or informally to organize and sustain the production of framework incentives and constraints for individual companies to operate in the same type of importance as political economists accorded to unions as key collective actors in the corporatist environment of the 1970s" (Soskice 1994: 273). Soskice unterscheidet ‚liberale Markwirtschaft', d.h. schwache wirtschaftliche Koordination, keine bzw. wenig Möglichkeiten für Netzwerkbildung, kein gemeinschaftliches Handeln und ‚koordinierte Marktwirtschaft', d.h. die Wirtschaftsunternehmen sind in ihren Strategien deutlich aufeinander bezogen. Die Art der wirtschaftlichen Koordination, „(...) the degree and pattern of coordination between companies in an economy determine the framework constraints and incentives (covering finance, industrial relations and training, and inter-company relations) within which companies in that economy operate" (ebd.: 282). In Bezug auf Innovation deuten verschiedene Koordinationsmuster verschiedene Wege an, Innovationsprozesse durchzuführen. Mit zunehmender Koordination steigt der Grad der Veralltäglichung von Innovationen, d.h. die Wahrscheinlichkeit, dass der Produktionsprozess zumindest Verbesserungsinnovationen (oder inkrementale im Gegensatz zu pro-aktiven Innovationen) hervorbringt. Beachtenswert ist ein weiterer Unterschied, den Soskice vornimmt. Dieser ergibt sich aus dem institutionellen Rahmen, in dem die wirtschaftliche Koordination stattfindet. In industriekoordinierten Marktwirtschaften findet die Koordination durch Industrieverbände statt, während in gruppenkoordinierten Marktwirtschaften die Koordination innerhalb großer Firmengruppen stattfindet, die sich aus mehreren Einzelunternehmen in unterschiedlichen Branchen zusammensetzen (vgl. Soskice 1994: 274).

B. Nationales Ordnungsmodell

Scott Lash (1993) führt eine Unterscheidung ein, die Bezug nimmt auf die Strukturen, innerhalb derer der Modernisierungsprozess von entwickelten und weniger entwickelten Gesellschaften abläuft. Im Hinblick auf die Chancen für reflexive Modernisierung (d.h. Freisetzung der Individuen von Strukturen, vor allem von traditionalen Strukturen) unterscheidet er korporatistische und neoliberale Strukturen. Reflexivität setzt symbolische Strukturen, Strukturen der Kommunikation voraus. Reflexive Modernisierung setzt Informations- und Kommunikationsstrukturen voraus, die es dem Individuum erlauben, sich reflexiv, d.h. selbstbezüglich von den Strukturen zu befreien. Lash thematisiert die unterschiedliche Eingebettetheit in diese Informations- und Kommunikationsstrukturen: „Man sollte diese Informations- und Kommunikationsstrukturen durchaus in einem empirischen Sinne verstehen, in der Bedeutung, die den Karten der Kommunikationsgeographen zugrunde liegt. Solche Karten stellen Zonen dar, durch die Kommunikationen und Informationen fließen. Man sieht auf diesen Karten dicht ‚vernetzte' lebende Zonen und ausgedünnte vernetzte ‚wilde' Zonen. Wer Zugang zu diesen strukturierten Strömungen der Information hat, hat auch erhebliche Reflexivitätschancen. Wer wenig Zugang zu diesen Kommunikationsströmungen hat und sich in einer toten oder wilden Zone befindet, wird auch wenig Reflexivitätschancen haben und nicht zu den Reflexivitätsgewinnern, sondern zu den Reflexivitätsverlierern gehören." (Lash 1993: 195)

Ähnlich wie Soskice unterscheidet Lash Neoliberalismus und Korporatismus und analysiert diese beiden Formen der staatlichen Koordinierung und Regulierung im Hinblick auf ihre Informations- und Kooperationsmuster. Korporatismus fördert reflexive Modernisierung, indem er den Austausch von Informationen erleichtert. Am Beispiel des Produktionssystems kann gezeigt werden, dass korporatistische ‚Rigiditäten' im Hinblick auf Informations- und Kommunikationsfluss deutliche Vorteile gegenüber einem neoliberalen Modell besitzen. Des weiteren lohnt es sich für den Unternehmer/die Unternehmerin innerhalb eines korporatistischen Systems in Bildung und Ausbildung zu investieren. In Japan geschieht dies eher gruppenspezifisch, d.h. einzelne Unternehmensgruppen organisieren derartige Leistungen in vertikalen Beziehungen. In Deutschland finden sich Formen der Kooperation zwischen der Wirtschaft und technischen Fachhochschulen und Hochschulen sowie Gewerkschaften und Handelskammern. Im neoliberalen, marktgesteuerten Kontext hingegen lohnen sich Investitionen in die Bildung und Ausbildung der Individuen eher nicht, da die Arbeiter einem häufigen Arbeitsplatzwechsel ausgesetzt sind. Dies senkt selbstverständlich auch die Lohn- und Lohnnebenkosten. Ein weiteres Beispiel stellen die ‚externen' Elemente des Produktionssystems dar. „In marktgesteuerten Ländern, wie den USA und Großbritannien, sind Arbeiter/-innen und Finanzinstitutionen nur schwach mit der Firma verbunden und daher vom Informationsfluss ausgeschlossen. Die rigiden stärkeren Verbindungen in Deutschland und Japan ermöglichen dagegen die Einbeziehung von Arbeitern und Finanzinteressen in den Informationsfluss der Firma." (Lash 1993: 196f)

Je korporatistischer eine Gesellschaft ist, desto höher sind die privaten und öffentlichen Bildungsausgaben, desto größer ist die Vernetzung innerhalb als auch außerhalb der Wirtschaft. Je stärker das System industrieller Beziehungen ist, desto leichter ist der Zugang zu Informations- und Kommunikationsnetzwerken für diejenigen, die am öffentlichen Leben teilnehmen, und desto eher wird bestimmten Gruppen die Teilnahme an Informations- und Kommunikationsnetzen vorenthalten. Je liberaler und marktgesteuerter ein Gesellschaftssystem ist, desto ungleichmäßiger ist der Zugang zu Innovations- und Kommunikationsstrukturen auch innerhalb des öffentlichen Lebens verteilt, desto höher muss die individuelle Leistungsbereitschaft sein sowie die Entscheidungsbereitschaft und die Bereitschaft der Gesellschaftsmitglieder, sich auf eigene Faust Informationen zu beschaffen (vgl. auch Lash 1993).[2]

3 Ökologisierung (nationaler) Innovationssysteme

-   Wie reagieren derartige Innovationssysteme auf die Norm der nachhaltigen Entwicklung im Sinne einer Innovation und damit im Sinne von extern initiiertem Wandel?
-   Wer sind die Akteure eines ökologischen im Vergleich zum allgemeinen Innovationssystem?
-   Welche Rolle spielen internationale Abkommen für die nationale bzw. regionale Politik?
-   Welche Rolle spielt die ökologische Betroffenheit einer Gesellschaft?

Nachhaltige Entwicklung

„Eine Entwicklung, welche die Bedürfnisse der Gegenwart befriedigt, ohne die Fähigkeit zukünftiger Generationen zu gefährden, ihre eigenen Bedürfnisse zu befriedigen." (World Commission on Environment and Development 1987) Die so genannte Brundtland-Definition nachhaltiger Entwicklung beinhaltet eine spezifische Sichtweise des Verhältnisses von Mensch und Natur, eine anthropozentrische Sichtweise nämlich, die davon ausgeht, dass die Natur dem Menschen zur Bedürfnisbefriedigung zur Verfügung steht und von ihm in Kulturland umgewandelt werden darf. Die Pflicht dieses Naturland auch zu schonen, ergibt sich sodann aus der Forderung nach intergenerationaler Nachhaltigkeit, also einer zeitlichen Perspektive. Allerdings gilt dies nur für die so genannte ‚starke Nachhaltigkeit', von der man dann spricht, wenn nicht-erneuerbare Ressourcen,

---

2 Klaus Armingeon hat auf dem Soziologiekongress (Deutschland, Schweiz, Österreich) 1998 in Freiburg in einem Vortrag mit dem Titel: ‚Nationale Arbeitsmarktpolitiken: Zur Wirkungslosigkeit verurteilt?' empirische Evidenzen dafür aufgezeigt, dass keines der beiden Systeme, Liberalismus oder Korporatismus, sich bis dahin im Hinblick auf die Lösung aktueller Probleme der Volkswirtschaft als erfolgreicher herausgestellt hat.

wie Erdgas, nicht durch erneuerbare Ressourcen, wie Holz, ersetzt werden. Das Konzept der ‚schwachen Nachhaltigkeit' setzt auf die Potenziale erneuerbarer Ressourcen für menschliche Bedürfnisbefriedigung über die Zeit. Die Definition nachhaltiger Entwicklung von Ortwin Renn (1994) belegt deutlich die konstruktivistische Perspektive in der Soziologie: „Nachhaltigkeit bedeutet die Verträglichkeit menschlicher Eingriffe in die Umwelt mit dem von einer Gesellschaft sozial und kulturell konstruierten Natur- und Umweltbild. Gleichgültig, ob es beispielsweise die vielbeklagte Umweltkrise im Sinne eines naturwissenschaftlichen Sachverhaltes gibt oder nicht; die sozialwissenschaftliche Sichtweise geht von einer sozialen Krisenwahrnehmung aus, die immer selektiv ist, und bestimmte (kulturell verfestigte) Muster der Bewertung nahe legt. Urteile über Nachhaltigkeit sind demnach Präferenzäußerungen der gegenwärtigen Generation über das, was sie sich selbst und den künftigen Generationen an Umwelt- und Lebensqualität zubilligen wollen. Dabei stehen vor allem Verteilungsfragen im Vordergrund." (Renn 1994: 9) Renn führt das Konzept der Lebensqualität in die Debatte ein: „Eine nachhaltige, auf Dauer angelegte Entwicklung muss den Kapitalstock an natürlichen Ressourcen so weit erhalten, dass die Lebensqualität zukünftiger Generationen gewährleistet bleibt." (Renn 1996: 24) Er verweist damit auf das Prinzip der Gleichbehandlung von Menschen über Zeit und auf das begrenzende Kriterium, das die Norm der Nachhaltigkeit für ökonomisches Handeln darstellt. Zwar konzediert der Begriff wirtschaftliche Entwicklung, d.h. Wachstum kann weiterhin als dominantes Ziel gelten, aber eben unter nachhaltigen Bedingungen: Die Berücksichtigung der mittel- und langfristigen Folgen von wirtschaftlicher und technischer Entwicklung wird zur Norm. „Lebensqualität umfasst die sozialen Erfahrungen, die das persönliche Wohlergehen bestimmen sowie die objektiven Bedingungen, die solche Erfahrungen erst ermöglichen." (Renn/Kastenholz 1996: 92)

Strategien auf dem Weg zur nachhaltigen Entwicklung

Welche Strategien und Handlungslogiken stehen nun zur Verfügung, um eine Entwicklung zu implementieren, die nachhaltig ist? Joseph Huber (1995) nennt Effizienz, Konsistenz und Subsistenz. Ortwin Renn (1996) umschreibt drei etwas modifizierte Strategien: „Eine gesellschaftliche Entwicklung hin zur Nachhaltigkeit kann (...) an drei Enden ansetzen: der Erhöhung der Umwelteffizienz, der Verbesserung der Innovationskraft und der Veränderung von Lebensstilen." Effizienz impliziert die Überzeugung, dass die gegebenen technischen Möglichkeiten eine Erhöhung der Ressourcenproduktivität ermöglichen und damit den Weg in Richtung nachhaltige Entwicklung einschlagen können. Richtungsweisend für dieses Leitbild ist ein ‚weiter so', wenn auch mit technischen Verbesserungsinnovationen. „Die systematische Steigerung der Arbeits- und Kapitalproduktivität wird um die systematische Steigerung der Ressourcenproduktivität ergänzt." (Huber 1995: 133) Dieses Leitbild ist weitgehend vereinbar mit einem ‚vorreflexiven' Modernisierungskonzept, das technischen Fortschritt als linearen Prozess betrachtet. Kritiker und Kritikerinnen bezeichnen dieses Leitbild als notwendig für nachhaltige Entwicklung, aber nicht hinreichend. Beispiele sind Energieeinsparung und Recycling. Auf die Erhöhung der Ressourcenproduktivität setzt u.a. Ulrich von Weizsäcker, der eine derartige Strategie jüngst folgendermaßen konkretisiert hat: „Im Zentrum der Nachhaltigkeit stehen für mich Effizienz und Eleganz im Umgang mit knappen natürlichen Ressourcen. Selbstverständlich ist es viel eleganter, Elektronen statt schwere Teilchen zu transportieren. Substituiert man Geschäftsreisen durch Videokonferenzen, ist das ein Sprung in der Verbesserung der Ressourceneffizienz und der Nachhaltigkeit. Das gleiche gilt analog für die Kommunikation und den Dokumentenversand via e-mail." (UMIS 1999: 1)

Etwas weiter geht das Leitbild der Konsistenz, in dem es um die Übereinstimmung der anthropogenen und geogenen Stoffströme geht. Es gilt so zu leben (incl. wirtschaften), dass der natürliche Stoffkreislauf nicht aus dem Gleichgewicht gerät. „Die Strategie konsistenter Stoffströme deckt sich mit den Zielen des vorsorgenden integrierten Umweltschutzes (im Unterschied zum nachgeschalteten Umweltschutz end-of-pipe)." (Huber 1995: 140) Dieses Leitbild erfordert neben technischen auch soziale Innovationen. Karl-Werner Brand (1997) spricht hier von einer sozial-ökologischen Modernisierung. Dies impliziert auch eine Veränderung in den Konsumgewohnheiten. Stichwort: Von der Quantität zur Qualität. Allerdings wird die Freiheit der Konsumentscheidungen strikt erhalten „Politisch umschrieben erwächst die Präferenz für eine Strategie konsistenter Stoffströme aus einer Verbindung von freiheitlichen Traditionen mit demokratisierenden Impulsen – freiheitlich, insofern rechtsstaatlich abgesichertes personales Handeln zugrunde liegt und sozial, insofern die Innovationen, die daraus erwachsen, möglichst vielen Menschen dazu dienen sollen, an einem möglichst guten Leben teilzuhaben. Personale Verantwortung soll erweitert, bürokratischer Zwang verringert werden. Ebenso soll, unter politisch gesetzten Randbedingungen, mehr der zivilgesellschaftlichen Selbststeuerung über Märkte, Öffentlichkeit und Privatheit anvertraut werden anstelle staatlicher Tutele." (Huber 1995: 143) Konsistenz scheint eine Strategie zu sein, die den Anforderungen einer reflexiven Modernisierung entgegenkommt.

Eine noch tiefgreifendere Veränderung der Lebens- und Konsumgewohnheiten fordert das Leitbild der Suffizienz. ‚Es genügt' lautet das Stichwort. Die Grenzen des Wachstums geben den Ausschlag zu diesem Leitbild. Gefordert ist eine Entwicklung weg von der Produktionsorientierung hin zu einer Dienstleistungsorientierung. ‚Weniger ist mehr'. Pierre Fornallaz (1995) spricht von ideeller, im Gegensatz zu materieller Bedürfnisbefriedigung, von ‚Transzendenz'. Das Leben ist, so Fornallaz, „(...) die einzige Organisation von Materie und Energie, die in der Lage ist, dem entropischen Prozess entgegenzutreten. Diese Fähigkeit des Lebens, Entropie wieder zu verringern, wird Syntropie genannt und umfasst das Streben aller Formen des Lebens in Richtung größerer Kooperation, Kommunikation, Komplexität und Ordnung." (Fornallaz 1995: 18)

Bisher dürfte bereits deutlich geworden sein, dass Natur, Wirtschaft bzw. Technik und Gesellschaft die Elemente sind, deren spezifische Zielsetzungen und Potenziale zusammengebracht werden müssen, um – vor allem mit der Strategie der Konsistenz bzw. der Innovation – in Richtung Nachhaltigkeit loszumarschieren. „Der entscheidende Erkenntnisfortschritt, der mit dem Sustainability-Konzept erreicht worden ist, liegt in der Einsicht, dass ökonomische, soziale und ökologische Entwicklung nicht voneinander abgespalten und gegeneinander ausgespielt werden dürfen. Soll menschliche Entwicklung auf Dauer gesichert sein, sind diese drei Komponenten als eine immer neu herzustellende notwendige Einheit zu betrachten." (SRU 1994: 9)

Globale Perspektiven nachhaltiger Entwicklung

Wolfgang Sachs (1997) unterscheidet drei ‚Perspektiven', die in der Folge dem Norden und dem Süden bestimmte Rollen zuordnen. Zur Wettkampfperspektive (Leitbild: Effizienz) zählt er die wohl bekannteste Perspektive der UNCED (United Nations Commission for Environment and Development), die die Agenda 21 verantwortet. Diese Perspektive legt den Schwerpunkt auf Entwicklung. „Während vorher der Ertrag von Naturressourcen ‚nachhaltig' war, konnte es jetzt Entwicklung sein. Mit dieser Verschiebung verändert sich freilich der Wahrnehmungsrahmen: anstelle der Natur wird Entwicklung zum Gegenstand der Sorge und anstelle von Entwicklung wird Natur der kritische Faktor, der im Auge zu behalten ist. Kurz gesagt, die Bedeutung von Nachhaltigkeit verlagerte sich vom Naturschutz zum Entwicklungsschutz. 1992 fasste eine Definition der Weltbank diesen Konsens in eine lakonische Formulierung: ‚Was heißt nachhaltig? Nachhaltige Entwicklung ist Entwicklung, die andauert.'" (Sachs 1997: 101) Diese Perspektive setzt uneingeschränkt auf die Erhöhung der Ressourcenproduktivität und auf rationalen Umgang mit der Natur, gleichzeitig beinhaltet sie ein Moment der kulturellen Überhöhung des Nordens bzw. ‚entwickelter' Länder. Sachs macht in diesem Zusammenhang auf die Kritik am Entwicklungskonzept der Anthropologie aufmerksam, das davon ausgeht, dass alle Gesellschaften sich entsprechend dem westlichen Modell entwickeln würden und Gesellschaften differenziert in ‚entwickelt', ‚halbentwickelt' (Schwellenländer) und ‚unterentwickelt'. Vom Norden kommt das Heil. „Umweltprobleme im Süden werden da als das Ergebnis von unzureichender Kapitalausstattung, von veralteter Technologie, von fehlender Expertise und von mangelndem Wirtschaftswachstum interpretiert." (Sachs 1997: 104) Die Eindämmung des Bevölkerungswachstums im Süden steht hier stellvertretend für andere Strategien. Jedenfalls hat der Norden die Aufgabe, die Entwicklung im Süden wirtschaftlich, politisch und sozial sowie kulturell anzukurbeln.

Das Medium der Astronautenperspektive (Konsistenz/Innovation) ist das Wissen. Auch hier schneidet der Süden schlechter ab als der Norden, da das Wissen aus dem Norden kommt und dementsprechende Vorstellungen von Entwicklung hat. Jedenfalls ermöglicht es diese Perspektive mit Hilfe naturwissenschaftlichen (und sozialwissenschaftlichen) Wissens, Aussagen über Konsequenzen von Handlungen zu machen sowie Prognosen aufzustellen. Beides ist unabdinglich notwendig. „Die Rede von der ‚globalen Verantwortung' markiert am besten den Unterschied zur Wettkampfperspektive; die langfristige Sicherheit des Nordens wird hier in einer möglichst rationalen Planung der Weltverhältnisse gesehen. (...) Weil aber die Wachstumszivilisation eine international verflochtene Welt hervorgebracht hat, kann ihre Rettung auch nur im Weltmaßstab erfolgen. Doch eine erhöhte Rationalität im Umgang mit der Natur (und das ist das Credo dieses Ansatzes! d.A.) ist weltweit nicht zu haben, ohne gleichzeitig den Gerechtigkeitsansprüchen des Südens entgegenzukommen." (Sachs 1997: 106)

Exkurs: Von der Tausch- zur Verhandlungslogik

Die Problematik derartiger Verhandlungssituationen, die typisch sind für die Moderne, ist politikwissenschaftlich analysiert (vgl. Scharpf 1996 und Mayntz 1996). Der Weg von der Tausch- zur Verhandlungslogik beinhaltet u.a. die Bereitschaft der Beteiligten, zu einer gemeinsamen Problemlösung zu kommen und dafür bereit zu sein, von den eigenen Interessen – zumindest teilweise – abzusehen. Fritz W. Scharpf problematisiert den Übergang von der negativen zur positiven Koordinierung, bei dem es darum geht, sämtliche Beteiligten zu Wort kommen zu lassen und Entscheidungen nicht länger in bilateralen Interaktionen mit unterschiedlichen Formen der Kompensation von Nicht-Beteiligten zu treffen. Ziel derartiger Politikverflechtungen ist die Erreichung eines Wohlfahrtsoptimums nach Kaldor, d.h. positive Effekte für alle. Allerdings zeigte beispielsweise der Weltklimagipfel von Kyoto, welche Ungleichgewichte auftreten können, wenn sich 170 Staaten an den Verhandlungstisch setzen, und wie fragil das Interesse an einer nachhaltigen Entwicklung tatsächlich ist. Allerdings finden sich auch ernstzunehmende Stimmen, die dem Handel mit Umweltzertifikaten durchaus ökologische Erfolgschancen einräumen, jedoch nur, wenn die Verhandlungspartnerinnen und Verhandlungspartner ihre Sache im Sinne der positiven Koordination strategisch vertreten. „Auch die Entwicklungsländer sollten nach Verabschiedung des ‚Kyoto-Protokolls' nicht nur von Problemen reden, sondern ihre Chancen suchen. Keinerlei Schritte zur Begrenzung und Reduzierung von Treibhausgasemissionen zu unternehmen, bedeutet technologischen Status Quo, mittel- bis längerfristig das ökonomische Abstellgleis und möglicherweise auch den lokalen ökologischen Kollaps. Wenn Länder wie Brasilien, China und Indien sich nicht nur rasch industrialisieren, sondern auch weiter motorisieren, dann kann das nur gut gehen mit emissionsarmen Technologien und relativ sauberen Produkten. Die Entwicklungsländer als Gruppe, selbst die von der Klimaänderung am stärksten betroffenen Insel- und Deltastaaten, haben die Möglichkeiten nicht voll erkannt – zumindest aber nicht genutzt –, die sich für sie durch eine aktive und dynamische internationale Klimapolitik bieten. Joint implementation könnte helfen, die Produktionsstruktur zu modernisieren, Emissionszertifikatehandel kann, bei geschickter Ausgestaltung, zu einem realen Nord-Süd-Transfer führen und gleichzeitig die natürliche Umwelt schützen, von deren Zustand auf Dauer auch in der Dritten Welt die ökonomische und soziale Entwicklung abhängt. Während sie sich im UN-System im Allgemeinen gut darstellen und behaupten konnten, mangelt es den meisten Entwicklungsländern – so will mir scheinen – an einer wichtigen personellen Ressource, an guten Umweltdiplomaten." (Simonis 1998: 14) Auf die zwei Seiten der Globalisierung gehen Feess und Steger (1998) ein. Die Intensivierung der Handelsströme und die Steigerung der Wertschöpfung führt mit Sicherheit zu einem erhöhten Energieverbrauch und damit auch zu einem Anstieg der CO_2-Emissionen. Die Autoren vermuten jedoch auch „(...) Gegentendenzen, die zu einer Senkung des weltweiten Energieverbrauchs beitragen" (Feess/Steger 1998: 51). Angelpunkt ist dabei eine Verstärkung der Kooperation und damit die Angleichung von technologischen Standards.

Deutlich normativer argumentiert die ‚Gruppe von Lissabon', die eine Abkehr von der Dominanz der Wettbewerbsfähigkeit fordert und ‚competition' als die Aufforderung, gemeinsam zu suchen (cum petere) versteht. Die Gruppe schlägt vier Verträge vor, die die Teile eines globalen Gesellschaftsvertrages darstellen könnten: Grundbedürfnisvertrag, Kulturvertrag, Demokratievertrag und Erdvertrag (vgl. Grüber 1998). „Das Kooperationsprinzip muss das Wettbewerbsprinzip ablösen, weil Kooperation eine bessere Nutzung von Ressourcen bewirken und Zuversicht sowie Effizienz sichern kann – eine wichtige Voraussetzung für eine nachhaltige Entwicklung." (ebd.: 55)

Die ‚Heimkehr der Bedrohung' wie Sachs es formuliert, scheint in den bisher diskutierten Perspektiven nicht wahrgenommen zu werden. Anders sieht dies in der ‚Heimatperspektive' aus. Leitbilder sind hier Konsistenz und Suffizienz sowie Kompatibilität von Umwelt, sozialer und wirtschaftlicher Verträglichkeit bzw. Nachhaltigkeit. Allein die ‚Heimatperspektive' sucht die Ursache der Naturkrise in der Überentwicklung. „Im Zentrum der Aufmerksamkeit stehen Ziel und Struktur einer ‚Entwicklung', welche im Süden lokale Gemeinschaften an den Rand drängt sowie im Norden die Wohlfahrt untergräbt, und überdies in beiden Fällen naturschädigend daherkommt." (ebd.: 107) Hier stellt sich besonders die Frage, inwieweit die Akteure bereit sind, ihr Verhalten zu ändern und aus dem Gerechtigkeitsdiskurs Konsequenzen für ihr eigenes Handeln zu ziehen. Die Erkenntnis, dass der Norden der Hauptverschmutzer ist, dass die ‚commons' hier weit über Gebühr benutzt wurden und dass der vom Norden vereinnahmte Umweltraum unverhältnismäßig groß ist, reagiert auf die Heimkehr der Bedrohung mit einem Rückbau der Fernwirkungen. Der Ressourcenverbrauch eines Individuums des Nordens liegt durchschnittlich zehn mal höher als eines Individuums im Süden.

Betrachten wir nun im Folgenden die Faktoren, die Individuen dazu bringen bzw. daran hindern, in ihrem Alltag eine Internalisierung externer Effekte vorzunehmen.

Individuum und Nachhaltigkeit

Unter welchen Bedingungen sind Individuen bereit, sich umweltbewusst zu verhalten? Die Diskrepanz zwischen Einstellung und Handeln ist auch im Bereich nachhaltiger Entwicklung sehr groß. Umweltbewusstes Handeln kann von mehreren Faktoren abhängen und natürlich spielt die individuelle Einstellung hierbei eine große Rolle. Je anthropozentrischer die Vorstellung von dem Verhältnis zwischen Mensch und natürlicher Umwelt, desto weniger bewusst ist die individuelle Verantwortung für letztere, und desto geringer ist dann auch die Bereitschaft in Umweltschutz zu investieren, sei es durch höhere Kosten, durch Änderung des Kaufverhaltens (mehr regionale Produkte, verstärkter Einkauf in ‚grünen Läden'), Energieeinsparung etc. Des Weiteren lassen sich kulturelle Naturbilder unterscheiden (vgl. u.a. Douglas 1989). Der Glaube daran, dass die Natur launisch ist, führt Individuen eher in eine Lähmungshaltung denn in einen aktiven Umweltschutz. Der entgegengesetzte Glaube, dass die Natur robust ist und deshalb einer Ausbeutung standhält, bewahrt den Glauben an die Vorteile technischen Fortschritts und setzt damit auf Effizienz. Individuen, die dieser Überzeugung sind, werden nur schwerlich ihr individuelles Verhalten in Richtung verstärkter Ressourcenschonung ändern. Natur als in Grenzen robust, dieser Glaube führt schon eher zu einem ressourcenschonenden Handeln, allerdings einhergehend mit der Forderung nach mehr staatlicher Steuerung.[3] Effizienz, Konsistenz und Suffizienz in Grenzen scheinen sich hier zu vereinen. Womöglich entspricht diese Vorstellung am ehesten den Anforderungen einer reflexiven Modernisierung. Es geht dabei um die Partizipation vieler, aber mit Hilfe staatlicher Kontrolle. Die Vorstellung schließlich, Natur sei ein fragiles Gebilde, führt zu der Forderung und individuellen Bereitschaft nach extremem Umdenken in Richtung Suffizienz. Noch ein Schritt weiter in Richtung Wachstum und das Ökosystem kippt.

Paul C. Stern und Thomas Dietz (1994) belegen, dass die allgemeine Wertorientierung eines Individuums, vermittelt über Typen der Risiko-Wahrnehmung, einen Einfluss auf die Bereitschaft hat, sich für die natürliche Umwelt zu engagieren. Individuen, die an den Eigenwert der Natur glauben und an die Nächstenliebe, streben dann Aktionen an, um die Umwelt zu retten, wenn sie der Meinung sind, dass der Status Quo der Umwelt, der Gesellschaft und ihnen selbst schadet. Egoisten dagegen sind dann bereit zu handeln, wenn sie der Meinung sind, dass die gegebene Situation der Umwelt nützt. D.h. sie neigen zu Verstärkung. Letzteres scheint interessant für die wirtschaftlichen Akteure, sie gehen davon aus, dass Wachstum und Ressourcenschonung vereinbar sind über den Mechanismus der Ressourceneffizienz. Ihnen gegenüber stehen die Aktivisten des Umweltschutzes, die auf eine Änderung des gegebenen Zustandes drängen. Lediglich geringe Korrelationen zeigen sich allerdings bei den anderen Wertorientierungen (‚Offen für Wandel' und ‚Traditionalismus'), die – nebenbei bemerkt – den größten Teil der Bevölkerung ausmachen (vgl. auch Stern/Dietz/Guagnano 1995; Stern/Dietz/Kalof/ Guagnano 1995). Kein Wunder also, dass wirtschaftliche Akteure häufig darauf verweisen, dass die Konsumentinnen und Konsumenten selbst Grenzen nachhaltigen Wirtschaftens generieren. Sie sind nicht bereit, mehr zu zahlen und sie lieben die Abwechslung. Ziel wäre es also, vor allem diese Gruppen davon zu überzeugen, dass die aktuelle Situation nicht nur der natürlichen Umwelt, sondern auch ihnen selbst schadet. Dann wären sie u.U. bereit zu handeln bzw. nachhaltige Produkte verstärkt nachzufragen.

---

3 Das hierzu gehörige ‚Bild' findet sich als ‚Logo' auf der Internet-Seite des Bundesministeriums für Umwelt, Naturschutz und Reaktorsicherheit!

In der soziologischen Lebensstilforschung wird ein Mechanismus der Distinktion durch nachhaltigen Lebensstil identifiziert (vgl. Warsewa 1997). Maximal ein Drittel der Bevölkerung glaubt, sich durch einen nachhaltigen Konsum vom Rest der Bevölkerung distinguieren zu können. Dies impliziert keine besondere Überzeugung davon, dass natürliche Umwelt in hohem Maße schützenswert sei. Im Übrigen entwickelt Günter Warsewa die interessante These, dass jedes soziale Milieu, jeder soziale Lebensstil sein eigenes, sozial konstituiertes Verhältnis zur natürlichen Umwelt darstellt. „Die Umsetzung dieser Gebote (zur nachhaltigen Entwicklung; d.A.) in konkrete Verhaltensweisen tendiert (...) eher in Richtung Differenzierung, denn angesichts der ohnehin zunehmenden Auffächerung von Arbeits-, Konsum- und Lebensstilen wird der wachsende ökologische Handlungsdruck in unterschiedlichen sozialen Lagen, Gruppen und Milieus entsprechend deren spezifischen sozialen und kulturellen Voraussetzungen aufgenommen und verarbeitet." (Warsewa 1997: 209) Dabei spielt natürlich die materielle Ausstattung der Individuen eine große Rolle. Generell gilt aber auch, je billiger Umweltprodukte (bei hohem Qualitätsstandard), desto eher werden sie konsumiert. Dies trifft umso mehr in Phasen wirtschaftlicher Rezession und hoher Arbeitslosigkeit zu und ist, wie bereits erwähnt, auch schichtspezifisch determiniert (vgl. Diekmann 1996).

Ein letzter, aber sehr wichtiger Ansatz in diesem Zusammenhang, ist die Theorie rationaler Wahl, in der davon ausgegangen wird, dass Individuen in jeder Situation so handeln, dass sie ihren Nutzen maximieren bzw. ihre Kosten minimieren. Andreas Diekmann (1996) hat nun aber einen Mechanismus entdeckt, der über den ‚homo oeconomicus' deutlich hinausweist. Teure Umweltprodukte werden dann konsumiert, wenn die soziale Kontrolle hoch ist – also z.B. im Tante-Emma-Laden. Dies verweist auf eine Erkenntnis, die Adam Smith bereits im Jahre 1759 (oder früher) hatte, dass nämlich Individuen nicht nur von ihrem Eigeninteresse, sondern auch von einem Wunsch nach Sympathie und sozialer Anerkennung gesteuert sind (vgl. Smith 1976/1759). Wenn die institutionellen Umwelten von Individuen und Gruppen konsequent umweltbewusstes Handeln einfordern bzw. konsequent die Mittel hierfür zur Verfügung stellen, dann handeln Individuen eher umweltbewusst. Dies gilt allerdings beinahe ausschließlich in so genannten ‚low-cost'-Situationen, das sind Situationen in denen das geforderte Verhalten mit relativ geringem Aufwand oder mit relativ geringen persönlichen Nachteilen gezeigt werden kann. In derartigen Situationen wirkt auch ein hohes Umweltbewusstsein am ehesten handlungsfördernd. In ‚high-cost'-Situationen dagegen, wirken weder die soziale Kontrolle, noch ein hohes Umweltbewusstsein. Beispiel für eine ‚low-cost'-Situation ist die Mülltrennung, Beispiel für eine ‚high-cost'-Situation ist der Verzicht auf individuelle Mobilität (vgl. Brüderl/Preisendörfer 1995; Petersen 1995).

Zusammengefasst heißt das, es bedarf zum einen einer positiven Einstellung zum Thema Umweltschutz, also des Bewusstseins eigener Verantwortung, um bereit zu sein nachhaltig zu konsumieren. Es bedarf aber auch des Glaubens daran, dass das eigene Handeln eine Wirkung hat in Richtung Ressourcenschonung. Nachhaltige Produkte

sollten erschwinglich sein und die soziale Kontrolle relativ hoch, was gegen Einkaufs-
zentren auf der grünen Wiese spricht. Umweltpolitik muss diese Erkenntnisse im Hin-
terkopf haben, wenn Konzepte erfolgreich implementiert werden sollen. Aber welchen
Weg muss die Wirtschaft gehen, um nachhaltige Produkte anzubieten?

Nachhaltigkeit in der Wirtschaft

Frieder Meyer-Krahmer (1997), der eine Entkopplung von Wirtschaftswachstum und
Ressourcenverbrauch zwar anstrebt, jedoch nicht für realistisch hält[4], nennt drei industrielle Leitbilder, die in je unterschiedlicher Weise, mit je unterschiedlichem Erfolg im
Hinblick auf die Schonung von Ressourcen, funktionieren. An erster Stelle steht der
verstärkte Einsatz umweltfreundlicher Technologien und damit die von der Neoklassik
vertretenen Strategie der Ressourceneffizienz. Dieses Leitbild verbindet Produkt- mit
Prozessinnovationen und additive mit integrierten Technologien. Ein für die Wirtschaft
positiver Aspekt ist die Entstehung einer Querschnittsbranche, die der Umwelttechniken, die in den letzten Jahren einen enormen Zuwachs verzeichnet hat, und neben Biotechnologie und Neuen Medien als eine der bedeutendsten Wachstumsbranchen bezeichnet wird. Allerdings sind die wirtschaftlichen Potenziale additiver Umwelttechnologien bald an ihre Grenzen gelangt und es gewinnen integrative Techniken mehr und
mehr an Bedeutung. Wenn auch die Verfolgung dieses Leitbilds neben Wettbewerbsef-
fekten zur Schaffung neuer Arbeitsplätze beitragen kann (diese These ist mittlerweile
widerlegt; vgl. RNZ vom 10.2.99), liegen die Grenzen auf der Hand. „(...) auf der anderen Seite darf nicht übersehen werden, dass neue Technologien kein Allheilmittel zur
Schonung der Ressourcen darstellen. Dem stehen Verlagerungstendenzen und ökonomische sowie verhaltensbedingte Hemmnisse gegenüber." (Meyer-Krahmer 1997: 213) So
setzen immer mehr – vor allem politische – Akteure ihre Hoffnung auf die Schließung
von Stoffkreisläufen, auf die Kreislaufwirtschaft. Dieses Leitbild erhöht noch einmal
die Internalisierung externer Effekte, wenn die Produktion von dem Ziel geleitet wird,
„(...) entstehende Produktionsrückstände aufzuarbeiten und aus Produktionshilfsstoffen,
die nicht in das Produkt eingehen, aber für den Herstellungsprozess erforderlich sind,
die Schadstoffemissionen abzuscheiden und sie jeweils wieder im Produktionsprozess
einzusetzen." (Meyer-Krahmer 1997: 215) Diese Strategie geht schon nicht mehr so
eindeutig wie die Nutzung neuer Umwelttechnologien in Richtung Erhöhung der Wettbewerbsfähigkeit. Zwar entstehen auch hier neue Branchen, wie z.B. die Entsorgungs-
wirtschaft, aber die Wiederaufbereitung von Stoffen kann kostenintensiv sein und Preis-
erhöhungen mitsichbringen, die u.U. die Wettbewerbsfähigkeit schwächen. Relevant
sind hier die nationale bzw. die regionale Politikebene, die ein derartiges Leitbild implementieren und die Einhaltung kontrollieren müssen (,regulatory-pull'). Die Kreis-

---

4 Diese Meinung findet sich auch in einer qualitativen Befragung wieder, in der ein Vertreter des innovativen Mittelstandes darauf verweist, dass Produktion immer mit Ressourcenverbrauch einhergehen
wird. Innerhalb dieser Grenzen muss agiert werden (vgl. Dresel 1997).

laufwirtschaft fördert auch den sozialen Wandel hin zu einer Dienstleistungsgesellschaft. Allerdings sind die Akteure häufig auf Kooperationen angewiesen, die für die
Wirtschaft und hier vor allem für kleine und mittelständische Unternehmen doch noch
ein Novum darstellen. Die Integration von Ökonomie und Ökologie ist – egal wie sie
geschieht – eine Innovation, die im Unternehmen beginnt, aber begleitet werden muss
von sozialen Innovationen, wie eben z.B. einer Umweltpolitik in Richtung Kreislaufwirtschaft und einer Wirtschaftspolitik, die die Dienstleistungsgesellschaft und die Dis-
kursgesellschaft fördert. Aber auch dann ist das Ziel noch nicht erreicht, denn die Kontrolle muss weitergehen, sie muss das Produkt insgesamt betreffen. Meyer-Krahmer
spricht hier von ganzheitlicher Produktpolitik und Produktnutzung. „Die Unternehmen
in Deutschland und anderen Industriestaaten werden zum Beginn des 21. Jahrhunderts
zunehmend gezwungen sein, nicht nur die externen Kosten ihrer Produktion, sondern
auch die externen Kosten ihrer Produkte zu übernehmen." (Meyer-Krahmer 1997: 218)
Dieses Leitbild impliziert die Verantwortung der Unternehmen über den gesamten Le-
benszyklus des einzelnen Produktes hinweg. Mit anderen Worten, die Schließung des
Stoffkreislaufs (‚Von der Wiege bis zur Wiege'; vgl. Stahel 1996) auf möglichst hohem
Wertniveau und damit die weitgehende Vermeidung negativer Entropien. Ein Faktor,
der in diese Richtung geht, ist die Verlängerung der Lebensdauer von Produkten. Dies
erfordert umgekehrt aber auch die Bereitschaft der Konsument/-innen, die Produktorientierung zu verringern. Leben die beiden ersten Leitbilder noch weitgehend von einer
Entwicklungskontinuität, nimmt man die aktuelle Situation als Ausgangspunkt, so zeigt
sich bei dem letzten Leitbild doch ein deutlicher Bruch in Richtung veränderte Lebensweise und veränderter Konsum. Meyer-Krahmer sieht auch hier wirtschaftliche Erfolgs-
potenziale, aber er nennt auch spezifische Probleme. Die Umstellung von einer Produk-
tionsgesellschaft hin zu einer Verwertungsgesellschaft fordert Opfer, d.h. neue Ge-
schäftsfelder werden sich entwickeln, aber dafür werden alte zusammenbrechen und
niemand kann ein Gleichgewicht gewährleisten. „Die Geschwindigkeit der Verbreitung
solcher Innovationsstrategien wird auch maßgeblich von dem Einfluss der Gewinner
und Verlierer bestimmt werden. Hier verläuft die eigentliche Konfliktlinie. Sie verläuft
nicht zwischen links/rechts, ökologisch/nicht-ökologisch, Arbeitgeber/Arbeitnehmer,
sondern sie verläuft quer durch Wirtschaft, Gesellschaft und Politik." (Meyer-Krahmer
1997: 222)

Auch wenn Meyer-Krahmer die Durchsetzung der neuen industriellen Leitbilder als
nicht sehr wahrscheinlich einschätzt, so bleibt doch der Eindruck, dass die Ökonomik
und hier vor allem die Makroökonomik im Allgemeinen die Verknüpfung von Ökologie
und Wettbewerbsfähigkeit als durchaus positiv einschätzt (vgl. u.a. Porter/van der Linde
1995). Hervorzuheben ist hier der Ansatz von Walter R. Stahel (1996), der eine Dematerialisierung der Wirtschaft für durchaus machbar hält. „Eine Dematerialisierung der
Wirtschaft ist ohne Verzicht möglich, wenn die heutigen Stoff- und Energieströme in-
telligenter, d.h. langsamer und produktiver, genutzt werden (...)." (Stahel 1996: 39) Angestrebt werden muss, Stahel zufolge, die Verminderung der Ressourcenströme um 90

Prozent durch die Erhöhung der Faktorproduktivität um zehn (vgl. auch Schmidt-Bleek 1994). Auch Stahel setzt deshalb auf Innovationen und auf die Zusammenarbeit von Staat und Wirtschaft in sogenannten ‚Innovationsbündnissen'. Eine der von ihm betonten Strategien ist die Langlebigkeit von Produkten. Hierbei setzt er auf Null-Optionen. „Die Prioritäten der Lösungsansätze zu höherer Ressourcenproduktivität, mit dem Ziel einer Dematerialisierung der Wirtschaft, lauten ‚Null-Optionen' vor ‚Nutzungskonzepten' vor ‚dematerialisierter Produktnutzung' vor ‚Fertigungsprozessen in geschlossenen Kreisläufen'. Diese Prioritäten aus ökologischer Sicht fallen glücklicherweise zusammen mit denjenigen der wirtschaftlichen Optimierung! Langlebigkeit ist einer der Schlüssel zum Erfolg von Nutzungskonzepten und dematerialisierter Produktnutzung." (Stahel 1996: 39) Diese Langlebigkeit bezieht sich auf das Produkt selbst, auf den Konsum desselben (Nutzung von Gütern statt Besitz von Gütern) und auf die Dienstleistungsaktivitäten, die mit einem langlebigen Produkt zusammenhängen, wie Reparatur- und Instandsetzungstechnologien (vgl. auch Giarini/Stahel 1989/1993). Der damit, zumindest im Ansatz, forcierte Übergang in eine Dienstleistungsgesellschaft wird in der Ökonomik und vor allem von Seiten der Neoklassik nicht nur positiv betrachtet. Es scheint jedoch nicht widerlegbar zu sein, dass Langlebigkeit durchaus mit einer Erhöhung der Wettbewerbsfähigkeit vereinbar ist und als aussichtsreiche Innovationsstrategie gilt, die im Übrigen auch mit einer Zunahme an Regionalisierung einhergehen kann. Dass dies einen Wandel des Verbraucher/-innenverhaltens nachsichzieht, steht außer Frage. Und hier muss natürlich die Bereitschaft der Bevölkerung eruiert werden, einen Wandel weg vom Besitz, hin zum Gebrauch vorzunehmen. Es wird sich später zeigen, dass hier bereits einiges im Gange ist (z.B. Kopieren, Vermietung von Arbeitskleidung, Car-Sharing).

4 Nachhaltigkeitssysteme

Nationale Nachhaltigkeit

Und dabei ist ‚Vater' Staat tatsächlich kein „(...) interessenneutraler Sachwalter sich wandelnder Gemeinwohlinhalte", sondern „(...) im ökonomisch-ökologischen Konflikt vielfach Partei (...)" (Busch-Lüty 1995: 186). Der moderne Staat, so die These, unterwirft sich dem Diktat der Wirtschaft. Die Losung heißt Wachstum – und das ist spezifisch unvereinbar mit ‚nachhaltiger Entwicklung'. Es findet sich auch die Meinung, dass es nachhaltiges Wachstum nicht geben kann, denn die Erde kann nicht mehr wachsen, sie ist begrenzt. „Unser Planet entwickelt sich insgesamt ohne Wachstum, seine Masse nimmt dabei nicht zu. Unsere Wirtschaft, die nur ein Untersystem der begrenzten und nicht wachsenden Erde darstellt, muss wohl über kurz oder lang eine gleichartige Entwicklung annehmen." (Meadows/Meadows/Randers 1992: 20)

Wie sollte eine nationale Umweltpolitik aussehen, die es schafft, sämtliche Akteure in Richtung nachhaltiger Entwicklung zu lenken, auch wenn das globale Leitbild nachhaltige Entwicklung eher fragil ist? Busch-Lüty (1995) nennt aus der Perspektive der ökologischen Ökonomik und damit aus der Perspektive der Heimkehr der Bedrohung und einer Kombination von Konsistenz- und Suffizienzstrategien folgende Merkmale einer nachhaltigen nationalen Politik: Langfristorientierung und zeitgerechtes Handeln der Politik; Folgenbewusstsein und Verantwortungsfähigkeit; prinzipielle Zukunftsoffenheit; vorsorgendes Vermeidungsdenken und -handeln; gelebte Subsidiarität (größtmögliche ‚Lebensnähe' der Entscheidungsprozesse); Expertise im Suchprozess durch Partizipation der Betroffenen; Verständigungs- und Lernprozesse in kooperativen Diskursen. Dies kommt den Anforderungen ‚reflexiver Modernisierung' entgegen (vgl. auch Rammert 1998; Zilleßen 1998).

Die Beteiligung der Betroffenen setzt voraus, dass sie beteiligt werden wollen. Deshalb formuliert Busch-Lüty: „Es geht vorrangig um die Entwicklung eines – wenn schon nicht bestehenden, so doch herzustellenden – generationenübergreifenden gesellschaftlichen Grundkonsens über die Leitbildorientierung der Nachhaltigkeit und ihre geeignete Einprägung in die normativen Muster unserer Verfassungs- und Rechtsordnung: Einen sehr tiefgreifenden kulturellen Paradigmenwechsel also, der angesichts der heute in Gesellschaft und Politik vorherrschenden, extrem kurzfristigen und kurzsichtigen Gegenwartsorientierung und der daraus resultierenden Asymmetrie in der Bewertung von Gegenwarts- gegenüber Zukunftsaufgaben sich nur in einem breiten und dauerhaften Diskurs vollziehen kann, der insbesondere das Bildungswesen auf allen Stufen einbeziehen muss." (Busch-Lüty 1995: 191)

Dieser Grundkonsens muss allerdings weit über den bloßen Diskurs hinausführen. Es sei in diesem Zusammenhang an die inhaltliche Bedeutung des Begriffes ‚Leitbild' erinnert. Es geht um strukturelle Vorgaben, aber auch um individuelle Motivationen. Renn (1996) geht davon aus, dass niemand den nachfolgenden Generationen die Lebensqualität streitig machen will, aber wer will was dafür tun?

Busch-Lütys Betonung des Bildungswesens verweist auf einen weiteren wichtigen Aspekt, den Wissenstransfer. Wenn Individuen wissen, welche sozialen, ökologischen und ökonomischen Konsequenzen ihre Handlungen haben, können sie ihr Handeln daran orientieren. Ob sie dann in Richtung nachhaltiger Entwicklung gehen, oder ob ihnen die Beibehaltung der gewohnten Formen der Bedürfnisbefriedigung wichtiger ist, ist ihre individuelle Entscheidung, die von ganz unterschiedlichen Faktoren abhängig ist. Das Wissen darüber ermöglicht jedoch verantwortungsvolleres Handeln und soziale Kontrolle. Von Interesse sind in diesem Zusammenhang Beobachtungen, die die Initiatoren des ‚natural step' in Schweden gemacht haben. Auf eine Phase der Bewusstmachung ökologischer Probleme durch Experten, sollten die individuellen oder kollektiven Akteure die Bereitschaft entwickeln, sich Wissen über die komplexen Zusammenhänge anzueignen, um dann in einem dritten Schritt nach Lösungsmöglichkeiten zu suchen. Die Expertinnen und Experten um Karl-Hendrik Robert stellten fest, dass, wenn die Akteure bereit sind, in die zweite Phase einzutreten, auch die Bereitschaft zum Handeln relativ groß ist. Es geht dabei darum, die Akteure zu den Experten ihres eigenen Handlungszusammenhangs zu machen, d.h. jeder soll selbst entscheiden, was er/sie tun kann. Für die institutionelle Ebene findet sich ein aktueller Ansatz, der für mehr Reformen eintritt (vgl. Schneidewind/Feindt/Meister/Minsch et al. 1997; vgl. auch Schneidewind 1998). Bei der Frage nach dem ‚wie' einer nachhaltigen Entwicklung sind vor allem auch die nicht-staatlichen Akteure gefragt, denen die Autoren ein deutlich höheres Maß an institutioneller Verantwortung zuschreiben und die sie zu ‚strukturpolitischen' Akteuren auf dem Weg zur Nachhaltigkeit machen.

Regionale Nachhaltigkeit

Ortwin Renn und Hans G. Kastenholz (1996) plädieren für eine Regionalisierung der Umweltpolitik. Gegen globale Ansätze sprechen ihnen zufolge die Problematik des Nord-Süd-Gefälles – Wer kann wem vorschreiben, was zu tun ist? – und gegen nationale Strategien sprechen die doch relativ großen Differenzen innerhalb einzelner Länder. Deutschland ist hierfür ein gutes Beispiel, wenn man etwa Baden-Württemberg mit dem Saarland vergleicht oder Nordrhein-Westfalen mit Schleswig-Holstein. Vor allem ungleiche wirtschaftliche Bedingungen spielen eine große Rolle. „Gegenüber der Nation als Bezugssystem haben Regionen den Vorteil, dass sie relativ homogene Wirtschaftsstrukturen ausgebildet haben, die in Einzelfällen auch über Landesgrenzen hinausgehen können. Vor allem können gleichartige Regionen miteinander verglichen und exemplarische Problemlösungen ausgearbeitet werden. Dies ist auf nationaler Ebene wegen der Heterogenität innerhalb eines Landes (...) wesentlich schwieriger." (Renn/Kastenholz 1996: 97) Gegen die lokale Ebene argumentieren die Autoren mit einer potenziellen Wirkungslosigkeit , „(...) da zu viele Produkte und Dienstleistungen von außen bezogen werden oder dorthin gebracht werden. Es ist einfach, eine Insel der Nachhaltigkeit zu bilden, wenn alle nicht-nachhaltigen Konsequenzen der Produktion exportiert und alle nicht-nachhaltigen Produkte importiert werden." (ebd.) Gegeben ist also ein hinreichend großer, dennoch überschaubarer Raum, dessen Tragekapazität bzw. Umweltraum bestimmt werden kann, wenn über die Indikatoren nachhaltiger Entwicklung (bzw. qualitativen Wachstums) Einigkeit herrscht. Renn und Kastenholz präferieren das Konzept der Tragekapazität, das hier kurz vorgestellt werden soll: „(...) wobei in einem definierten geographischen Raum eine bestimmte Quantität und Qualität von Ressourcen und Senken nötig sind, um unter diesen Bedingungen der jeweiligen Umweltnutzung und Produktionsverhältnisse und eines gegebenen Konsumniveaus die Zahl der in diesem Raum lebenden Personen mit den entsprechenden Dienstleistungen aus der Nutzung der Umwelt zu versorgen" (Renn/Kastenholz 1996: 90). Bei einer Überschreitung der Tragekapazität, wie das der Fall in den meisten Industrieländern und auch bereits in vielen ‚Entwicklungsländern' ist, kann die Region entweder von den Ressourcen anderer Regionen zehren (‚angeeignete Tragekapazität' und Verletzung der intragenerationalen Nachhaltigkeit) oder auf Kosten der zukünftigen Generationen handeln (‚vorweggenommene Tragekapazität' und Verletzung der intergenerationalen Nachhaltigkeit). Angestrebt wird die Entwicklung einer durchsetzbaren Strategie, also ein eher pragmatischer Ansatz, der den regionalen Naturraum, Lebensraum, Wirtschaftsraum und die regionale Politik berücksichtigt. Wichtig ist hier die Norm, dass eine Region, die sich nachhaltig entwickeln will, nur mit Regionen bzw. Nationen oder auch privaten Akteuren kooperieren darf, z.B. Handel treiben darf, die sich auch nachhaltig entwickeln. Dem Vorwurf der Eingeschränktheit und der Wirkungsproblematik regionaler Nachhaltigkeit kann damit – so die Intention der Autoren – begegnet werden. Viele ‚regionale Nachhaltigkeiten' führen – unter der Emergenzannahme – zu einem Mehr an Nachhaltigkeit als eine globale Nachhaltigkeitsstrategie, die in besonders starkem Maß mit Verweigerung rechnen muss (vgl. Renn/Kastenholz 1996, Graphik: 98).

5   Forschungsleitende Hypothese der vergleichenden Analyse

Gesellschaften auf der liberalen Seite des Innovations-Kontinuums verfolgen im Prozess der Ökologisierung eine Logik des Wettbewerbs – und zwar sowohl innerhalb als auch und vor allem außerhalb der Nationalökonomie – und des Tausches. Sie benutzen die ‚nachhaltigen' Instrumente der Effizienz und der Innovation um eine Integration von Ökonomie und Ökologie zu erreichen und setzen deshalb auf einen verstärkten Einsatz von Umwelttechnologien. Gesellschaften am korporatistischen Ende des Kontinuums von Innovationssystemen hingegen verfolgen im Prozess der Ökologisierung oder auch der Entkopplung von Wirtschaftswachstum und Ressourcenverbrauch eine Planungslogik, sie bauen auf Zentralisierung, d.h. auf top-down-Strategien und orientieren sich – zumindest teilweise – an der ‚nachhaltigen' Idee der ‚Heimkehr der Bedrohung'. Hier wird die Erstellung eines verbindlichen Umweltplanes angestrebt, der für alle Gesellschaftsmitglieder und damit auch für alle stakeholder bindend ist.

In den folgenden Fallstudien wird diese Hypothese mehr oder weniger systematisch überprüft. Dazu werden nationale und regionale, aber auch supranationale Muster der Ökologisierung bzw. des Übergangs zu nachhaltiger Entwicklung näher betrachtet. Der Band wird beschlossen durch eine Zusammenfassung, in der noch einmal, diesmal aber auf empirischer und nicht mehr auf theoretischer Basis, der Versuch unternommen wird, die einzelnen Ebenen miteinander zu verknüpfen und die unterschiedlichen Perspektiven in ihren jeweiligen Wechselwirkungen hervorzuheben.

Literatur:

Audretsch, D. B. 1991: Die Überlebenschancen neugegründeter Unternehmen und das technologische Regime. WZB-Discussion paper FS IV 91–6. Berlin: WZB

Bauman, Z. 1990: Effacing the face: on the social management of moral proximity. In: Theory, Culture and Society, Jg. 7: 5-38

Blättel-Mink, B. 1994: Innovation in der Wirtschaft – Determinanten eines Prozesses. Frankfurt am Main: Lang (Dissertation Heidelberg 1992)

Blättel-Mink, B. 2001: Wirtschaft und Umweltschutz. Grenzen der Integration von Ökonomie und Ökologie. Frankfurt am Main: Campus

Blättel-Mink, B. /Renn, O. (Hg.): Zwischen Akteur und System. Die Organisierung von Innovation. Opladen: Westdeutscher Verlag

Brand, K.-W. (Hg.) 1997: Nachhaltige Entwicklung – Eine Herausforderung an die Soziologie. Opladen: Leske & Budrich (Reihe ‚Soziologie und Ökologie‘, Band 1)

Brand, K.-W. 1997: Probleme und Potentiale einer Neubestimmung des Projekts der Moderne unter dem Leitbild „nachhaltige Entwicklung". Zur Einführung. In: ders. (Hg.): 9-32

Brüderl, J./Preisendörfer, P. 1995: Der Weg zum Arbeitsplatz: Eine empirische Untersuchung zur Verkehrsmittelwahl. In: Diekmann, A./Franzen, A. (Hg.) Kooperatives Umwelthandeln. Modelle, Erfahrungen, Maßnahmen. Chur/Zürich: Rüegger: 69-88

Busch-Lüty, C. 1995: Welche politische Kultur braucht nachhaltiges Wirtschaften? „Vater Staat" in der Umweltverträglichkeitsprüfung. In: Dürr, H.-P./Gottwald, F.-T. (Hg.): Umweltverträgliches Wirtschaften: Denkanstöße und Strategien für eine ökologisch nachhaltige Zukunftsgestaltung. Münster: 177-200

Diekmann, A. 1996: Homo ÖKOnomicus. Anwendungen und Probleme der Theorie rationalen Handelns im Umweltbereich. In: Diekmann, A./Jaeger C. C. (Hg.): Umweltsoziologie. Sonderheft 36 der KZfSS. Opladen: Westdeutscher Verlag: 89-118

Douglas, M. 1989: A typology of cultures. In: Haller, M./Hoffmann-Nowotny, H.-J./Zapf, W. (Hg.): Kultur und Gesellschaft. Verhandlungen des 24. Deutschen Soziologentages, des 11. Österreichischen Soziologentages und des 8. Kongresses der Schweizerischen Gesellschaft für Soziologie in Zürich 1988. Frankfurt am Main: Campus: 85-97

Dresel, T. 1997: Die Bedingungen ökologischer Innovation in Unternehmen. Arbeitsbericht Nr. 71 der Akademie für Technikfolgenabschätzung in Baden-Württemberg. Stuttgart: Akademie für Technikfolgenabschätzung in Baden-Württemberg (mit einem Vorwort von Birgit Blättel-Mink)

Edquist, Ch. (Hg.) 1997: Systems of innovation: technologies, institutions and organizations. London: Pinter

Feess, E./Steger, U. 1998: Nachhaltigkeit und Globalisierung. In: GAIA – Ökologische Perspektiven in Natur-, Geistes- und Wirtschaftswissenschaften, Jg. 7 (1): 51-53

Fichter, K. 1996: Nachhaltigkeitskonzepte in der Wirtschaft. Stellungnahme für die Enquête-Kommission „Schutz des Menschen und der Umwelt". Schriftenreihe des IÖW 101/96. Berlin: IÖW

Fornallaz, P. 1995: Ökologisch verträgliches Wirtschaften – Rückschritt oder Fortschritt? In: Dürr, H.-P./Gottwald, F.-Th. (Hg.): Umweltverträgliches Wirtschaften: Denkanstöße und Strategien für eine ökologisch nachhaltige Zukunftsgestaltung. Münster: agenda: 14-29

Giarini, O./Stahel, W. R. 1989/1993: The limits to certainty, facing risks in the new service economy. Dordrecht/Boston: Kluwer

Grüber, K. 1998: Kooperation statt Wettbewerb. In: GAIA – Ökologische Perspektiven in Natur-, Geistes- und Wirtschaftswissenschaften, Jg. 7 (1): 54-55

Huber, J. 1995: Nachhaltige Entwicklung. Strategien für eine ökologische und soziale Erdpolitik. Berlin: edition sigma

Langer, J./Pöllauer, W. (Hg.) 1995: Kleine Staaten in großer Gesellschaft. Eisenstadt: Verlag für Soziologie und Humanethologie

Lash, S. 1993: Reflexive Rigiditäten. In: Schäfers, B. (Hg.): Lebensverhältnisse und soziale Konflikte im neuen Europa. Verhandlungen des 26. Deutschen Soziologentages in Düsseldorf 1992. Frankfurt am Main: Campus: 194-202

Lundvall, B.-A. 1998: Why study national systems and national style of innovation? In: Technology Analysis and Strategic Management, Jg.10 (4): 407-421

Lundvall, B.-A. (Hg.) 1992: National systems of innovation : towards a theory of innovation and interactive learning. London/New York: Pinter

Mayntz, R. 1996: Policy-Netzwerke und die Logik von Verhandlungssystemen. In: Kenis, P./Schneider, V. (Hg.): Organisation und Netzwerk. Institutionelle Steuerung in Wirtschaft und Politik. Frankfurt am Main: Campus: 471-496

Meadows, D. H./Meadows, D. L./Randers, J. 1992: Die neuen Grenzen des Wachstums. Stuttgart: Deutsche Verlags-Anstalt

Meyer-Krahmer, F. 1997: Umweltverträgliches Wirtschaften. Neue industrielle Leitbilder, Grenzen und Konflikte. In: Blättel-Mink/Renn (Hg.): 209-233

Nelson, Richard (Hg.) 1993: National innovation systems. A comparative analysis. Oxford: Oxford University Press

Pavitt, K. 1984: Sectoral patterns of technical change: Towards a taxonomy and a theory. In: Research Policy, Jg. 13: 343-373

Petersen, R. 1995: Umweltbewusstsein und Umweltverhalten. Das Beispiel Verkehr. In: Joußen, W./Hessler, A. G. (Hg.): Umwelt und Gesellschaft. Eine Einführung in die sozialwissenschaftliche Umweltforschung. Berlin: Akademie Verlag: 89-104

Porter, M. E./van der Linde, C. 1995: Green and competititve: ending the stalemate. In: Harvard Business Review, Sept./Oct.: 120-134

Rammert, W. 1998: Die Rolle der Wissenschaft im technologischen und gesellschaftlichen Wandel – oder: Wie lässt sich die technische Innovation nachhaltig und demokratisch gestalten? In: Fricke, W. (Hg.): Innovationen in Technik, Wissenschaft und Gesellschaft. Beiträge zum 5. internationalen Ingenieurkongress der Friedrich-Ebert-Stiftung. Forum Humane Technikgestaltung Band 19. Bonn: Friedrich-Ebert-Stiftung: 201-208

Renn, O. 1994: Ein regionales Konzept qualitativen Wachstums. Pilotstudie für das Land Baden-Württemberg. Arbeitsbericht Nr. 3, Akademie für Technikfolgenabschätzung in Baden-Württemberg. Stuttgart: TA-Akademie

Renn, O. 1996: Externe Kosten und nachhaltige Entwicklung. In: VDI-Berichte (1250): 23-38

Renn, O./Kastenholz, H. G. 1996: Ein regionales Konzept nachhaltiger Entwicklung. In: GAIA – Ökologische Perspektiven in Natur-, Geistes- und Wirtschaftswissenschaften, Jg. 5 (2): 86-102

Sachs, W. 1997: Sustainable Development. Zur politischen Anatomie eines Leitbilds. In: Brand (Hg.): 93-110

Sachverständigenrat für Umweltfragen (SRU) 1994: Umweltgutachten 1994. Für eine dauerhaft-umweltgerechte Entwicklung. Stuttgart: Metzler-Poeschel

Scharpf, F. W. 1996: Positive und negative Koordination in Verhandlungssystemen. In: Kenis, P./Schneider, V. (Hg.): Organisation und Netzwerk. Institutionelle Steuerung in Wirtschaft und Politik. Frankfurt am Main: Campus: 497-534

Schmidt-Bleek, F. 1994: Wie viel Umwelt braucht der Mensch? MIPS – das Maß für ökologisches Wirtschaften. Berlin: Birkhäuser

Schneidewind, U. 1998: Die Unternehmung als strukturpolitischer Akteur. Marburg: Metropolis

Schneidewind, U./Feindt, P. H./Meister, H.-P./Minsch, J. u.a. 1997: Institutionelle Reformen für eine Politik der Nachhaltigkeit: Vom Was zum Wie in der Nachhaltigkeitsdebatte. In: GAIA – Ökologische Perspektiven in Natur-, Geistes- und Wirtschaftswissenschaften, Jg. 6 (3): 182-196

Schumpeter, J. A. 1964/1912: Theorie der wirtschaftlichen Entwicklung. Berlin: Duncker & Humblot

Simonis, U. E. (1998) Das „Kyoto-Protokoll". Aufforderung zu einer innovativen Klimapolitik. Berlin: WZB-Discussion paper FS II 98–403. Berlin: WZB

Smith, A. 1976/1759: The theory of moral sentiments. Oxford: Oxford University Press

Soskice, D. 1994 Innovation strategies of companies: a comparative institutional approach of some cross-country differences. In: Zapf, W./Dierkes, M. (Hg.): Institutionenvergleich und Institutionendynamik. WZB-Jahrbuch 1994. Berlin: edition sigma: 271-289

Stahel, W. R. 1996: Sichern Sollbruchstellen den Unternehmenserfolg? Wirtschaftliche Auswirkungen der Strategien der Nachhaltigkeit. In: UnternehmensGrün (Hg.): Von der Vision zur Praxis. Was bedeutet nachhaltiges Wirtschaften für ein einzelnes Unternehmen? 5. Jahrestagung, 9.11.1996 in Berlin. Stuttgart: 37-45

Stern, P. C./Dietz, T. 1994: The value basis of environmental concern. In: Journal of social issues, Jg. 50 (1): 65-84

Stern, P. C./Dietz, T./Guagnano, G.A. 1995: The new ecological paradigm in social-psychological context. In: Environment and Behavior, Jg. 27 (6): 723-743

Stern, P. C./Dietz, T./Kalof, L./Guagnano, G. 1995: Values, beliefs, and proenvironmental action: attitude formation toward emergent attitude objects. In: Journal of Applied Social Psychology, Jg. 25 (18): 1611-1636

UMIS 1999: Die Zukunft der Umweltpolitik. Internalisierung externer Kosten. Interview mit Ernst Ulrich von Weizsäcker. http: www.UMIS.de/magazin/99/01/wuppertal/weizsaecker.html

Warsewa, G. 1997: Moderne Lebensweise und ökologische Korrektheit. Zum Zusammenhang von sozialem und ökologischem Wandel. In: Brand (Hg.): 196-210

World Commission on Environment and Development 1987: Our Common Future (Brundtland-Report), Oxford: Oxford University Press

Zilleßen, H. 1998: Von der Umweltpolitik zur Politik der Nachhaltigkeit. Das Konzept der nachhaltigen Entwicklung als Modernisierungsansatz. In: Aus Politik und Zeitgeschichte, B50/98: 3-10

Kontakt:
PD Dr. Birgit Blättel-Mink: birgit.blaettel-mink@soz.uni-stuttgart.de

Tobias Röttgers und Piet Sellke

Das ökologische Innovationssystem Deutschlands

1 Einleitung

Kann man in Deutschland von einem ökologischen Innovationssystem sprechen? Gibt es einen systematisierten Ansatz, Ökologie in der Gesellschaft zu verankern? Sind die Bedingungen des nationalen Innovationssystems anwendbar auf ein ökologisches Innovationssystem? Dann wären beispielsweise die natürlichen Ressourcen Deutschlands sowie die Wirtschaftsstruktur mitentscheidende Faktoren. Die Frage nach einem ökologischen Innovationssystem soll hier für Deutschland geklärt werden. Dazu werden zu Beginn Strukturdaten, soziodemographische Daten, politische Daten sowie die Einbindung in internationale Abkommen allgemein und speziell die Einbindung in Umweltabkommen dargestellt. Daran anschließend stellen wir das Innovationssystem Deutschlands dar: das Bildungssystem, die Wirtschaftsstruktur, Aktivitäten im Bereich Forschung und Entwicklung und das Patentaufkommen. Hier soll die Struktur des deutschen, nationalen Innovationssystems deutlich werden. Der anschließende Abschnitt behandelt Daten zur Umwelt in Deutschland: neben Daten zur Umweltverschmutzung wird die Darstellung des Themas Umweltschutz in der Gesellschaft untersucht, die Umweltpolitik der Bundesregierung, die Beziehung zwischen Wirtschaft und Umweltschutz sowie die Einstellungen der Bevölkerung zur Umweltthematik. Schließlich werden die zentralen Ergebnisse der Untersuchung festgehalten.

2 Strukturdaten

Natürliche Ressourcen

Die Bodenfläche Deutschlands beläuft sich auf 357.028 km². Über die Hälfte des Bodens wird landwirtschaftlich genutzt, ein weiteres knappes Drittel ist bewaldet. Des weiteren sind 6,1% der Fläche bebaut und 4,7% werden für den Verkehr beansprucht, 2,2% sind mit Wasser bedeckt. Je 0,7% werden von Betrieben bzw. zu Erholungszwecken genutzt. Salz, Braun- und Steinkohle einmal ausgenommen, verfügt Deutschland nur über geringe Rohstoffvorkommen. Aufgrund der ökonomischen Rahmenbedingungen wurde die heimische Kohleförderung zwischen 1991 und 1997 um etwa ein Drittel reduziert (vgl. Statistisches Bundesamt 2000).

Soziodemographische Daten

In Deutschland leben ca. 83 Mio. Menschen. Die Lebenserwartung steigt stetig und damit der Anteil der Menschen über 65 Jahren. Dagegen sinkt der Anteil der unter 15-jährigen. Die aktuelle Bevölkerungsentwicklung mit einem relativen Bevölkerungswachstum von 0,3% führt zu gravierenden Problemen bei der Sicherung des auf dem Subsidiaritätsprinzip basierenden Rentensystems. Ein weiterer Aspekt, der diese Problematik verstärkt, ist die Situation auf dem Arbeitsmarkt. Die Arbeitslosenquote liegt bei über 11%. Frauen sind stärker von Arbeitslosigkeit betroffen als Männer (vgl. OECD 2000). Gleichzeitig beklagt die deutsche Wirtschaft seit einigen Jahren einen Mangel an Fachkräften, vor allem in technischen Bereichen. Als Ursache des Ingenieurmangels wird vor allem der Rückgang der Studienanfänger und Absolventen an den technischen Fakultäten der Hochschulen verantwortlich gemacht (vgl. Zwick/Renn 2000: 1 und 9ff.). Dieser Umstand lässt sich nur zum Teil auf die demographischen Wandlungsprozesse zurückführen. Paradox erscheint in diesem Zusammenhang ein gleichzeitiger Anstieg der Zahl arbeitsloser Ingenieure, der verglichen mit der allgemein ansteigenden Arbeitslosigkeit vor allem ab Mitte der neunziger Jahre überproportional ausfiel (vgl. ebd.: 11). Dies wird auf die hohe Geschwindigkeit des Wissenszuwachses und die technischen Weiterentwicklungen zurückgeführt, die den beruflichen Wiedereinstieg vor allem in den informationstechnisch dominierten Branchen stark erschweren.

Politische Daten

Die deutsche Verfassung, das Grundgesetz, konstituiert eine demokratische Ordnung auf den Prinzipien der Gewaltenteilung und der parlamentarischen Mitbestimmung. Die Bundesregierung bilden der Kanzler, der vom Bundestag gewählt wird und die Richtlinien der Politik bestimmt, und die vom Kanzler ernannten Minister der jeweiligen Ressorts. Das Parlament besteht aus zwei Kammern. Der Bundestag wird in der Regel alle vier Jahre vom Volk (wahlberechtigt sind alle Deutsche ab 18 Jahre) gewählt. Der Bundesrat setzt sich aus Vertretern der Landesregierungen der 16 Bundesländer zusammen und spiegelt somit den föderalen Charakter des Staatsgebildes im politischen System wider. Das Bundesverfassungsgericht klärt die rechtlichen Fragen des Grundgesetzes. Der Bundespräsident hat als verfasstes Staatsoberhaupt vorwiegend repräsentative Aufgaben.

Den Parteien kommt laut Grundgesetz eine zentrale Rolle bei der politischen Meinungs- und Willensbildung zu. Seit der Bundestagswahl 1998 bilden die SPD (Sozialdemokraten) und die Grünen die Regierungskoalition, die Opposition setzt sich aus CDU/CSU (christlich Konservative), FDP (Liberale) und PDS (Sozialisten) zusammen. Die Gewerkschaften büßen ihre Rolle als wichtige ,pressure group' aufgrund eines eklatanten Mitgliederschwunds zusehends ein. Ebenso haben die Kirchen mit den fortschreitenden gesellschaftlichen Säkularisierungsprozessen zu kämpfen.

Einbindung in internationale Abkommen, Organisationen und Verbände

Die Bundesrepublik ist in zahlreichen internationalen Organisationen mit unterschiedlichsten Zielsetzungen eingebunden. Darunter befinden sich vor allem Engagements in den Bereichen der wirtschaftlichen Kooperation und der sozialen und ökonomischen Entwicklungshilfe für weniger entwickelte Volkswirtschaften (z.b. WTO, OECD, AfDB, AsDB). Des Weiteren sind zahlreiche sicherheitspolitische, militärische und rüstungstechnologische (z.b. NATO, OSCE, friedliche Nutzung der Kernenergie) Absprachen und Regime darunter. Ebenso wurden eine Vielzahl von Umweltabkommen über Landschafts-, Arten- und Klimaschutz ratifiziert. Von zentraler politischer Bedeutung ist die Mitgliedschaft in der EU.

3 Das Innovationssystem

Das Bildungssystem

In Deutschland werden 5,7% des Bruttoinlandsprodukts in Bildung investiert, hiervon werden 21% aus privater Hand finanziert (vgl. OECD 2000). Die Aufwendungen aus den öffentlichen Haushalten beliefen sich 1998 auf 145,4 Mio. DM, für 2000 wurde ein Soll von etwa 150 Mio. DM veranschlagt. Auf die Hochschulen entfielen hiervon 51,6 Mio. DM (1998). Der größte Anteil dieser Summe kommt dem Fachbereich der Humanmedizin zu Gute, hier sind allerdings auch die Mittel für zentrale Einrichtungen der Universitätskliniken mitberücksichtigt. Ein weiterer beachtlicher Anteil fällt auf mathematisch-naturwissenschaftliche und ingenieurwissenschaftliche Fächer sowie die geistes- und sprachwissenschaftlichen Fakultäten.

Im Verlauf der neunziger Jahre verringerte sich der Anteil der jährlich neu eingeschriebenen Studenten in ingenieurwissenschaftlichen Fächern im Vergleich zur Zahl der gesamten Studienanfänger stetig. Geistes- und sozialwissenschaftliche Fächer stehen bei der Studienfachwahl von Schulabgängern trotz schlechterer Arbeitsmarktprognose höher im Kurs als mathematisch-technische oder naturwissenschaftliche Studiengänge (vgl. Zwick/Renn 2000: 107ff.). Die Entwicklung der Neueinschreibezahlen in diesen Fächern im Vergleich der Studienjahre 2000/01 und 2001/02 zeigt keine eindeutige Trendwende. Einen respektabel über dem allgemeinen Durchschnitt liegenden Zuwachs können lediglich Sprach- und Kulturwissenschaften verbuchen. Dies ist darauf zurückzuführen, dass persönliche Neigungen und subjektiv wahrgenommene Leistungspotenziale in spezifischen Fachbereichen bei der Entscheidung für ein Studienfach bei den meisten angehenden Studenten eine größere Rolle spielen als prognostizierte Arbeitsmarktchancen. Gerade die naturwissenschaftlichen Fächer, in erster Linie Chemie und Physik, haben bei den Schülern der gymnasialen Oberstufe ein besonders schlechtes Image. Des Weiteren scheint ein Abschluss in wirtschaftswissenschaftlichen Fächern für karrierebewusste Studienanfänger erfolgversprechender zu sein, da Positionen im Management der deutschen Wirtschaft überwiegend mit Ökonomen und nicht mit Ingenieuren besetzt sind (vgl. Zwick/Renn 2000: 107ff.).

Wirtschaftsstruktur

Das deutsche Wirtschaftssystem zeichnet sich durch eine fortschreitende Tertiarisierung aus. Über zwei Drittel des Bruttoinlandsprodukts (BIP) werden in Betrieben des dritten Sektors erwirtschaftet, etwa 30% im zweiten und gerade einmal 1% im ersten. Ähnliche Zahlen ergeben sich für die Verteilung der Beschäftigten auf die Betriebe. Fast zwei Drittel der Erwerbstätigen sind in Betrieben des Dienstleistungssektors beschäftigt, ein weiteres Drittel im produzierenden Industriesektor. Nur knappe drei Prozent der Beschäftigten arbeiten in der Landwirtschaft. Jedoch verrichten auch in Betrieben des sekundären Sektors viele Beschäftigte klassisch tertiäre Aufgaben z.B. in der Verwaltung oder in der Instandsetzung. Eine sektorale Unterscheidung nach Tätigkeiten ergibt somit eine noch stärkere Dominanz des dritten Sektors.

Seit der Deutschen Wiedervereinigung im Jahr 1990 sind die gravierenden Strukturunterschiede zwischen den alten und den neuen Ländern der Bundesrepublik noch nicht behoben. Die Entwicklung der ostdeutschen Wirtschaftsstruktur und die Angleichung der Lohnstandards aber auch die Stadtentwicklung sind die vordergründigen Anliegen der Politik beim Aufbau Ost. Die momentanen Fortschritte geben auf mittelfristige Sicht keinen Anlass über eine starke Reduzierung des Engagements nachzudenken.

Generell zeichnet sich die deutsche Wirtschaft durch eine starke Exportorientierung aus. Mittels dieser Strategie werden die, durch den Mangel an natürlichen Ressourcen bedingten, immensen Rohstoffimporte des Landes kompensiert. Hier nehmen die Branchen Maschinenbau, Fahrzeugbau und die chemische Industrie eine führende Position ein (vgl. Blättel-Mink 1995: 14; Keck 1993: 133ff.).

Tabelle 1: Außenhandelsbilanz 2001 für spezielle Güter und Gesamt (in Mrd. Euro)

Warengruppe	Einfuhr	Ausfuhr
Erdöl und Erdgas	33.477	2.897
Erze	2.568	62
Chemische Erzeugnisse	55.804	78.886
Maschinen	37.907	90.572
Kraftwagen und Kraftwagenteile	51.102	116.133
Büromaschinen und Datenverarbeitung	29.458	16.761
Insgesamt	550.273	637.332

Quelle: Statistisches Bundesamt - Destatis-Datenbank

Die seit langem erfolgreiche Vorherrschaft dieser Industriezweige führte allerdings zu einer starken Konzentration auf technische Weiterentwicklungen und Investitionen in diesen traditionell starken Bereichen. Dadurch geriet Deutschland in zunehmend bedeutenden Sparten, wie beispielsweise den modernen Informationstechnologien, gegenüber den Konkurrenten auf dem Weltmarkt ins Hintertreffen, während diese in den traditionellen Sparten aufholen konnten.

Aktivitäten im Bereich Forschung & Entwicklung (F&E)

Die F&E-Investitionen in Deutschland entsprechen 2,3% (1998) des Bruttoinlandsprodukts. Damit liegt Deutschland im Vergleich der OECD-Staaten nicht mehr in der Spitzengruppe. Durch die inländische Wirtschaft wurden 61,7% und von staatlicher Seite 35,6% finanziert. Über 90% der staatlichen Haushaltsmittel für F&E werden für zivile Zwecke eingesetzt (vgl. OECD 2000). Die Eingriffsziele der staatlichen F&E-Investitionen liegen in Deutschland auf der Förderung von Innovationen in den Bereichen Gesundheit und Umwelt sowie in der technischen Grundlagenforschung. In diesen Bereichen sind die Notwendigkeit und der Nutzen vielseitiger Forschungsbemühungen zwar unumstritten, der Forschungsaufwand ist aber nur bedingt mit (kurzfristigem) privatwirtschaftlichem Gewinn verbunden, was den Kapitaleinsatz für marktorientierte Unternehmen oft zu riskant erscheinen lässt. Hierfür gibt es unterschiedliche Gründe. Leistungsverbesserungen bei Umwelttechnologien (z.B. zur Emissionsreduktion) werden in der Regel nur dann nachgefragt, wenn eine Verschärfung der Umweltstandards potentielle Abnehmer unter Handlungszwang setzt. Im Bereich Gesundheit können rechtliche Unklarheiten oder Hemmnisse (z.B. Biotechnologie) Marktentwicklungsprognosen erschweren und somit die Bereitschaft zu verstärkten Forschungsbemühungen mindern. Die mangelhaften patentrechtlichen Schutzmöglichkeiten wissenschaftlicher Arbeiten verleihen den Ergebnissen von Grundlagenforschung den Charakter eines öffentlichen Gutes, dessen Vorteile nicht ausschließlich dem Investor zukommen. Durch staatliche Förderungen und Auftragsvergaben sollen diese Hemmschwellen reduziert bzw. umgangen werden. Insgesamt belaufen sich die Kosten staatlicher Forschungsinstitutionen und privater Non-Profit-Organisationen für F&E-Projekte auf rund 13 Mrd. DM. Weitere Mittel in Höhe von 15,5 Mrd. DM (1999) wurden aus den Budgets der Hochschulen bereitgestellt (vgl. Statistisches Bundesamt – Destatis-Datenbank). Die absoluten Investitionssummen befinden sich seit ihrer ersten Erhebung im Jahr 1983 in einem stetigen Aufwärtstrend und haben sich seither mehr als verdoppelt. Diese Entwicklung lässt sich auch für die Ausgaben der in privaten Wirtschaftsunternehmen durchgeführten F&E-Projekte feststellen, allerdings betragen sie in der Summe mit fast 66 Mrd. DM, mehr als das Doppelte der Ausgaben von staatlich geförderten Einrichtungen. Im Jahr 1999 waren in Deutschland etwa 480.000 vollzeitäquivalente Stellen im F&E-Bereich besetzt. Dies bedeutete einen sprunghaften Anstieg um ca. 20.000 gegenüber den Zahlen der Vorjahre, die sich seit Mitte der Neunziger um die 460.000er-Marke eingependelt hatten. Dieser Zuwachs ist alleine den privatwirtschaftlichen Akteuren zuzuschreiben, da der Personaleinsatz von Staat und privaten Non-Profit-Organisationen in diesem Bereich geringfügig aber kontinuierlich rückläufig ist, während an Hochschulen marginale Schwankungen knapp über der Marke von 100.000 verzeichnet wurden.

Tabelle 2: Personal für F&E (vollzeitäquivalent)

	Staat & NPOs	Hochschulen	Privatwirtschaft	Gesamt
1995	75.148	100.674	283.316	459138
1996	74.725	102.160	276.794	453.679
1997	73.495	100.646	290.235	460.411
1998	73.369	100.080	288.090	461.539
1999	72.251	101.471	306.693	480.415

Quelle: Statistisches Bundesamt – Destatis-Datenbank

Die privatwirtschaftlichen Aufwendungen für F&E im zweiten Sektor stiegen im Zeitraum von 1995 bis 1997 von 3,1% auf 3,3% des Umsatzes. Den größten Anteil ihrer Umsätze investieren die Betriebe des Fahrzeugbaus (1997: 7,3%) und der chemischen Industrie (6,4%) in F&E. Auch hier wird von einem weiteren Zuwachs der Investitionen in Relation zum Umsatz ausgegangen. In den vergleichbar forschungsintensiven Branchen EDV, Elektronik und Feinmechanik (5,8%), die ebenso wie Chemie und Fahrzeugbau mehr als 8% ihrer Angestellten in F&E beschäftigen, ist hingegen ein Rückgang der relativen Investitionen zu erwarten (vgl. Legler/Beise 2000).

Transfereinrichtungen

Aus den öffentlichen Haushalten werden in Deutschland eine ganze Reihe von Transfereinrichtungen finanziert bzw. gefördert. Neben den Bundesforschungsanstalten und den Forschungsanstalten der Länder sowie den Hochschulen engagieren sich vor allem die Helmholtz-Zentren, die Einrichtungen der Leibniz-Gesellschaft (sog. Blaue Liste) und die Institute der Max-Planck- und der Fraunhofer-Gesellschaft in Bereichen des Technologie- und Wissenstransfers. Hinzu kommen Einrichtungen die von den Bundesländern finanziert bzw. bezuschusst werden, z.B. die Akademie für Technikfolgenabschätzung in Baden-Württemberg.

Tabelle 3: F&E-Ausgaben öffentlicher und öffentlich geförderter Einrichtungen (in Mio. DM)

	1997	1998	1999
Bundesforschungsanstalten	3.001	3.102	3.051
Landes- u. kommunale Forschungsanstalten	996	1.004	1.029
Helmholtz-Zentren	4.101	4.316	4.383
Max-Planck-Gesellschaft	1.731	1.869	1.938
Fraunhofer-Gesellschaft	1.283	1.314	1.392
Leibniz-Gesellschaft	1.671	1.714	1.797
Akademien	147	145	148
Sonstige ‚Non-Profit'-Organisationen	1.998	2.135	1.990
Bibliotheken, Archive, Museen etc.	1.398	1.414	1.404
Gesamt	*16.327*	*17.012*	*17.132*

Quelle: Statistisches Bundesamt - Destatis-Datenbank

Kooperationen in Forschung und Entwicklung (F&E)

Der größte Teil extern vergebener F&E-Projekte der deutschen Wirtschaft wird von anderen inländischen Wirtschaftsunternehmen durchgeführt. Die deutschen Hochschulen und andere inländische F&E-Einrichtungen erhalten, mit einem in den neunziger Jahren stark schwankenden Anteil zwischen 15% und 20%, gemeinsam in etwa soviel Zuwendungen für F&E-Aufträge wie alle ausländischen Auftragnehmer zusammen. Deutschland verfügt über eine differenzierte öffentliche Forschungsinfrastruktur. Jedoch wird im Allgemeinen kritisiert, dass das hier erarbeitete Wissen nur sehr langsam in neue Produkte, Verfahren und Dienstleistungen umgesetzt wird. Eine bundesweite Studie der IHK und des DIHT im Jahr 2000 (Nicolay/Wimmers, 2000) untersuchte, auf welche Weise Wirtschaftsunternehmen aus innovativen Branchen mit welchen öffentlichen Forschungseinrichtungen kooperieren und wie diese Kooperation von den Unternehmen bewertet wurde.

Insgesamt nahmen 1047 Unternehmen unterschiedlicher Größe, gemessen an der Zahl der Beschäftigten (unter 50: 38%; 50-249: 35%; 250-999: 17%; über 1000: 10%), an der Umfrage teil, wovon 67,6% über eine eigene F&E-Abteilung verfügten. Die Ergebnisse zeigen, dass größere Unternehmen insgesamt häufiger Kontakte zu Forschungseinrichtungen haben, ebenso Unternehmen, die über eine eigene F&E-Abteilung verfügen.

Tabelle 4: Kooperation mit der Wissenschaft nach Unternehmen
(Mehrfachantworten möglich)

Wissenschaftliche	Zahl der Beschäftigten				F&E-Abteilung	
Einrichtung	< 50	50 - 249	250 - 999	> 1000	Mit	ohne
Universität	67,3%	65,7%	73,8%	86,2%	73,5%	60,6%
Fachhochschule	49,6%	56,3%	59,7%	72,3%	58,8%	46,6%
Fraunhofer Institut	24,3%	31,1%	40,3%	59,6%	36,4%	25,0%
Helmholtz-Zentren	4,9%	3,8%	3,4%	11,7%	5,8%	3,4%
Max-Planck-Institut	3,9%	2,1%	2,0%	12,8%	4,9%	1,4%
Sonstige	31,7%	29,7%	34,2%	39,4%	33,6%	28,8%

Quelle: vgl. Nicolay/Wimmers 2000: 7f.

Der Kontakt zu den Forschungseinrichtungen wurde bei 16% der kleinen Unternehmen
(< 50) von Vermittlern hergestellt. Großen Unternehmen (> 1000) fällt die Orientierung
in der deutschen Forschungslandschaft leichter, hier wurden nur 8% der Kooperationen
durch Firmenexterne vermittelt. Ebenso schalteten 20% der Firmen ohne eigene F&E-
Abteilung einen Vermittler ein, während lediglich 10% der Firmen mit einer solchen
Abteilung Hilfe bei der Vermittlung benötigten. Kooperationen, die vermittelt wurden,
werden von den jeweiligen Unternehmen in der Tendenz zufriedenstellender empfunden
als solche, die sich aus selbst geknüpften Kontakten ergaben. So wurde auch vor allem
die Darstellung des Leistungsangebots der Forschungseinrichtungen und ihre Bemühungen, auf potenzielle Kooperationspartner aus der Wirtschaft zuzugehen, von Unter-
nehmensseite als verbesserungswürdig befunden. Die fachliche Kompetenz der deutschen Forschungseinrichtungen hingegen wird sehr positiv bewertet.

Tabelle 5: Kooperation mit der Wissenschaft nach Unternehmen
(Mehrfachantworten möglich)

Wissenschaftliche	Zahl der Beschäftigten				F&E-Abteilung	
Einrichtung	< 50	50 - 249	250 - 999	> 1000	Mit	ohne
Universität	67,3%	65,7%	73,8%	86,2%	73,5%	60,6%
Fachhochschule	49,6%	56,3%	59,7%	72,3%	58,8%	46,6%
Fraunhofer Institut	24,3%	31,1%	40,3%	59,6%	36,4%	25,0%
Helmholtz-Zentren	4,9%	3,8%	3,4%	11,7%	5,8%	3,4%
Max-Planck-Institut	3,9%	2,1%	2,0%	12,8%	4,9%	1,4%
Sonstige	31,7%	29,7%	34,2%	39,4%	33,6%	28,8%

Quelle: vgl. Nicolay/Wimmers 2000: 7f.

Patentaufkommen

Die Zahl der Patentanmeldungen in Deutschland befindet sich in einem stetigen Aufwärtstrend. Im Jahr 2000 gingen pro Arbeitstag rund 210 Patentanmeldungen inländischer Herkunft beim DPMA ein, davon fielen 13,4% auf Einzelerfinder. Trotz einer beachtlichen Steigerung der Zuwachsrate der gesamten Patentanmeldungen in Deutschland, flachte der Zuwachs von Patentanmeldungen inländischer Herkunft auf unter 5% ab. Ebenso verzeichnet das Europäische Patentamt (EPA) seit 1992 in den F&E-intensiven Bereichen einen Aufwärtstrend bei den Patentanmeldungen aus Deutschland. In diesem Bereich konnten allerdings alle führenden Wirtschaftsmächte zulegen. Die Zahl der erteilten Patente ist jedoch rückläufig. Betrachtet man die Patentintensität (Patentanmeldungen pro Mio. Erwerbspersonen) liegt Deutschland bei den F&E-intensiven Innovationen und den technischen Innovationen allgemein seit 1994 hinter der Schweiz und Schweden auf Rang drei (vgl. Legler/Beise 2000: 198 (Stand Hochrechnung 1997); EPA 2000). Laut der aktuelleren Erhebung des Eurostat für 1999 und der Schätzung für 2000 rangiert Deutschlands Patentintensität – hier in Bezug auf die Gesamtbevölkerung – im EU-Vergleich (ohne Schweiz) ebenfalls auf Rang drei hinter Schweden und Finnland.

4 Das ökologische Innovationssystem – Zur Logik der Ökologisierung in Deutschland

Deutschland wurde lange Zeit als Vorreiter in Sachen Umweltschutz angesehen. Hinsichtlich der Einstellungen der Bevölkerung – und auch hinsichtlich der Aktivitäten von staatlicher Seite – hatte Deutschland scheinbar den meisten Staaten in der EU etwas voraus. Exemplarisch für dieses Umweltbewusstsein bzw. für das im Vergleich mit Deutschland geringere Problembewusstsein in anderen Ländern steht der Term ‚Waldsterben', der in Frankreich mangels eines eigenen Wortes in deutscher Sprache übernommen wurde. Zu einem tendenziell höheren Umweltbewusstsein gesellt sich aber kaum eine höhere Handlungsbereitschaft hinsichtlich des Umweltschutzes einzelner Individuen. Die schon oft beschriebene Diskrepanz zwischen Einstellungen und Verhalten ist auch – oder gerade – in diesem Themenkomplex zu beobachten. Zusätzlich zur individuellen ‚Handlungsblockade' kommt im Falle Deutschlands die Frage, ob es strukturelle Hindernisse gibt die gegen eine ‚Logik der Ökologisierung' sprechen. Die Bundesrepublik ist ein Land mit nur unbedeutenden Mengen an natürlichen Ressourcen, daher ist eine innovative Entwicklung des Landes und die Betonung von Humankapital um so wichtiger. Von einer Logik der Ökologisierung kann aber erst gesprochen werden, wenn ein System ökologischer Innovationen vorzufinden ist, d.h. institutionalisierte Abläufe, die innovative Ideen auf einen fruchtbaren Boden fallen lassen und gleichzeitig flexibel genug sind um eben auf das Neue, das Unbekannte von Innovationen offen zu reagieren. Eine Frage ist hierbei, inwiefern es möglich ist, von einem bereits innovativen Bereich auf einen anderen zu schließen, also ob aus einem nationalen Innovationssystem ein ökologisches Innovationssystem immer folgt bzw. welche Randbedingungen erfüllt werden müssen damit dem so ist. Wie innovativ ein Land – eine Nation bzw. ein Wirtschaftsraum – ist, ist abhängig von den beteiligten Akteuren, von der Dringlichkeit von Innovationen im jeweiligen Feld, vom Vorhandensein von Freiräumen für Innovationen, von der politischen Kultur und den individuellen Einstellungen der Bürgerinnen und Bürger (vgl. Blättel-Mink – Theoretischer Rahmen, in diesem Band). Eine mögliche Systematisierung dieser einzelnen Variablen – hier sind bei Weitem nicht alle genannt – erfolgt durch die Unterteilung in liberale Gesellschaften auf der einen und korporatistische auf der anderen Seite eines Innovations-Kontinuums. Die These ist, dass Gesellschaften auf der liberalen Seite des Kontinuums einer Tauschlogik, Gesellschaften am korporatistischen Pol dagegen einer Verhandlungslogik folgen. Grundvoraussetzung jedoch für ein erfolgreiches Innovationssystem überhaupt, ist die Kohärenz seiner Elemente, d.h. die inhaltliche Übereinstimmung der Akteure hinsichtlich der Innovation (vgl. Blättel-Mink - Theoretischer Rahmen, in diesem Band). Neben der Kohärenz der Systeme und der Einordnung auf einem Innovations-Kontinuum spielt nach Blättel-Mink (1997) die Entwicklung eines gesellschaftlichen Leitbildes, wie es beispielsweise die nachhaltige Entwicklung in vielen OECD-Ländern darstellt, eine entscheidende Rolle als Erklärungsansatz für Innovationen. Zu einer ‚Innovationskultur', durch die die relevanten Akteure psychologisch motiviert und strukturell befähigt werden, und einer Netzwerktheorie, die den Diskurs zwischen den Netzwerkpartnern darstellt, kommt die Rolle des Technikleitbildes. Es handelt sich hierbei um eine Kombination von Visionen (Bildcharakter) und Handlungsorientierungen (Leitcharakter) (vgl. ebd.). Ein nationaler Umweltplan ist diesem Gedanken unterstellt, verfügt er doch im Idealfall über die Vision (nachhaltige Entwicklung) sowie deren konkrete Handlungsorientierungen (z.B. Umsetzung auf lokaler Ebene durch Agenda 21, Handlungsspielräume und Verpflichtungen der Industrie etc.). Raum für Innovationen würde in diesem Sinne geschaffen, wenn die Entwicklung von der ökologischen Modernisierung (z.B. Recycling von Abfällen) hin zur ökologischen Strukturreform (Vermeidung von Abfällen) verstärkt verfolgt würde. Das Stichwort der ökologischen Strukturreform als Wegbereiter von (Umwelt-) Innovationen zeigt besonders deutlich die Parallele zur Strukturreform in allen anderen Bereichen der Gesellschaft, beispielsweise der Sozialsysteme. Durch flankierende Maßnahmen wie z.B. Steuervorteile müssen Innovatoren in diesen Gebieten gefördert sowie ihre Förderung entbürokratisiert werden um einen ‚Innovations-Push' auszulösen (vgl. Jänicke/Kunig/Stitzel 2000).

In den folgenden Abschnitten sollen verschiedene Aspekte betrachtet werden, die – so die Annahme – die Entstehung eines ökologisches Innovationssystems eher fördern bzw. eher erschweren können. Dabei geht es insbesondere um die Frage, wo die Bundesrepublik Deutschland sich in diesem Kontext einordnen lässt. Zunächst wird die spezifische und allgemeine Betroffenheit Deutschlands von Umweltproblemen dargestellt.

Deutschland ist Europas bevölkerungsreichstes Land – und mit 228 Einwohnern pro km² auch das Land, mit der größten Einwohnerdichte. 55% des Landes werden für die Landwirtschaft genutzt und 30% der Fläche Deutschlands sind Wälder (vgl. Statistisches Bundesamt 2000). Darüber hinaus ist Deutschland in Europa das wirtschaftsstärkste Land und liegt international nur hinter den USA und Japan. Aus diesen Daten ergeben sich für Deutschland eine Reihe von spezifischen Umweltproblemen. Durch den hohen Flächenverbrauch (siehe Abschnitt Strukturdaten) ist die Erhaltung der Biodiversität ein ernsthaftes Problem. Ein Drittel aller Pflanzen werden als bedroht oder sogar als bereits ausgestorben angesehen. Zudem schafft die zentrale Lage Deutschlands in Europa ein außergewöhnliches Verkehrsaufkommen – dieser Zusammenhang wurde noch verstärkt durch die Wiedervereinigung und die Öffnung Ost-Europas. Zusätzlich tragen der hohe Lebensstandard der deutschen Bevölkerung und deren Freizeitverhalten (vor allem der Individualverkehr) zu einem sehr hohen Verbrauch an Energie und Rohstoffen bei. Die Energieeffizienz in Deutschland liegt unter dem OECD-Durchschnitt (vgl. Jänicke/Jörgens/Jörgensen/Nordbeck 2002: 114). Seit 1990 besteht als zusätzliches Problem die Altlastenentsorgung in Ostdeutschland, wo durch den Niedergang ganzer Wirtschaftszweige eine zuvor ungekannte Umweltproblematik zu Tage trat. Zu den Umweltproblemen die auf Besonderheiten Deutschlands zurückzuführen sind gesellen sich globale Umweltprobleme in zweifacher Weise: zum einen, da globale Umweltprobleme per Definition auch globale Auswirkungen haben, so zum Beispiel der Anstieg des Meeresspiegels. Zum anderen, da Deutschland als eine der größten Ökonomien und als ein Land mit hohem Lebensstandard in erheblichen Maße zu genau diesen Umweltproblemen beiträgt. Nach dem in Deutschland selbst schon einige Jahre geltenden Verursacherprinzip (‚pollutant pays') ist es offensichtlich, dass Deutschland mit anderen Staaten zusammen an vorderster Front stehen sollte um Umweltprobleme zu vermeiden. Dieser Gedanke liegt unter anderem auch internationalen Klimavereinbarungen zu Grunde (z.B. Kyoto Protokoll, bei dem die führenden Industrieländer eine Selbstverpflichtung zur CO_2-Reduktion eingingen).

Strukturdaten Umweltverschmutzung

Klimaveränderungen werden hauptsächlich durch den Ausstoß von CO_2 verursacht. Die Auswirkungen einer Erwärmung des Erdklimas sind im Wesentlichen negativ: selbst wenn einige Zonen auf der Erde erhöhte Erträge durch bessere klimatische Bedingungen in der Landwirtschaft erreichen würden, so wäre doch der Großteil der Menschen mit negativen Folgen für die Landwirtschaft konfrontiert. Diese eher langfristigen, langsameren Klimaveränderungen werden begleitet von kurzfristigen, schneller möglichen Veränderungen. So berichtet das Umweltbundesamt: „Aufgrund zunehmenden Süßwassereintrags infolge veränderter Niederschlagsmuster und abtauender Gletscher der arktischen Zone, könnten veränderte physikalische Parameter des Nordatlantikwassers (z.B. Salzgehalt und Gefrierpunkt) zu wesentlichen Veränderungen der Meereszirkulation führen. Eine daraus resultierende Schwächung oder gar Abbruch des Golfstroms hätte eine empfindliche Abkühlung in seiner bisherigen Einflusszone – speziell in Europa – zur Folge." (Umweltbundesamt 2002)

Abbildung 1: CO_2-Emissionen in Deutschland in Mio. Tonnen

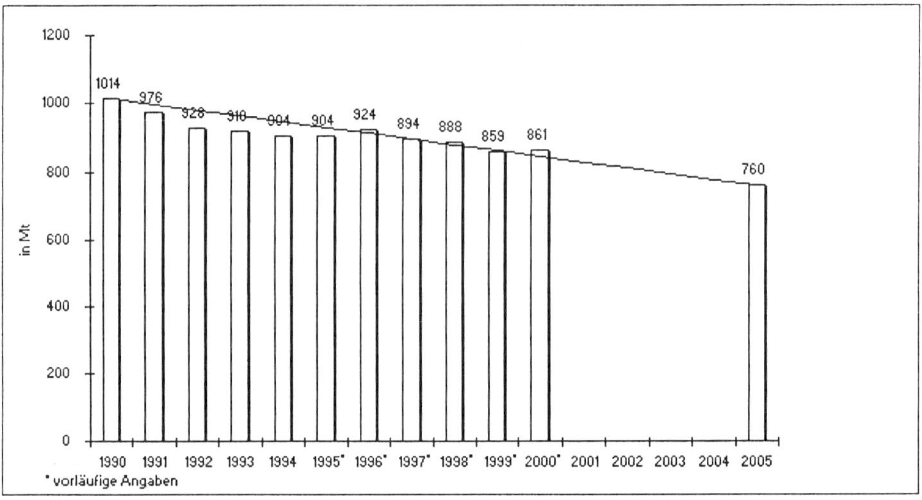

Quelle: http://www.umweltbundesamt.de/dux [Mai 2002]

Die Hauptverursacher von CO_2-Emissionen sind in Deutschland mit 40% die Kraftwerke. Seit 1970 beträgt deren Anteil etwa 330 bis 350 Mio. Tonnen, mit einem nochmaligen Anstieg in den achtziger Jahren. Der Verkehr ist verantwortlich für 22% des CO_2-Ausstoßes, private Haushalte für 14%. Der CO_2-Ausstoß ist somit bis zum Jahr 2000 um ca. 15% gesunken, damit sind 60% des gesetzten Zieles bis 2005 erreicht. Dieser Rückgang ist jedoch nicht unbedingt auf umweltpolitische und andere aktive Maßnahmen zurückzuführen, sondern hängt zu einem nicht unbeträchtlichen Teil mit der Schließung von Fabrikationsanlagen in Ostdeutschland zusammen. Neueste Einschätzungen gehen demnach auch davon aus, dass das Ziel 2005 mit dem jetzigen Vorgehen nicht oder nur noch schwer zu erreichen ist. Luftverschmutzung zeigt in besonderem Maße die globale ökologische Betroffenheit: Schadstoffe werden durch die Luft über weite Strecken transportiert, Folgen verschmutzter Luft wie das Waldsterben sind nicht nur an Industriestandorten zu verzeichnen, sondern überall dort wo die Windströme die Schadstoffe hintransportieren. Bei der Verschmutzung der Luft werden insbesondere die Schadstoffe Schwefeldioxid (SO_2), flüchtige organische Verbindungen ohne Methan

(NMVOC), Stickoxide (NO_X) sowie Ammoniak (NH_3) betrachtet. Die folgende Abbildung zeigt die Entwicklung dieser Schadstoffe seit 1990.

Abbildung 2: Entwicklung der Luftschadstoffe SO_2, NO_X, NH_3 und NMVOC

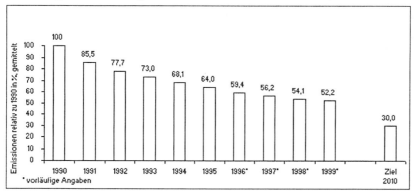

Quelle: http://www.umweltbundesamt.de/dux [Mai 2002]

Der starke Rückgang der Schadstoffbelastung hat je nach Schadstoff unterschiedliche Ursachen. So ist beispielsweise ein Faktor des Rückgangs von Schwefeldioxidemissionen die Schließung von (Braunkohle-) Kraftwerken in Ostdeutschland nach 1990. Die Kapazität dortiger Anlagen beträgt nur noch 20% der Kapazität von 1990. Private Haushalte haben heutzutage kaum noch Kohlefeuerung, und ebenso trug zu einer Minderung des Schwefelausstoßes bei, dass der Schwefelgehalt in Heizölen in den vergangen Jahren gesetzlich weiter gesenkt wurde. Ammoniak wird in erster Linie von der Landwirtschaft freigesetzt, dabei zu etwa 85% durch die Tierhaltung. Ein Rückgang im Ammoniakgehalt ist ebenfalls durch die Schließung landwirtschaftlicher Betriebe in Ostdeutschland zu erklären. Emissionsrückgänge bei den NMVOC lassen sich in erster Linie auf verbesserte Katalysatorentechniken im Straßenverkehr erklären. Trotz steigender Verkehrsbewegungen gelang hier eine Reduzierung von 77%. Hinsichtlich des Ziels im Jahre 2005 30% des Ausstoßes an Luftschadstoffen von 1990 zu erreichen, besteht beim Umweltbundesamt Zuversicht. Schon jetzt hat man die jährlichen Verringerungsraten überschritten, somit scheint eine Zielerreichung realistisch. Doch auch hier bleibt zu bedenken, dass die größten Reduzierungen durch die stillgelegte ostdeutsche Wirtschaft erreicht wurde, also ein Effekt der – um realistisch zu bleiben – nicht mit eingerechnet werden dürfte.

Der Faktor Boden wird in erster Linie durch die Siedlungs- und Verkehrsfläche festgelegt. Wichtig ist, dass die Siedlungs- und Verkehrsfläche nicht gleichzusetzen ist mit dem Anteil versiegelter Fläche, da die Siedlungs- und Verkehrsfläche auch Erholungs- und Freiflächen beinhaltet. Die Problematik der schwindenden Flächen ist gerade in

Deutschland, dem dichtbesiedeltsten Land in der EU, dringlich. Lebensräume für Flora und Fauna schwinden, Funktionen des Bodens (wie die Grundwasserfilterung) werden beeinträchtigt. Die folgende Abbildung zeigt den Verlauf seit 1997.

Abbildung 3: Verbrauch an Boden für Siedlungs- und Verkehrsfläche in ha

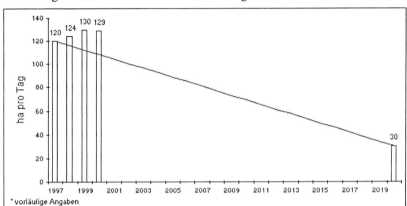

Quelle: http://www.umweltbundesamt.de/dux [Mai 2002]

Es wird deutlich, dass ein ‚Bodenverbrauch' von 130 ha pro Tag die Erreichung der geplanten 30 ha im Jahr 2020 Illusion werden lässt. Derzeit liegt der Dux-Index für den Faktor Boden somit im negativen Bereich bei -122 Punkten, der Optimalwert hingegen beträgt +1000.

Im Bereich Energie hat das Umweltbundesamt als Beurteilungsgrundlage den Indikator ‚Energieproduktivität' erstellt. Dieser berechnet sich als der Quotient von Bruttoinlandsprodukt und Primärenergieverbrauch. Schon die Wahl eines solchen Indikators, der rein auf Effizienz gestützt ist, lässt Rückschlüsse auf den gesellschaftlichen Umgang mit dem Faktor Energie zu. Die folgende Abbildung zeigt den Verlauf der Energieproduktivität sowie das Ziel im Jahre 2020. 27% des Primärenergieverbrauchs fallen auf den Eigenverbrauch bei der Erzeugung und Bereitstellung von Sekundärenergieträgern sowie auf Verluste. Private Haushalte tragen 29% bei, der Straßenverkehr 25%.

Abbildung 4: Entwicklung der Energieproduktivität

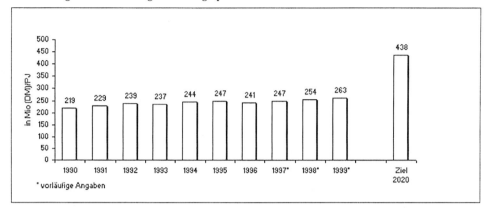

Quelle: http://www.umweltbundesamt.de/dux [Mai 2002]

Die hier dargestellten Daten zeigen, dass durch den Niedergang der Wirtschaft in Ostdeutschland die meisten Umweltdaten ‚geschönt' sind insofern, als dass sie nicht auf
umweltschonenderem Verhalten oder neuen Regulierungen beruhen sondern auf einer
an sich negativen wirtschaftlichen Entwicklung. So zeichnet sich auch bei den meisten
Indikatoren nun ein eher stabiles Niveau ab, so dass die Entwicklung der nächsten zehn
Jahre erst wieder Rückschlüsse auf die tatsächliche Situation zulassen wird. Ob die
Zielerreichungskurve in den oben gezeigten Grafiken so durchzuhalten ist, ist genau aus
diesem Grunde fraglich.

Das Umweltbundesamt hat für Deutschland einen Indikator zusammengestellt, der
Auskunft über die Umweltsituation geben soll (vgl. Umweltbundesamt) Der praktische
Nutzen eines einheitlichen Indikators ist unbestreitbar: Umweltdaten werden überprüf-
bar, Handlungsbedarf deutlich. Nachteil eines jeden Indikators dagegen ist die subjekti-
ve Auswahl der Kriterien, die manchmal nur kompliziert darzustellen ist, da die vielen
Einzelinformationen verdichtet werden müssen. Eine solche Verdichtung bedeutet auch
unweigerlich einen gewissen Informationsverlust. Jedoch ist schon die Einführung des
Deutschen Umweltindex (DUX) an sich eine ökologische Innovation (siehe unten). Der
DUX ist kein wissenschaftliches Modell, vielmehr eine Veranschaulichung relevanter
Daten aus dem Umweltbereich. Der DUX verbindet die Daten des Umweltbarometers
(initiiert vom BMU) mit den Hauptzielen der Umweltpolitik und gibt somit Informatio-
nen über die Zielerreichung der umweltpolitischen Ziele. Aufgeteilt ist der DUX in die
Indikatoren Klima, Luft, Boden, Wasser, Energie und Rohstoffe. In jedem Bereich kön-
nen max. 1000 Punkte erreicht werden, insgesamt also 6000. Für Februar 2002 hat das
Umweltbundesamt die folgenden DUX-Werte errechnet: Klima 604 Punkte, Luft 682,
Boden -100, Wasser 295, Energie 239 und Rohstoffe 82. Insgesamt wird ein Punktstand
von 1714 Punkten erreicht. Dies verdeutlicht, dass Deutschland von einer optimalen

Zielerfüllung vor allem im Bereich Boden noch weit entfernt ist. Die oben dargestellten Strukturdaten verdeutlichen dies graphisch an der Zielerreichungskurve.

Außendarstellung der Themen Umwelt und Ökologie

In fast allen Bereichen des gesellschaftlichen Lebens der Bundesrepublik ist Umwelt bzw. Umweltschutz inzwischen ein Thema, das nicht ausgespart werden kann. Ganz gleich ob es sich um die Präsentation eines neuen Produkts oder um die Informationen einer kommunalen Einrichtung handelt, auf die eine oder andere Weise ist Umweltschutz thematisiert. Für die Außendarstellung der Wirtschaft und Industrie zählt Umweltschutz immer mehr zu einer Werbebotschaft, die vom Verbraucher auch verlangt wird. Gewerkschaften, Arbeitgeberverbände, alle politischen Ebenen, Parteien, Vereine, Organisationen: sie alle stellen zumindest ihre Ansicht zum Umweltschutz dar, wenn sie auch oftmals nicht aktiv daran beteiligt sind. Jedoch ist diese Entwicklung erst Ende der neunziger Jahre in Schwung gekommen. Nach der großen Aktualität des Themas Umwelt Ende der achtziger Jahre, geriet die Diskussion darüber zu Beginn der neunziger wieder etwas in den Hintergrund. Vor allem die Umsetzung einer nachhaltigen Entwicklung fiel in Deutschland in eine Art Dornröschenschlaf (vgl. Jänicke/Kunig/Stitzel 2000). So gibt es bis dato keinen nationalen Umweltplan, erst in den letzten beiden Jahren wurde die Diskussion darüber verstärkt aufgenommen und inzwischen werden auch Entwürfe dafür erarbeitet. In der Außendarstellung ergibt sich somit ein ambivalentes Bild: einerseits wird speziell in der zweiten Hälfte der neunziger Jahre ein intensives Umweltmarketing von Unternehmen sowie eine teilweise Konzentrierung der Politik auf umweltproblematische Bereiche betrieben, andererseits ist die Außendarstellung einseitig da sie sich in erster Linie auf ökologische Aspekte bezieht und die sozialen und ökonomischen Zusammenhänge weitgehend unberücksichtigt lässt (vgl. ebd.).

Akteure des ökologischen Innovationssystems

Das institutionelle Gefüge der deutschen Umweltpolitik wird, teils aufgrund von gewachsenen Strukturen und teils aufgrund einer bestimmten Politiklogik, in erster Linie von staatlichen Institutionen bestimmt. In diesem Punkt unterscheidet sich die Bundesrepublik kaum von anderen Industriestaaten (vgl. Pehle 1998). Das Mitte der achtziger Jahre gegründete Bundesministerium für Umwelt, Naturschutz und Reaktorsicherheit (BMU), das mitunter auch aus der direkten ökologischen Betroffenheit nach dem Reaktorunfall in Tschernobyl 1986 gegründet wurde, ist ebenso wie das Umweltbundesamt (UBA) und das Bundesamt für Naturschutz (BfN) durch eine qualitative und quantitative Ausweitung der Handlungskapazität gekennzeichnet. Zu diesen drei zentralen Institutionen kommen Fachabteilungen in anderen Ministerien hinzu. Darüber hinaus spielen Expertengremien seit den siebziger Jahren in zunehmenden Maße eine größere Rolle in der deutschen Umweltpolitik. Der Sachverständigenrat für Umweltfragen (SRU), der Wissenschaftliche Beirat für globale Umweltveränderungen (WBGU) sowie verschiedene Bundestags-Enquetekommissionen üben eine wichtige politikberatende und meinungsbildende Funktion aus.

Die sich zu Ende der siebziger Anfang der achtziger Jahre formierende Ökologiebewegung wird oft als zweitwichtigster Akteur der deutschen Umweltpolitik gesehen (vgl. Jänicke/Kunig/Stitzel 2000). Ca. 4 Millionen Bürgerinnen und Bürger sind in umweltpolitischen Verbänden wie Greenpeace oder dem B.U.N.D. organisiert, und schon 1989 wurden 37 im engeren Sinne als Umweltfachzeitschriften zu bezeichnende Publikationen mit einer Gesamtauflagen von ebenfalls 4 Millionen gezählt. Die starke Stellung der Umweltverbände im Gefüge der deutschen Umweltpolitik wird auch in einer von Hebert und Häberle durchgeführten Expertenbefragung deutlich (vgl. Hebert/Häberle 1992). Nach der Bundesregierung und der EG-Kommission, als die Institutionen mit dem stärksten umweltpolitischen Einfluss, wurden an dritter bzw. vierter Stelle Greenpeace und der B.U.N.D. genannt, erst danach das Umweltbundesamt und erst an neunter Stelle die Partei der GRÜNEN.

Schließlich reagierten auch die Medien auf das gestiegene öffentliche Interesse am Umweltschutz. Jänicke, Kunig und Stitzel resümieren, dass seit Ende der achtziger Jahre das Thema Umweltschutz in den Medien grundsätzlich akzeptiert ist: „Viele Tageszeitungen und Rundfunkanstalten unterhalten spezielle Umweltredaktionen. Auch darin äußert sich ein wesentliches Kapazitätswachstum der Umweltpolitik." (Jänicke/ Kunig/Stitzel 2000: 37)

Sicherlich gehen die Meinungen darüber auseinander, ob Umweltverbände mit ihrem hohen Mobilisierungsgrad und hoher gesellschaftlicher Akzeptanz den zweitwichtigsten Akteur im umweltpolitischen Geschehen darstellen oder doch eher Unternehmen oder noch allgemeiner ‚die Wirtschaft'. Das Deutsche Institut für Wirtschaftsforschung gab für 1994 an, dass 2,7% der Gesamtbeschäftigten direkt oder indirekt im Bereich Umweltschutz angestellt waren – dies entspricht dem Anteil der deutschen Automobilbranche (vgl. DIW 1997). Allerdings ist auch festzustellen, dass der Anteil der Ausgaben für private oder öffentliche Umweltschutzmaßnahmen am Bruttosozialprodukt (BSP) von 1990 1,6% auf 1995 1,4% gesunken ist, wohingegen in den meisten anderen OECD-Ländern eine Steigerung dieses Anteils stattfand. Die Verringerung dieses Anteils am BSP wird von Jänicke, Kunig und Stitzel in erster Linie mit einer Prioritätenverschiebung im Zuge der deutschen Einheit in Verbindung gebracht (vgl. Jänicke/Kunig/Stitzel 2000).

Neben eher traditionellen ‚end-of-pipe'-Ansätzen der Industrie sind in wachsender Zahl innovative Unternehmen und Unternehmensorganisationen erkennbar, deren Ziel ein integrierter und effizienter Umweltschutz ist. So haben sich Organisationen wie beispielsweise B.A.U.M., UnternehmensGrün oder der Förderkreis Umwelt future diesem Weg verschrieben.

Als weiterer Akteur ist die Wissenschaft zu nennen, die, nach anfänglichen Startschwierigkeiten, inzwischen durch Einrichtungen wie dem Öko-Institut in Freiburg erheblich zum Umweltdiskurs beiträgt. Im Laufe der späten achtziger Jahre konnten sich ständig mehr Institute auch auf dem Gebiet der umweltpolitischen Politikberatung etablieren.

Die hier genannten Akteure und Akteurskonstellationen haben sich, wie bereits erwähnt, zu unterschiedlichen Zeitpunkten entwickeln und etablieren können. Zur Verdeutlichung des historischen Ablaufs dieser Entwicklung teilen Jänicke und Weidner (1997) die deutsche Umweltpolitik und somit die relevanten Akteure in vier Phasen ein. Die erste Phase, von 1969 bis 1973, ist durch eine ‚Verteilung' von Umweltproblemen gekennzeichnet. Der Staat hat Verordnungen erlassen, die Industrie hat sie hingenommen; andere Akteure waren kaum involviert. Das Stichwort ‚Verteilung' bezeichnet den Umstand, dass Umweltprobleme nicht gelöst sondern verschoben wurden, z.B. durch höhere Schornsteine. In der zweiten Phase, von 1973-82, tritt eine Verlangsamung des Umweltschutzes ein, nicht zuletzt unter dem Zeichen der Ölkrisen der siebziger Jahre. Es bilden sich bereits Bürgerinitiativen. Die dritte Phase, 1983-1987, steht im Zeichen der Ökologiebewegung sowie des Waldsterbens. Das als hochproblematisch angesehene Waldsterben – nicht zuletzt ausgelöst durch die Politik der hohen Schornsteine in den siebzigern – wird durch verstärkten Einsatz von ‚end-of-pipe'-Technologien angegangen. Zeitgleich ziehen die GRÜNEN als politischer Arm der Ökologiebewegung in den Bundestag ein. Die Großkatastrophen Mitte/Ende der achtziger Jahre kennzeichnen die vierte Phase (1987-1998). Tschernobyl und Sandoz führen zu einer ökologischen Modernisierung, die über (teure) ‚end-of-pipe'-Technologien hinausgeht. Eine stärkere Netzwerkbildung der Industrie, eine völlige Akzeptanz des Themas Umwelt in den Medien und der Politik sowie gut organisierte Umweltverbände stehen im Mittelpunkt dieser Phase.

Umweltpolitik

Die deutsche Umweltpolitik entsprach bis zum Ende der achtziger Jahre weitgehend dem ‚command-and-control'-Ansatz (vgl. Jänicke/Kunig/Stitzel 2000). Ordnungsrechtliche Vorgaben standen im Mittelpunkt der Politik, neue Verordnungen und Gesetze sollten auftretende Umweltprobleme beseitigen helfen. Alleiniger Akteur dieses Politikstils war ‚der Staat', bzw. genauer die Bundesregierung sowie die Legislative. Dieser Ansatz birgt, obwohl er in der Leistungsbilanz des Umweltschutzes sehr gute Ergebnisse erzielt (vgl. Uebersohn 1990), eine Vielzahl von Problemen mit sich. Jänicke kritisiert, dass ein rein ordnungsrechtliches Vorgehen nur reagierend ist, einen nur symptombezogenen Charakter besitzt und eine Tendenz zur räumlichen und zeitlichen Problemverschiebung hat (vgl. Jänicke 1978). Eine integrierte Lösung wurde zugunsten einer Problemlösung in einzelnen Bereichen nicht angestrebt. Wicke nennt des Weiteren eine nur geringe ökonomische Effizienz des Ordnungsrechts sowie eine innovationshemmende Wirkung von weitreichenden Vorschriften (vgl. Wicke 1993). Gegen Ende der achtziger Jahre wurde zunehmend der Übergang zu einem flexibleren Ansatz geprobt. Ein Beispiel dafür ist die Verpackungs-Verordnung von 1990: eine gesetzliche Regulierung wird zugunsten einer Lösung durch Selbstverpflichtung (Duales System) zurückgestellt. Kennzeichnend ist, dass der neue Politikstil eher konsensorientiert ist, unter Einbezug der gesellschaftlich relevanten Akteure. Scharpf charakterisiert diesen neuen Ansatz als Verhandlung im Schatten der Hierarchie, denn die gesetzliche Regelung wird nur zurückgestellt, nicht jedoch gänzlich aus dem umweltpolitischen Instrumentarium genommen (vgl. Scharpf 1991).

Das von nun an praktizierte Prinzip der Selbstverpflichtung hat den Vorteil, dass eine Internalisierung externer Kosten so erst möglich wird. Diese Internalisierung ist jedoch wiederum in gesetzlichen Regelungen zunehmend integriert, so beispielsweise im Umwelthaftungsgesetz von 1990. Jänicke, Kunig und Stitzel weisen jedoch auch darauf hin, dass das Prinzip der Selbstverpflichtung auch erhebliche Probleme in sich birgt. Anders als zum Beispiel in den Niederlanden gibt es in Deutschland keine Tradition der freiwilligen Selbstverpflichtungen. Daraus folgt zum einen, dass die gesellschaftliche Akzeptanz und das Vertrauen in die Wirksamkeit von Selbstverpflichtungen als eher gering einzuschätzen sind. Zum anderen ist die Ernsthaftigkeit von abgegebenen Selbstverpflichtungen teilweise tatsächlich in Frage zu stellen, werden sie doch allzu schnell aufgrund veränderter Randbedingungen ausgesetzt (z.B. konjunkturelle Lage). Ein Lernprozess, der hierfür benötigt würde, benötigt genügend Zeit und auch Vorreiter.

Neben dem allgemeinen Politikstil der deutschen Umweltpolitik im Zeitablauf muss noch auf einige Besonderheiten des föderalen Systems in Deutschland eingegangen werden. Allgemein kann man festhalten, dass von staatlicher Seite Umweltpolitik heute in einem ausdifferenzierten Mehrebenensystem stattfindet: EU, Bund, Länder und Kommunen. Erhebliche Koordinierungsaufgaben sind erforderlich um die Agenda dieser Ebenen anzugleichen, wobei die Koordinierung nicht nur vertikal von der niedrigeren zu höheren Ebene verläuft, sondern auch horizontal zwischen verschiedenen Fachabteilungen oder Ministerien. Auch führt das sehr komplexe föderale System Deutschlands immer wieder zu einer Verschiebung von Verantwortung hinsichtlich ungelöster Probleme.

Die Aufgaben sind auf Bund, Länder und Gemeinden unterschiedlich verteilt. Deutlich wird jedoch, dass dem Bund eine entscheidende Rolle zufällt. Zum einen, da von hier die ausschließliche Gesetzgebung sowie die Rahmengesetzgebung in entscheidenden Umweltbereichen liegt. Die Länder haben oftmals nur die Aufgabe der Konkretisierung. Zum anderen obliegt dem Bund im Rahmen seiner Gesetzgebungskompetenz und der Vertretung der Bundesrepublik nach Außen die Aushandlung internationaler Abkommen, der Beitritte in internationale Organisationen etc. Gerade im Bereich nachhaltiger Entwicklung steigt die Bedeutung solcher internationaler Abkommen stark an. Gleichzeitig darf die Rolle der Länder und Kommunen nicht unterschätzt werden. Eine vom Bund erlassene Rahmengesetzgebung lässt erheblichen Spielraum für Konkretisierungen auf der Länderebene. Kommunalverwaltungen können darüber hinaus durch Abgabenverordnungen ebenfalls einen nicht unerheblichen Einfluss geltend machen. Die komplexe Struktur dieses föderalen Systems zeigt die angesprochene Notwendigkeit und auch Schwierigkeiten der Koordinierung zwischen den einzelnen Ebenen.

In Vorbereitung des Umweltgipfels in Johannesburg 2002 hat die Bundesregierung einen ,Rat für nachhaltige Entwicklung' sowie einen Staatssekretärenausschuss eingerichtet. Die Geschäftsstelle des Rates für nachhaltige Entwicklung ist beim Wissen-
schaftszentrum Berlin (WZB) angesiedelt. Der Staatsekretärenausschuss wurde gegründet mit der Aufgabe, „(...) eine nationale Strategie für eine nachhaltige Entwicklung zu
erarbeiten." (Nachhaltigkeitsrat 2002) Die nationale Nachhaltigkeitsstrategie soll alle
Politikfelder umfassen und die drei klassischen Ziele der Nachhaltigkeit Ökonomie,
Ökologie und Soziales verbinden. Der Ausschuss schlägt auch Projekte für die Umsetzung der Strategie vor. Der Rat für nachhaltige Entwicklung soll seinem Auftrag nach
„(...) Beiträge (insbesondere Ziele) für die nationale Nachhaltigkeitsstrategie liefern und
Vorschläge für Projekte zur Umsetzung dieser Strategie machen (...). Dies soll vorrangig in den von der Bundesregierung als Schwerpunkte identifizierten Bereichen erfolgen." (Nachhaltigkeitsrat 2002) Der Rat hat die Arbeitsgruppen Energie & Klimaschutz,
Mobilität sowie Landwirtschaft & Ernährung & Gesundheit & Umwelt. Der Rat soll
zudem den gesellschaftlichen Dialog initiieren, dafür wurde von der Bundesregierung
das Internetforum ,Dialog Nachhaltigkeit' erstellt.

Ein weiteres umweltpolitisches Gremium ist der Sachverständigen Rat für Umweltfragen (SRU, auch Umweltrat). Schon Anfang der siebziger Jahre gegründet, und nach
der Gründung des Ministeriums für Umwelt, Naturschutz und Reaktorsicherheit Mitte
der achtziger Jahre diesem zugeordnet, arbeitet der SRU als Expertinnen- und Expertengremium und erstellt Gutachten im Auftrag der Bundesregierung.

Die Umweltpolitik in Deutschland hat sich mit dem Regierungswechsel 1998 von
der konservativen zur rot/grünen Regierung in ihren Schwerpunkten und vor allem in
der Intensität verändert. Eine bedeutende Änderung ist die Einführung der so genannten
Öko-Steuer, mit der zum ersten Mal Steuern auf Energie verbrauchsabhängig erhoben
werden (sofern man von der Steuer auf Brennstoffe für Kraftfahrzeuge absieht). Parallel
zum Ziel der Verbrauchsreduzierung hat die rot/grüne Regierung eine Reihe von Maßnahmen beschlossen um alternative Energien zu fördern, erwähnt werden soll hier vor
allem der Ausstieg aus der Kernenergie oder auch ein Förderprogramm für den privaten
Gebrauch von Solaranlagen (100.000-Dächer-Programm). Bezeichnend ist jedoch, wie
oben bereits erwähnt, dass es keinen nationalen Umweltplan als Direktive gibt. Der Rat
für nachhaltige Entwicklung beispielsweise, soll Leitlinien erarbeiten und Entschei-
dungshilfen geben, jedoch geht es nicht darum, dass verbindliche Vorgaben gemacht
werden. Zugleich werden Effizienz und Umwelttechnologien als wichtige Komponenten betont. Deutschland hat jedoch die Führung im Bereich Umwelttechnologien an die
USA abgegeben, ein Zeichen dafür, dass Deutschland eine eher geringe Flexibilität hinsichtlich neuer Herausforderungen aufweist. Ähnliches ist in anderen Bereichen der
deutschen Industrie zu sehen, beispielsweise dem Maschinenbau, in denen die nötige
Anpassungsfähigkeit an veränderte Weltmarktstrukturen eher gering ist bzw. nur langsam vonstatten geht.

Bei den in Deutschland vorgefundenen Maßnahmen handelt es sich demnach um eine Mischung aus liberaler und korporatistischer Politik. Die Logik der Ökologisierung entsprach vor allem bis zum Ende der achtziger Jahre einer Planungslogik. Bislang folgt die deutsche Umweltpolitik eher dem Ziel der ökologischen Modernisierung als dem der ökologischen Strukturveränderung (vgl. Jänicke/Kunig/Stitzel 2000). Strukturverändernde Maßnahmen werden zwar zunehmend aufgegriffen, wie z.B. die ökologische Steuerreform, befinden sich jedoch in ihren Anfängen. Innovationsfreundliche Strukturen sind nur in Ansätzen zu erkennen, und insbesondere ein nationaler Umweltplan ist in Deutschland – im Gegensatz zu den meisten anderen OECD-Ländern – noch immer nicht verabschiedet.

Wirtschaft und Umweltschutz

Die Wirtschaft in Deutschland sieht sich im Spannungsfeld zwischen politischen und gesellschaftlichen Anforderungen auf der einen Seite und den Herausforderungen des internationale Wettbewerbs auf der anderen Seite. Die Politik der Bundesregierung, die seit 1998 in vielen Bereichen, z.B. dem Energiesektor, sehr regulativ ist (Einführung der ökologischen Steuerreform; Ausstieg aus der Kernenergie), wird von der deutschen Wirtschaft zum Teil als ökonomisch schädlich und wettbewerbshemmend wahrgenommen (vgl. BDI 2001). Die Wirtschaft argumentiert u.a., dass der durch die Liberalisierung der Strommärkte entstandene Kostenvorteil durch neue Regulierungen wieder aufgezehrt würde. In der Konsequenz dieser Einstellungen werden im Allgemeinen Deregulierung und freier Wettbewerb unterstützt, im Besonderen die Abschaffung der ‚Öko-Steuer' sowie der Weiterbetrieb der deutschen Kernenergie. Ziele wie sie auf der Konferenz von Rio de Janeiro im Sinne der ökologischen, ökonomischen und sozialen Nachhaltigkeit beschlossen wurden, werden zwar eindeutig unterstützt und auch spezifiziert, jedoch wird als Mittel zur Zielerreichung der freie Wettbewerb gesehen. Interventionistische Maßnahmen, wie die ökologische Steuerreform, haben nach Ansicht des Bundesverbandes der Deutschen Industrie (BDI) durch die Verlagerung der Produktion in Länder mit niedrigeren Umweltstandards wenn man die globale Umweltbilanz betrachtet, kontraproduktive Effekte. Als Mittel der Wahl zur Ressourcenschonung wird eine Steigerung der Energieeffizienz in allen Bereichen (Energiegewinnung, Produktion, Konsum) gesehen. Dafür muss jedoch, so der BDI, der politische Rahmen durch ein investitionsfreundliches Klima geschaffen werden (vgl. BDI 2001).

Betrieblicher Umweltschutz wird – abgesehen von gesetzlichen Vorgaben – unter dem Gesichtspunkt des Umweltmanagements gesehen, d.h. Kostenreduzierung durch Umweltschutz. Die Deutsche Industrie- und Handelskammer (DIHT) empfiehlt ausdrücklich die Zertifizierung nach EMAS, also das Öko-Audit (vgl. Deutscher Industrie- und Handelstag). Eine derart gründliche Prüfung der Unternehmung auf Energieverschwendungen – und damit Kostenverschwendungen – mit den Vorteilen des Prestigegewinns zu verbinden scheint durchaus sinnvoll. Problematisch ist dabei jedoch, dass

die Kosten eines Öko-Audit oftmals den erwarteten Gewinn schmelzen lassen. Bei großen Konzernen (so genannten ‚global player') ist zwar der finanzielle Rückhalt für ein
Öko-Audit gegeben, jedoch verhindert oftmals das ‚bench marking' mit Konzernteilen
in anderen Teilen der Welt das kostenintensive Verfahren (auch, da der Standort
Deutschland tendenziell sowieso höhere Kosten verursacht). Bei kleinen und mittleren
Unternehmungen hingegen ist, vor allem in krisenhaften Zeiten, der Kostenaufwand
beträchtlich. Um Unternehmungen die Entscheidungen über das Für und Wider zu vereinfachen, bietet der Deutsche Industrie- und Handelstag (DIHT) eine Reihe von Hilfestellungen an (z.B. Gutachterdatenbank) (vgl. Deutscher Industrie- und Handelstag). Als
Vorreiter hat das Land Bayern Kooperationen zwischen Land und Wirtschaft eingeführt, um EMAS im größeren Maße einzuführen (vgl. Jänicke/Jörgens/Jörgensen/
Nordbeck 2002).

Das Investitionsaufkommen des produzierenden Gewerbes im Bereich Umweltschutz machte 1991 gerade 4,1% des gesamten Investitionsaufkommens aus, 1997 sogar
nur noch 3%. Umfassende Innovationen können wohl bei einer derartig geringen Inves-
titionssumme nicht erwartet werden.

Einstellungen gegenüber Umweltschutz und Umweltschutzpolitik

Der Ausstoß an CO_2 ist zu einem erheblichen Teil auf den privaten Kraftfahrzeugverkehr zurückzuführen, biologischer (und nachhaltiger) Landbau kann nur ökonomisch
sinnvoll sein wenn ein Nachfragemarkt dafür vorhanden ist: man kann viele Beispiele
anführen die verdeutlichen, dass die Verbraucher eine entscheidende Rolle beim Schutz
der Umwelt spielen. Anstatt jedoch nur beobachtbares Verhalten der Verbraucher zu
messen, geben deren Einstellungen unter Umständen Aufschluss auf Verhaltensabsich-
ten, Vorurteile oder auch Potenziale hinsichtlich des Umweltschutzes. Im Folgenden
werden einige relevante Einstellungen dargelegt, erhoben in Studien des Bundesministeriums für Umwelt, Natur und Reaktorsicherheit (vgl. BMU 2000, 2002;
http://www.em-pirische-paedagogik.de/ub2002neu/indexub2002.htm).

Ein Problem der Einstellungsmessung und der Erhebung von Einstellungen zur
Umwelt ist, dass die Wahrnehmung von Problemen sehr vom aktuellen Zeitgeschehen
abhängt. So war die Sensibilität für Umweltprobleme Mitte/Ende der achtziger Jahre,
nach den großen Umweltkatastrophen wie Tschernobyl und Sandoz, auf einem sehr
hohen Niveau. Im Zuge der Wiedervereinigung Deutschlands traten all die damit verbundenen Probleme in den tagespolitischen Vordergrund – und wurden auch von den
befragten Bürgerinnen und Bürgern als vornehmliche Probleme angesehen. Dies hatte
ein Absinken des Umweltbewusstseins auch in der zweiten Hälfte der neunziger Jahre
zur Folge (vgl. Preisendörfer 1999). Auch in der hier dargestellten Studie des BMU (in
Kooperation mit der Universität Marburg) spiegelt sich dieser Effekt wider: zum Zeitpunkt der Befragung (Februar 2000) drehte sich die Tagespolitik um die Schwarzgeldaf-
färe der CDU. Somit stellte dieser Themenkomplex auch das zweitwichtigste aktuelle

Problem dar (19% der Befragte insgesamt), der Komplex Umweltschutz kam mit 16% der Befragten auf Platz 3 (Platz 1 belegte mit 58% der Arbeitsmarkt) (vgl. BMU 2000: 21). Im Jahr 2002 rutschte die Nennung ‚Umweltschutz' noch einmal einen Platz nach hinten und ist nun auf Platz 4. Es wird aber auch ersichtlich, dass ‚Umweltschutz' fast gleichauf mit dem Problembereich ‚Renten- und Sozialpolitik' liegt. Eine andere Fragestellung, nämlich die nach der Relevanz der jeweiligen Problembereiche, ergibt dass 94% der Befragten die Bedeutsamkeit des Umweltschutzes als sehr wichtig oder wichtig einstufen, nur 6% halten ihn für weniger wichtig und 0% für nicht wichtig. Kuckartz (als Autor der Studie) merkt an, dass es wohl sehr auf das Agenda-Setting der Medien ankommt welcher Problembereich (mit Ausnahme des Themas Arbeitslosigkeit) als wichtig angesehen wird (vgl. BMU 2000: 21).

An der Veränderung des Umweltbewusstseins zwischen 1996 und 2002 kann man deutlich den Knick nach unten im Jahr 1998 erkennen, ein gestiegenes Umweltbewusstsein im Jahr 2000, und wiederum ein leicht abnehmendes Umweltbewusstsein ab dem Jahr 2000. Bezogen auf bestimmte Personengruppen stellt Kuckartz fest, dass Frauen häufiger pro-Umwelt eingestellt sind als Männer sowie weniger häufig an die Technik als Lösung von Umweltproblemen glauben. Darüber hinaus weisen Familien mit Kleinkindern deutlich häufiger pro-Umwelt Einstellungen auf als z.B. Singles oder Partner-Haushalte über 60 Jahre.

Die Einschätzung der Umweltqualität ist im Zeitreihenvergleich 2002 ebenfalls positiver als noch 1998. Deutlich wird aber auch ein sehr starkes Ost-West-Gefälle: Die Umwelt im Westen wird von 82% der Befragten als sehr gut oder gut eingeschätzt, die im Osten dagegen nur von 44%. Das Gefälle beruht jedoch zum größten Teil auf den Angaben der Westdeutschen, die die Umweltqualität in Ostdeutschland sehr viel schlechter einschätzen. Ein interessanter Aspekt ist dabei, dass die Einschätzung der Umweltqualität mit der Entfernung negativ korreliert: die nähere Umwelt wird immer deutlich positiver eingeschätzt als die weiter entfernte. Daher wird auch die Lage der Umwelt *global* als sehr schlecht eingestuft. Eine plausible Erklärung für dieses Phänomen könnten Theorien der kognitiven Dissonanz geben: in einer Umgebung mit schlechter Umweltqualität zu leben und dort wohnen zu bleiben, könnte die Bürgerinnen und Bürger in Erklärungsnot sich selbst gegenüber bringen. Bei den wahrgenommenen Belästigungen im Wohnumfeld liegen, in den betrachteten Jahren 1991-2002, eindeutig der Straßenverkehrslärm sowie der Fluglärm an der Spitze der Nennungen. Auch hier zeigt sich über die neunziger Jahre ein Absinken der empfundenen Belästigung (vgl. BMU 2002, S.: 38). Als Tendenz stellt Kuckartz jedoch fest, dass es nur bis Mitte der neunziger Jahre ein Absinken der empfundenen Belastung gibt. In den Jahren danach bis 2002 haben sich die Prozentwerte nur sehr gering verändert, was also bedeuten kann, dass es in der Empfindung der Bürger keine wesentlichen Verbesserungen in puncto Straßenlärm gibt. Plausibel ist, dass wenn man die Befragten nach Wohngebieten aufteilt (ländliche Gebiete versus stark befahrene Durchgangsstraße) sich die Angaben der empfundenen Belästigungen stark verändern (z.B. fühlen sich 53% der

Befragten, die an einer Durchgangsstraße wohnen stark/äußerst stark vom Straßenlärm belästigt).

Was die erzielten Fortschritte in den letzten Jahren im Umweltschutz angeht ergibt sich ebenfalls ein differenziertes Bild. Während im Gewässerschutz 43% der Befragten angeben, es wurden große Fortschritte erzielt, geben 60% an, dass im Klimaschutz keine wesentlichen Fortschritte erzielt wurden. Auch bei der Sauberkeit der Luft, der Energieeinsparung, dem Klimaschutz und dem Zustand des Bodens ist jeweils über die Hälfte der Befragten der Meinung, dass es keine wesentlichen Verbesserungen gegeben hat. Insgesamt sind die positiven Einschätzungen im Vergleich 2000 und 2002 sogar noch zurückgegangen. Beim Klimaschutz steht der negativen Einschätzung der Verbesserungen gegenüber, dass 94% der Befragten dieses Umweltproblem für sehr wichtig oder eher wichtig halten Gleichzeitig sehen nur 10% der Befragten 2002 Verbesserung auf dem Gebiet des Klimaschutzes. Dies ist um so interessanter, da die Bundesregierung gerade im Bereich Klimaschutz international als Vorreiter angesehen wird (vgl. OECD 2002).

Positiver wird die Politik der Bundesregierung hinsichtlich des Atomausstieges beurteilt. 76% finden es richtig, dass Deutschland so schnell wie möglich aus der Atomenergie aussteigen sollte (vgl. BMU 2000). Insgesamt wird den politischen Akteuren jedoch nicht viel Vertrauen geschenkt, sinnvolle Lösungen des Umweltschutzes erarbeiten zu können. Am größten ist das Vertrauen gegenüber Umweltschutzorganisationen (63% Vertrauen, 8% Misstrauen) und Verbraucherverbänden sowie Bürgerinitiativen (56% Vertrauen). Kirchen (16% Vertrauen, 54% Misstrauen), Gewerkschaften (16% Vertrauen, 49% Misstrauen), Industrie (8% Vertrauen, 70% Misstrauen) und alle Parteien – mit einer geringen positiven Abweichung bei den Grünen - werden nur als sehr wenig vertrauenswürdig gesehen. Die Differenzen zur Befragung 1998 sind nur marginal und auch im Jahre 2002 bleiben die Relationen gleich, wenn auch etwas mehr Vertrauen als 2000 geäußert wird. Kuckartz merkt jedoch an, dass das Vertrauen in die Kompetenz von Parteien im umweltpolitischen Bereich mit dem Interesse an Politik und der Parteibindung korreliert. Demnach schenken politisch Interessierte den Parteien eher/mehr Vertrauen bzgl. deren Problemlösungskompetenz.

Konsumenten können durch ihren Lebensstil und ihre Produktpräferenzen zum Umweltschutz beitragen - aber sind sie auch bereit, dafür mehr Geld auszugeben? Die BMU-Studie 2000 fand heraus, dass tatsächlich eine prinzipielle Bereitschaft besteht für den Umweltschutz mehr Geld auszugeben. Am höchsten ist diese Bereitschaft bei der Produktwahl, am niedrigsten bei höheren Steuern für den Umweltschutz. Der Anteil derjenigen, die ‚sehr bereit' dazu sind, mehr Geld für den Umweltschutz auszugeben, beträgt allerdings maximal 13%.

Als ein vom Gedanken her innovatives und neuartiges Projekt für Deutschland kann die ökologische Steuerreform gelten. Das Wissen um die Existenz der ‚Öko-Steuer' hat sich seit 1996 auch stark erhöht: konnten 1996 nur 30% mit dem Begriff etwas verbinden, waren es 2000 bereits 78%. Die Bewertung der Reform fällt jedoch sehr unterschiedlich aus. Einerseits finden es 82% der Bürgerinnen und Bürger richtig, dass derjenige, der die Umwelt geringer belastet auch weniger Steuern zahlen muss. Andererseits geben 66% an, dass die ökologische Steuerreform sozial ungerecht und nur dazu da sei, ‚bei den Bürgern abzukassieren'. Zudem glauben 58%, dass diese Reform keinen Beitrag zur Verbesserung der Umwelt leistet. Die grundlegenden Zielsetzungen der Reform, nämlich Arbeit billiger und Energie teurer zu machen, konnten 70% nicht nachvollziehen. Kuckartz geht demnach von einem erheblichen Kommunikationsdefizit in diesem Bereich aus (vgl. BMU 2000: 44). Auch 2002 ändert sich an dieser Tendenz nichts.

Ungefähr 65% aller Bürgerinnen und Bürger (vgl. BMU 2000) finden, dass *sie selbst* nicht genügend für den Umweltschutz tun. Am deutlichsten wird diese Problematik im Bereich Verkehr/Mobilität: 71% der Ost- und Westdeutschen erledigen größere Haushaltseinkäufe immer mit dem Auto, nur 7% nutzen dafür öffentliche Verkehrsmittel. Zudem hat sich die Zahl derer, die Einkäufe mit dem Auto erledigen seit 1998 vergrößert; ein Grund dafür ist sicherlich, dass sich die Anzahl der Geschäfte in mittlerer Entfernung (500 Meter) von 1998 zu 2000 von 16% auf 11% verringert hat.

Im Bereich der Freizeitmobilität hat sich sowohl die umweltverträgliche wie auch die umweltunverträgliche Mobilität vergrößert. Es gibt inzwischen einen Boom bei Fahrradreisen, jedoch nehmen ebenso Kurzreisen mit PKW und Flugzeug zu. Auch ein generelles Tempolimit auf Autobahnen stößt weitgehend auf Ablehnung. Immerhin 41% sind gegen jedes generelles Tempolimit. Autofreie Innenstädte werden hingegen weitgehend befürwortet. Der Trend der neunziger Jahre war zwar abnehmend, jedoch ist 2000 wieder eine Erholung zu verzeichnen: Verkehrspolitische Maßnahmen wie der Ausbau des Radwegenetzes, des öffentlichen Nahverkehrs und die Verlegung des Güterverkehrs auf die Schiene erreichen durchweg sehr hohe Zustimmungsgrade (+- 90%). Dies mag jedoch auch daran liegen, dass persönliches Verhalten durch eine verkehrspolitische Verbesserung nicht zwangsläufig beeinflusst wird, vielmehr bedeutet es in erster Linie eine Zunahme an individuellen Optionen.

In der politischen Debatte um Umweltpolitik ist seit der Konferenz von Rio de Janeiro 1992 der Begriff der ‚nachhaltigen Entwicklung' präsent. Der breite Gebrauch dieses Begriffes führte bis 2000 jedoch offenbar zu Unsicherheit, den Bürgerinnen und Bürgern war nicht klar, was darunter zu verstehen ist. Nur 13% der Befragten konnten 2000 überhaupt etwas mit dem Begriff anfangen, 15% hatten schon einmal von einer Lokalen Agenda in ihrem Wohnort gehört. 2002 ändert sich das Bild aber beträchtlich: Nun haben bereits 28% vom Begriff der Nachhaltigen Entwicklung gehört (vgl. BMU 2002: 31). Die ‚Weiß nicht'-Antworten hingegen nahmen zwischen 2000 und 2002 ebenfalls ab. In der Studie des BMU wurde jedoch auch die Akzeptanz der grundlegenden Prinzipien einer nachhaltigen Entwicklung erhoben. Hier lässt sich eine breite Zustimmung erkennen. 84% stimmen dem Prinzip der intergenerationalen Gerechtigkeit völlig oder weitgehend zu, 78% sind dafür, dass nicht mehr Ressourcen verbraucht werden dürfen als nachwachsen können. Immerhin 78% sprechen sich für einen fairen

Handel zwischen den reichen Ländern und den Entwicklungsländern aus. Kuckartz re-
sümiert: „Insgesamt kann man also feststellen, dass die Kernpunkte des Leitbildes
Nachhaltige Entwicklung auf breite Resonanz stoßen. Der Begriff selbst ist nun auch
weitaus bekannter als noch vor zwei Jahren und er ist dies vor allem in Bevölkerungs-
gruppen mit hohem Bildungsniveau." (BMU 2002: 32)

Kerngedanke des Lokalen Agenda Prozesses – und somit der nachhaltigen Entwicklung insgesamt – ist die aktive Bürgerbeteiligung. Alle Akteure sollen gemeinsam
nach Lösungen im Sinne einer nachhaltigen Entwicklung diskursiv suchen – Voraussetzung ist natürlich, dass die Bürgerinnen und Bürger überhaupt bereit sind, sich zu engagieren. Überraschend ist, dass sich selbst im *eigenen* Wohnbezirk nur ca. 9% bereits
aktiv engagieren. Neben diesem kleinen Teil ist der Rest der Bevölkerung gespalten.
Gleich viele können sich ein Engagement vorstellen bzw. nicht vorstellen, wobei in
Ostdeutschland diejenigen überwiegen, die sich ein Engagement nicht vorstellen können. Im Westen sind diejenigen, die sich ein Engagement vorstellen können, am ehesten
bereit sich im Umweltschutz zu engagieren, in Ostdeutschland stößt die Verbesserung
des eigenen Wohnumfeldes auf das größte Interesse.

Kuckartz beschreibt das Umweltbewusstsein der Bürgerinnen und Bürger in
Deutschland als auf die Zukunft bezogen: „Ein durchaus kritischer Punkt des gegenwärtigen Umweltbewusstseins ist darin zu sehen, dass für die Mehrheit der Bevölkerung
Umweltprobleme vor allem als Zukunftsprobleme, weniger als Gegenwartsprobleme
gelten. (...) Dieser Denkstil, die Umweltprobleme in die Zukunft zu verschieben, lässt es
natürlich nicht als dringlich erscheinen, sich *jetzt* zu engagieren und *jetzt* das eigene
umweltrelevante Verhalten zu verändern." (BMU 2000: 79f) Interessant ist jedoch noch
ein anderes Ergebnis der Studie von 2002. Auf die offen Frage hin, was man mit dem
Begriff ‚Fortschritt' frei assoziiert, kam mit 25% der Nennungen die ‚Verbesserung der
Umweltsituation' auf den ersten Platz der Nennungen (BMU 2002: 105). Erst an zweiter Stelle (24%) steht die ‚technische Weiterentwicklung' im herkömmlichen Sinn.

Ziele – Erfolge – Misserfolge der deutschen Umweltpolitik

Die Umweltpolitik in Deutschland galt seit den Siebziger Jahren bis zu Beginn der
neunziger international als Vorreiter (vgl. Sachverständigenrat für Umweltfragen 2000:
111). In den achtziger Jahren wurden wichtige Programme und Gesetze im europäischen Kontext initiiert, wie z.B. die Luftreinhaltungspolitik von 1983, die Klimapolitik
von 1987, oder das 1994 beschlossene Kreislaufwirtschafts- und Abfallgesetz. Mit der
deutschen Vereinigung jedoch verschob sich der Fokus vieler gesellschaftlicher und
eben auch politischer Akteure, insbesondere der Bundesregierung, auf die enormen
wirtschaftlichen und sozialen Herausforderungen, die durch die Vereinigung aufgetreten
waren. Als Folge wurde die Umweltpolitik seit Beginn der neunziger Jahre zunehmend
stiefmütterlich behandelt, was zumindest teilweise dafür verantwortlich gemacht werden kann, dass, obwohl Deutschland lange Zeit Vorreiter in Sachen Umweltschutz war,
es bis dato keinen nationalen Umweltplan gibt – im Gegensatz zu anderen europäischen

Ländern. Dementsprechend hoch waren auch die Hoffnungen in einen Regierungswechsel 1998, und sie stiegen noch nachdem die neue Regierung eine sozialdemokratisch/grüne Koalition war.

Bei der Beurteilung von Erfolgen und Misserfolgen der nationalen Umweltpolitik muss man unterscheiden zwischen den Zusammenhängen, die auf europäischer Ebene entschieden werden und somit als Erfolg/Misserfolg hinsichtlich der Durchsetzung der deutschen pro-Umwelt Agenda gegenüber den anderen Mitgliedsländern gesehen werden müssen, und den Erfolgen/Misserfolgen, die mit eher nationalen Akteuren ausgefochten werden.

Die Bundesregierung hat 1998 in ihrer Koalitionsvereinbarungen maßgebliche Ziele der Umwelt- bzw. Nachhaltigkeitspolitik festgeschrieben. Dazu gehören z.B. der Ausstieg aus der Kernenergie sowie die ökologische Steuerreform, die Einführung eines Umweltgesetzbuches oder auch die erweiterten Möglichkeiten für Umweltverbände zur so genannten Verbandsklage. 1999 hatte die Bundesrepublik die EU-Ratspräsidentschaft inne, somit auch den Vorsitz des EU-Umweltrates. Ziele der Bundesrepublik auf EU-Ebene waren eine harmonisierte Energiebesteuerung, eine strategische Umweltverträglichkeitsprüfung, mehr Kennzeichnungspflichten, eine stärkere Bürgerinnen- und Bürgerbeteiligung, Einigung zur Wasserrahmenrichtlinie, die Luftreinhaltung und eine Überprüfung der EU-Chemikalienpolitik. Dieser Zielkatalog ist durchaus als ehrgeizig anzusehen, die Bilanz erscheint gemischt. Laut SRU ist „(...) in keinem Bereich ein großer Durchbruch erzielt (worden), (jedoch) sind einige Beschlüsse verabschiedet worden (...)" (Sachverständigenrat für Umweltfragen 2000: 112). In mehreren Punkten konnte eine Einigung erzielt werden (z.B. Wasserrahmenrichtlinie, Abfallverbrennungsrichtlinie), jedoch ging eine Einigung oft zu Kosten der inhaltlichen Qualität. Positiv ist in jedem Fall die Integrationsstrategie der Umweltpolitik in andere EU-Politikfelder und die begonnene Diskussion über eine Revision der Chemikalienpolitik im Sinne einer integrierten Produktpolitik und der Risikobewertung. Eindeutig negativ dagegen verlief die geplante Harmonisierung der Energiesteuer, wo keine Einigung erzielt werden konnte, und insbesondere die Diskussion über die Rücknahme von Altautos.

Hinsichtlich der Ziele auf nationaler Ebene ist ebenfalls eine gemischte Bilanz angebracht. Einerseits wurden Ziele wie die ökologische Steuerreform zügig durchgesetzt, andererseits brachte die direkte Intervention eines Autoherstellers die EU-Altauto-Richtlinie auch innerhalb Deutschlands zum kippen. Die geplante Einführung eines Umweltgesetzbuches scheiterte ebenfalls.

Wo geht's hin?

Neu an der Politik der deutschen Bundesregierung ist der Weg der ökologischen Modernisierung, der innovations- und beschäftigungsorientiert ist und somit den Umweltschutz aus der Nische holt und mit zentralen Politikfeldern verknüpft. Es ist vielversprechend was an Reformen - auch wenn sich manche als nicht gangbar erweisen – umgesetzt wird, denn schließlich bieten diese Raum für weitere Innovationen.

Die politischen Programme der Parteien in Deutschland lassen auch darauf schließen, dass eine Entbürokratisierung und Bündelung der Kräfte angestrebt wird. Die Erkenntnis scheint sich durchgesetzt zu haben, dass rein ordnungsrechtliche Maßnahmen nicht den erwünschten Erfolg bieten. Für ein innovationsfreundliches Klima müssen differenziertere Instrumente als das Ordnungsrecht angewandt werden.

Der europäische Kontext wird in Zukunft noch wichtiger für die Umweltpolitik werden. Eine Zusammenarbeit der nationalen Umweltberatungsgremien scheint unerlässlich um grundlegende Regelungen zu implementieren.

5   Fazit

Deutschland hat seine internationale Vorreiterrolle in Sachen Umweltschutz gegen Ende der achtziger bzw. Anfang der neunziger Jahre eingebüßt. Insbesondere was die Umsetzung einer nachhaltigen Entwicklung angeht, hinkt Deutschland den anderen OECD-Ländern hinterher. Kennzeichnend dafür – und zum Teil wohl auch Ursache – ist die späte Einführung eines nationalen Umweltplans. Verantwortlich sind nach einer OECD-Studie aber auch das komplizierte föderale System in Deutschland und die mangelnde Bereitschaft der politischen Akteure langfristige, zukunftsweisende Entscheidungen über die Legislaturperiode hinaus zu treffen (vgl. OECD 2002).

Die Diskussion von nachhaltiger Entwicklung konzentriert sich in Deutschland in erster Linie auf ökologische Aspekte. Soziale und ökonomische Aspekte werden erst seit Ende der neunziger Jahre konsequenter mit ökologischen Komponenten vernetzt. Bis dato wird der Begriff ‚nachhaltige Entwicklung' jedoch von einer Vielzahl von Akteuren sehr unterschiedlich benutzt, meist mit dem Hintergrund der Rechtfertigung der eigenen Ziele (vgl. ebd.).

Symptomatisch ist in diesem Zusammenhang auch die Einstellung der Bevölkerung zur Umwelt. Ein grundlegendes Umweltbewusstsein ist durchaus vorhanden, Schritte zur aktiven Veränderung des eigenen Verhaltens zu Gunsten der Umwelt (z.B. Freizeitverhalten) werden jedoch so gut wie nicht unternommen (vgl. BMU 2002). Ursächlich hierfür ist unter anderem die weit verbreitete Einstellung, Umweltprobleme als zukünftiges und weniger als gegenwärtiges Problem zu sehen. Auch werden Umweltprobleme im eigenen Nahbereich generell unterschätzt.

Im Zusammenhang mit nachhaltiger Entwicklung und lokaler Agenda besteht nicht mehr wie im Jahr 2000 ein außergewöhnliches Informationsdefizit in der Bevölkerung. Inzwischen haben 28% von dem Begriff der nachhaltigen Entwicklung schon einmal gehört. Aussagekräftiger als die Kenntnis des Begriffes ist jedoch die starke Übereinstimmung mit den Prinzipien der nachhaltigen Entwicklung. Unabhängig von der inflationären Verwendung des Begriffs der Nachhaltigkeit stoßen die Prinzipien der Nachhaltigkeit auf große Unterstützung.

In zunehmenden Maße sind Netzwerke von Unternehmen, Politik und anderen Akteuren zu verzeichnen, jedoch beruhen die Aktivitäten der Unternehmen in Sachen Umweltschutz zuvorderst in der Anwendung von EMAS sowie einem Industriezweig ‚Umwelttechnologien'. Waren deutsche Unternehmen in den achtziger Jahren noch führend auf dem Gebiet der Umwelttechnologien, ist seit Mitte der neunziger hier ein Rückgang zu verzeichnen.

In den letzten vier Jahren wurden, im Vergleich zur ersten Hälfte der neunziger Jahre, einige entscheidende Schritte von der Politik hinsichtlich ökologischer Innovativität und nachhaltiger Entwicklung unternommen. Obwohl Deutschland auf die Entwicklungen langsamer als andere OECD-Länder reagiert hat, scheint es als würden nun neue Wege gegangen. Die sozialdemokratisch/grüne Regierung hat seit 1998, auch unter dem Druck von Skandalen wie der BSE-Krise, bereits weitreichende Maßnahmen eingeführt. Auch ist Deutschland ein Vorreiter in Sachen Klimaschutz (vgl. OECD 2002).

Jänicke u.a. halten folgende Schritte in Deutschland für notwendig (vgl. Jänicke/Jörgens/Jörgensen/Nordbeck 2002): zum einen muss es mehr wissenschaftlichen Input zur Problemlösung geben. Nicht nachhaltige Langzeitentwicklungen sollten aufgezeigt und kommuniziert werden. Des Weiteren muss es eine klare und weithin akzeptierte Zielerreichungsstrategie für nachhaltige Entwicklung geben. Die erfolgreiche deutsche Klimaschutzstrategie könnte als Modell für andere Bereiche gelten. Nötig hierfür ist jedoch in jedem Fall ein „(...) high-level political commitment for the formulation and implementation of ambitious goals; integration of environmental policy objectives into other sectors; voluntary agreements; pioneer activities of local communities; and broad public participation." (ebd.: 147)

Literatur:

BDI - Bundesverband der deutschen Industrie 2001: Positionspapier des BDI zur Energiepolitik. Berlin: BDI

Blättel-Mink, B. 1995: Das deutsche Innovationssystem. In: dies. (Hg.): Nationale Innovationssysteme - Vergleichende Fallstudien. Stuttgart: Universität Stuttgart

Blättel-Mink, B. 1997: Elemente einer sozioökonomischen Throe der Innovation. In: Blättel-Mink, B./Renn, O. (Hg.): Zwischen Akteur und System. Die Organisierung von Innovation. Opladen: Westdeutscher Verlag: 19-36

BMU - Bundesministerium für Umwelt, Naturschutz und Reaktorsicherheit 2000: Umweltbewusstsein in Deutschland. Ergebnisse einer repräsentativen Bevölkerungsumfrage. Berlin: BMU

BMU – Bundesministerium für Umwelt, Naturschutz und Reaktorsicherheit 2002: Umweltbewusstsein in Deutschland 2002. Ergebnisse einer repräsentativen Bevölkerungsumfrage. Berlin: BMU.

CIA - The World Factbook - Germany; http://www.cia.gov/cia/publications/factbook [18.10.01]

Deutscher Industrie und Handelstag; http://www.diht.de/ [15.5.2002]

DIW – Deutsches Institut für Wirtschaftsforschung 1997: Tendenzen umweltschutzin-dizierter Beschäftigung in Deutschland. DIW-Wochenbericht 9/1997. Berlin: DIW

DPMA - Deutsches Patent- und Markenamt: Pressemitteilungen; http://www.dpma.de/infos/pressedienst/pm000131_6.html;   http://www.dpma.de/infos/pressedienst/pm010320.html [18.10.2001]

EPA - Europäisches Patentamt 2000: Fakten und Zahlen; http://www.european-patent-office.org/epo/an_rep/2000/pdf/ff99.pdf [25.10.2001]

Hebert, W./Häberle, T. 1992: Zwischenbericht zum Projekt Umweltbewusstsein bei Experten und Bevölkerung. Forschungsstelle für gesellschaftliche Entwicklungen. Mannheim: Universität Mannheim

Jänicke, M. 1978: Umweltpolitik: Beiträge zur Politologie des Umweltschutzes. Opla-den: Leske & Budrich

Jänicke, M./Jörgens, H./Jörgensen, K./Nordbeck, R. 2002: Germany. In: OECD: Gov-ernance for Sustainable Development. Five Case Studies. Paris: OECD: 113-153

Jänicke, M./Kunig, P./Stitzel, M. 2000: Lern- und Arbeitsbuch Umweltpolitik : Politik, Recht und Management des Umweltschutzes in Staat und Unternehmen. Bonn: Bun-deszentrale für Politische Bildung

Jänicke, M./Weidner, H. 1997: Germany. In: Jänicke, M./Weidner, H. (Hg.): National Environmental Policies. A Comparative Study of Capacity-Building. Berlin u.a.: Springer

Keck, O. 1993: The National System for Technical Innovation in Germany. In: Nelson, R.R. (Hg.): National Innovation Systems. A Comparative Analysis. Oxford: Oxford University Press: 115-157

Legler, H./Beise, M. 2000: Innovationsstandort Deutschland. Chancen und Herausfor-derungen im internationalen Wettbewerb. Landsberg/Lech: verlag moderne industrie

Nachhaltigkeitsrat 2002: Rat für nachhaltige Entwicklung. Auftrag des Rats; http://www.nachhaltigkeitsrat.de/rat/auftrag/index.html [11.9.2002]

Nicolay, R./Wimmers, S. 2000: Kundenzufriedenheit der Unternehmen mit For-schungseinrichtungen; http://www.research-goes-public.de/sites/forschung/ diskussi-on/publik/diht.pdf [10.09.2002] (ursprünglich über die DIHT-Website, dort mittler-weile aber nicht mehr erhältlich)

OECD 2000: OECD in Figures. Statistics on the Member Countries; http://www.oecd.org [18.10.2001] (mittlerweile liegt dort auch die aktuellere Edition für 2002 vor)

OECD 2002: Governance for Sustainable Development. Five Case Studies. Paris

Pehle, H. 1998: Das Bundesministerium für Umwelt, Naturschutz und Reaktorsicher-heit: Ausgegrenzt statt integriert? Das institutionelle Fundament der deutschen Um-weltpolitik. Leverkusen: Deutscher Universitäts-Verlag

Preisendörfer, P. 1999: Umwelteinstellungen und Umweltverhalten in Deutschland: empirische Befunde und Analysen auf der Grundlage der Bevölkerungsumfragen ‚Umweltbewusstsein in Deutschland' 1991-1998. Opladen: Leske & Budrich

Sachverständigenrat für Umweltfragen (SRU) 2000: Umweltgutachten 2000. Schritte ins nächste Jahrtausend. Stuttgart: Metzler-Poeschel

Scharpf, F. W. 1991: Die Handlungsfähigkeit des Staates am Ende des zwanzigsten Jahrhunderts. In: Politische Vierteljahresschrift, Jg.32 (4): 621-634

Statistisches Bundesamt 2000: Datenreport 1999. Zahlen und Fakten über die BRD. Bonn: Bundeszentrale für politische Bildung

Statistisches Bundesamt - Destatis-Datenbank; http://www.destatis.de [25.10.2001]

Uebersohn, G. 1990: Effektive Umweltpolitik: Folgerungen aus der Implementations- und Evaluationsforschung. Frankfurt am Main: Lang

Umweltbundesamt (UBA): DUX - Der deutsche Umweltindex; http://www.umwelt-bundesamt.de/dux/ [15.5.2002]

Wicke, L. 1993: Umweltökonomie. München: Vahlen

Zwick, M. M./Renn, O. 2000: Die Attraktivität von technischen und ingenieurwissen-schaftlichen Fächern die der Studien- und Berufswahl junger Frauen und Männer. Stuttgart: TA-Akademie

Kontakt:
Tobias Röttgers: t3877@uni.de
Piet Sellke: pietsellke@gmx.de

Torsten Noack und Ulf Sobottka

Das ökologische Innovationssystem Großbritanniens

1 Einleitung

Ein Innovationssystem ist ein Zusammenspiel von technischen, organisatorischen, institutionellen und sozialen Innovationen. Eine damit einhergehende direkte oder indirekte positive Umweltauswirkung wird als ökologische Innovation (hier dem Konzept einer Nachhaltigkeit der Innovation entsprechend, also Gesellschaft, Ökonomie und Ökologie integrierend) bezeichnet. Mit diesem Grundverständnis stehen folgende Themen im Mittelpunkt und werden bei dieser Betrachtung Großbritanniens im jeweiligem Zusammenhang behandelt, ohne der Komplexität des Gegenstandes wirklich gerecht werden zu können (vgl. Blättel-Mink – Theoretischer Rahmen, in diesem Band):

- relevante historische Bezüge und Daten zu Großbritannien als spezielle Kontexte für die Entwicklung dieses ökologischen Innovationssystems
- typische Strukturen Großbritanniens (nationales Ordnungsmodell auf der Basis des Institutionengefüges der Politik, Wirtschaft, Verwaltung, Gesellschaft)
- Wirtschaftsstruktur und Ressourcenausstattung
- natürliche Umwelt und der Umweltschutz in einzelnen Gesellschaftsbereichen
- allgemeine Innovativität Großbritanniens als direkte Basis für ökologische Innovation und nachhaltige Entwicklung
- Nachhaltigkeit als Leitkonzept ökologischer Innovationen

2 Strukturdaten und das Innovationssystem Großbritanniens

Bevölkerung

Das Land gehört mit 59,6 Millionen Menschen (245 Personen pro km²) zu den am dichtest bevölkerten Staaten Europas. Das jährliche Bevölkerungswachstum liegt durchschnittlich bei 0,23%. Die mittlere Lebenserwartung beträgt für Männer 75,1 Jahre und für Frauen 80,6 Jahre (vgl. CIA – The World Factbook). Großbritannien ist unter den größeren Nationen der Welt einer der am stärksten verstädterten Staaten. Knapp 90% aller Briten leben heute in Großstädten oder mittleren und kleinen Städten, davon allein 7,3 Millionen in der Hauptstadt London. So konzentriert sich ungefähr 40% der Bevölkerung Großbritanniens in den sieben großen städtischen und industriellen Ballungszentren (London, Manchester, Liverpool, Sheffield, Birmingham, Newcastle und Leeds) der Insel.

Wirtschaftsstruktur

Die Wirtschaftskraft Großbritanniens basiert heute vor allem auf der Dienstleistungsbranche und zu einem immer geringeren Anteil auf der verarbeitenden Industrie. Großbritannien zählt zu den führenden Industrienationen der Welt. Das Bruttoinlandsprodukt
(BIP) betrug im Jahr 2000 1.416 Milliarden US-Dollar, das Pro-Kopf-Bruttoin-
landsprodukt 23.900 US-Dollar. Davon entfielen 74% auf den Dienstleistungssektor,
25% auf die Industrie und 1% auf die Landwirtschaft. Großbritannien ist Mitglied der
Europäischen Union, aber nicht der Währungsunion der EU. Ab Ende des 19. Jahrhunderts verlor Großbritannien die Stellung als weltweit führende Handels- und Industrie-
nation. In den fünfziger Jahren kam es zu einem starken sektoralen Wandel der Be-
schäftigungsstruktur. Es gingen überproportional viele Arbeitsplätze in der Textilbran-
che, im Maschinenbau und in der Eisen- und Stahlindustrie verloren. Die Struktur des
Arbeitsmarktes hat sich damit grundlegend gewandelt. 76% der Angestellten sind 1999
in der Dienstleistungsbranche tätig, im Jahr 1955 waren es nur rund ein Drittel. Die verarbeitende Industrie, 1955 mit 42% der Beschäftigten noch der größte Arbeitgeber, bietet heute nur noch 22% eine Beschäftigung hauptsächlich im Maschinen- und Fahrzeugbau.[1] Einige traditionelle Industriezweige wie beispielsweise die Textil- und Be-
kleidungsindustrie, Bergbau- und Stahlindustrie haben ihre frühere wirtschaftliche Bedeutung verloren. Dagegen gelten die elektrotechnische und Elektronikindustrie sowie
die chemische und pharmazeutische Industrie als Wachstumsbranchen. Britische Studien zeigen allerdings einen allgemeinen Produktivitätsrückstand von 30% gegenüber
Deutschland. Das kommt auch daher, dass die Löhne niedrig sind und Arbeit somit bil-
lig ist. Aus volkswirtschaftlicher Sicht wird mit zu viel Arbeit und zu wenig Kapital
(vor allem zu wenig moderner Technik) produziert. Gemessen an den erzielten Einkünften sind die Nahrungs- und Genussmittelindustrie, die Baustoffherstellung, die
Glas- und Keramikindustrie sowie der Tourismus (beschäftigt 7% aller Erwerbstätigen
mit Einnahmen von etwa 20 Milliarden Dollar jährlich) ebenfalls wichtig.

Durch die De-Industrialisierung (positiver Nebeneffekt: viele industrielle Wasser-
und Luftverschmutzer schlossen ihre Anlagen) und die Entdeckung bedeutender Öl-
und Gasvorkommen in der Nordsee ersparte sich Großbritannien viele Konflikte. Dabei
kam es aber zu einem ökonomischen Niedergang des Nordens, da hier ein Großteil der
verarbeitenden Industrie angesiedelt war. Im Gegensatz dazu konnten im Süden die Ar-
beitsplatzverluste im Produktionssektor durch die Schaffung neuer Arbeitsplätze im
Dienstleistungsbereich kompensiert werden. Dabei verschob sich die Relation zwischen
Klein- und Mittelunternehmen und den Großunternehmen zugunsten letzterer. Mit den
Veränderungen der britischen Wirtschaftsstruktur wandelten sich auch die Beschäfti-
gungsprofile (Abbau von Tätigkeiten mit weniger qualifizierter Ausbildung und Ange-
botssteigerung an Stellen, die eine hoch qualifizierte Ausbildung erfordern).

---

1 Dennoch bildet die verarbeitende Industrie eine wichtige Grundlage für Großbritanniens Export; allein
  für das Segment Maschinen- und Transportausrüstungen lag der Anteil am Gesamtexport 1999 bei 47%.

Seit Mitte der fünfziger Jahre hat die Zahl der Frauen, die einer Beschäftigung außer Haus nachgehen, deutlich zugenommen. Heute beträgt der Frauenanteil an der erwerbstätigen Bevölkerung knapp unter 50%. Jüngere Entwicklungen sind beispielsweise die Ausweitung der Teilzeitbeschäftigung und eine Zunahme an zeitlich befristeten Arbeitsverhältnissen anstelle von dauerhaften Anstellungen.

Trotz der Nutzung von 77% der Landesfläche bietet der Landwirtschaftssektor nur 2% der Bevölkerung einen Arbeitsplatz und trägt nur zu 1% des Bruttoinlandsprodukts bei. Er erreicht jedoch eine hohe Effektivität und Produktivität (fast 60% Deckung des Inlandsbedarfs an sämtlichen Nahrungsmitteln und Tierfuttermitteln).

Der Hauptsitz des Finanzdienstleistungsgewerbes ist seit jeher London. Dies ist auch heute noch der Fall, obwohl sich Großstädte wie Manchester, Cardiff, Liverpool, Leeds, Edinburgh und Glasgow in den letzten Jahren ebenfalls zu Finanzzentren entwickelten. Die britische Hauptstadt weist jedoch die weltweit größte Konzentration an ausländischen Geldinstituten auf. Hier werden 20% der gesamten internationalen Bankkreditvergabe abgewickelt. London besitzt auch einen der weltweit größten Versicherungsmärkte, ist das Weltzentrum für den Handel mit ausländischen Stammaktien, besitzt einen der größten Märkte für den Handel mit finanziellen Derivaten und ist einer der wichtigsten Märkte für Handelsgüter wie Kupfer, Gold, Kakao und Kaffee.

Bei den Einkünften aus Dienstleistungen gehört Großbritannien zu den drei weltweit führenden Staaten; sein Anteil am gesamten internationalen Dienstleistungssektor beträgt 5%, der Anteil an Kapitaleinkünften 14%. Nach offiziellen Zahlen lag die Arbeitslosigkeit 1994 noch bei über 2,6 Millionen Arbeitslosen oder 9,2% aller Erwerbstätigen. Dies bedeutete jedoch immerhin einen Rückgang gegenüber der Höchstzahl von drei Millionen Arbeitslosen während der Rezession in den späten achtziger Jahren. 1997 betrug sie im landesweiten Durchschnitt 7,1%, im Jahr 2001 5,1%. Das Unternehmerlager ist traditionell ökonomisch, politisch und zum Teil auch organisatorisch gespalten zwischen schwachen klein- und mittelgroßen Unternehmen auf der einen und international engagierten Großunternehmen auf der anderen Seite. Ein jüngstes Beispiel für die unterschiedlichen Interessenlagen in der britischen Industrie ist die befürwortende Haltung der exportorientierten Großunternehmen gegenüber der Einführung des Euro, der viele Klein- und Mittelunternehmen skeptisch gegenüber stehen. Die überwiegende Zahl der industriellen Großbetriebe Großbritanniens ist im Besitz weltweit agierender Unternehmen, die ihren Hauptsitz nicht in Großbritannien haben. Damit sind die britische Wirtschaft und ihr Angebot an Arbeitsplätzen, noch stärker als dies für Deutschland gilt, von den Erfolgen und Misserfolgen der Weltwirtschaft und den Standortentscheidungen der internationalen Unternehmen abhängig.

Ressourcen und Energie

Großbritannien besitzt die umfangreichsten Rohstoffe (Kohle, Öl, Gas, Zinn, Eisenerz, Kalkstein, Salz usw.) aller EU-Länder und ist darüber hinaus ein weltweit bedeutender Erdöl- und Erdgaslieferant (seit 1980 von Importen an Erdöl und Erdgas unabhängig und bestreitet damit 5,9% seines Exportvolumens). 10% des BIPs wird so durch die Primärenergieproduktion erbracht, was einem der höchsten Anteile innerhalb der Industriestaaten entspricht (vgl. CIA – The World Factbook).

Weitere wichtige Energiequellen sind Kohle und Kernenergie. Wasserkraft war in der Frühphase der Industrialisierung die Hauptenergiequelle, spielt aber heute, abgesehen von einigen Wasserkraftwerken in Schottland, kaum noch eine Rolle. Die Entwicklung alternativer Energien befindet sich noch in den Anfängen, vor allem der Bau so genannter Windfarmen in Gebieten Nord- und Südwestenglands, in Wales und in Schottland. 76% (Tendenz zunehmend) der benötigten Energie wurden im Jahr 2000 von Wärmekraftwerken erzeugt, 22% stammten aus Kernkraftwerken und gut 2% aus Wasserkraftwerken und sonstigen Quellen. Die Jahresgesamtproduktion für 2000 betrug 356 Milliarden Kilowattstunden. Davon gingen 36% in private Haushalte, 34% benötigte die Industrie. Die Elektrizitätsindustrie wurde 1989 privatisiert (vgl. Europäische Kommission 2000).

Das Vereinigte Königreich gehörte zu den ersten Staaten, die Kernkraftwerke zur Stromerzeugung einsetzten (Atomindustrie hat ca. 100.000 Beschäftigte). In der Wiederaufbereitungsanlage in Sellafield ereigneten sich eine Reihe von Störfällen, die die Umwelt erheblich belasteten und heftige internationale Kritik auslösten.

Politik und Verwaltung

Das Vereinigte Königreich ist eine parlamentarisch-demokratische Erbmonarchie des Hauses Windsor. Die Legislative besteht aus dem Oberhaus (House of Lords) und dem Unterhaus (House of Commons), wobei dem Unterhaus die tatsächliche Gesetzgebungsbefugnis obliegt. Seine 659 Mitglieder werden für maximal fünf Jahre direkt vom Volk gewählt. Die Exekutive liegt bei der Regierung unter Vorsitz des Premierministers, der vom Monarchen ernannt wird.

Das Parteiensystem ist – bedingt durch das Mehrheitswahlrecht – traditionell ein Zweiparteiensystem. Damit bestehen nur geringe Chancen für Umweltorganisationen ihren Einfluss innerhalb des Systems durch Organisation als politische Partei zu erhöhen. Das erste Prinzip, die dominante Stellung des Premierministers, beinhaltet zum einen die Kompetenz zur Bestimmung der Richtlinien der Politik, die auch ein deutscher Bundeskanzler hat. Darüber hinaus wirkt sich die hervorgehobene Rolle des Premierministers aber auch auf Entscheidungsprozesse innerhalb der Regierung aus. Der Premierminister vermag diese auf viele ad hoc gegründete Kabinettszirkel zu verteilen, die er oder seine Vertrauten kontrollieren. Weit mehr als in Deutschland sind diese internen Entscheidungsprozesse gegenüber der Öffentlichkeit abgeschirmt (vgl. Sturm 1998).

Wichtiger noch ist die Fähigkeit des Premierministers, weitgehende Entscheidungsgewalt auszuüben, die weder durch einen Koalitionspartner noch durch einen Verfassungstext, ein Verfassungsgericht, das Staatsoberhaupt oder das Parlament begrenzt ist. Das britische Regierungssystem wird deshalb auch als Premierministerregierung (prime ministerial government) oder polemisch sogar als ‚Wahldiktatur' (elective dictatorship) bezeichnet. Wie der jeweilige Premierminister seine weit reichenden Gestaltungsmöglichkeiten wahrnimmt, hängt selbstverständlich von der Person des Amtsinhabers ab. Margaret Thatcher war in ihrer Amtszeit als konservative Regierungschefin von 1979 bis 1990 bekannt für ihr hartes Kabinettsregime und für ihren, an festen politischen Prinzipien ausgerichteten politischen Gestaltungswillen. Tony Blair übt eine ähnlich strenge Kontrolle über sein Kabinett aus, auch wenn er bislang ideologisch weit weniger festgelegt erscheint, als dies Margaret Thatcher war. Auf Grund dieser Zentrierung von Macht innerhalb der Exekutive sind die Chancen von politischen Initiativen für politiksystemfremde Themen sehr begrenzt – allerdings bei Aufnahme in das politische System wiederum potentiell sehr erfolgreich.

Seiner Verwaltungsstruktur nach handelt es sich bei Großbritannien um einen zentralistischen Einheitsstaat, d.h., dass die Befugnisse der Regional- und Kommunalverwaltungen unmittelbar vom Zentralparlament hergeleitet sind und die Verantwortung für die Gesamtverwaltung des Landes bei den Kabinettsministern des Parlaments liegt. Kommunen sind aus gesamtstaatlicher Sicht Verwaltungseinheiten der unteren Ebene. Eine regionale Regierungsebene, wie etwa die deutschen Länder oder ihre Mittelinstanzen, z.B. Regierungspräsidien, gibt es in Großbritannien nicht. Logische Konsequenz der Doktrin der Parlamentssouveränität ist es, dass Kommunen weniger als Hort der Demokratie, denn als Instrument der Umsetzung zentralstaatlicher Politik angesehen werden. Der partiellen Selbständigkeit der Regionalbehörden im Bereich des Budgets und teilweise in politischen Maßnahmen sind also durch die in London gemachte Politik Grenzen gesetzt. Diese Tendenz wurde durch mehrere Verwaltungsreformen im Zeitraum von 1980 bis zum Beginn der Jahre noch verstärkt. Einen Einschnitt für Veränderungen in den Zuständigkeiten und eine Stärkung der regionalen Befugnisse markieren seit 1999 jedoch die Einrichtung eines eigenen Parlaments in Schottland und eines Regionalparlaments in Wales (vgl. Kaiser 1998).

Die Verfassung des Vereinigten Königreiches sieht keine Trennung zwischen zentralen und kommunalen Behörden vor. Die Zuständigkeit der Kommunalbehörden wurde jedoch durch Maßnahmen der Zentralregierung in den achtziger und neunziger Jahren stark eingeschränkt. Im Allgemeinen fallen noch folgende Bereiche unter die Zuständigkeit der Kommunalverwaltungen: Schulwesen teilweise, Bibliotheken, Wohnungswesen, Bauvorschriften und Umweltschutz (für Themen mit hohen Sachverstandsanforderungen sind zentrale Behörden zuständig). Die Autonomie der Kommunalverwaltungen wurde auch durch Änderungen in der Finanzordnung (verstärkte Kontrollen und Einschränkung der Eigenfinanzierungsfähigkeiten) beschnitten (vgl. Sturm 1998).

Die starke Position der Zentralregierung lässt nur wenig institutionelle Möglichkeiten für staatliche wie für private Akteure zu. Auch das britische Wahlsystem reduziert die faktischen Möglichkeiten für politische Initiativen. Das Rechtssystem, das weder eine Verfassungsgerichtsbarkeit noch eine entwickelte Verwaltungsgerichtsbarkeit kennt, kann hier kaum als Korrektiv staatlichen Handelns angesehen werden.

Verbände und Politik

Das typische Muster des britischen Verbändewesen entwickelte sich seit Mitte des 19. Jahrhunderts und hat so auch die ‚Neuen sozialen Bewegungen' des 20. Jahrhunderts stark geprägt bzw. in vorhandene Strukturen eingepasst. Verbände und Politik sind vielfältig verflochten. Die im internationalen Vergleich hohe Zahl an Verbänden entstand nicht nur durch private Interessenorganisation, sondern ist in hohem Maße durch staatliche Einflussnahme strukturiert. Repräsentanten von Ministerien und Verbänden arbeiten nach dem Prinzip des ‚government by consensus' (institutionalisierte Kompromisssuche in Kombination mit klientelistischer Partnerschaft), das bis zur weitgehend autonomen Umsetzung politischer Rahmenentscheidungen reichen kann (vgl. Kaiser 1998). Sie bauten und bauen dabei auf Institutionen, die weder dem staatlichen noch dem Privatsektor eindeutig zurechenbar waren bzw. sind: den quasi-governmental bzw. quasi-nongovernmental agencies. Aus der Erfolglosigkeit des Versuchs der Regierungen in den sechziger Jahren industriestrukturell zu steuern, entstanden ständig wechselnde Kommissionen und Beiräte mit Regulierungsaufgaben. Doch Personen und Zuständigkeiten verfestigten sich und bildeten mit der Begründung von Effizenz- und Sachverstandsvorteilen parastaatliche Strukturen aus: eine Etablierung von ‚indirect government'. Den Regierungsstellen wird über den Experten innerhalb der agencies eine indirekte Regulierung ermöglicht. Sie unterliegt keiner direkten parlamentarischen Kontrolle, leistet damit einer Entpolitisierung von Politikfeldern Vorschub, bedeutet aber nicht die Ausschaltung parteipolitischer Einflüsse (vgl. Ambromeit 1998).

Wirtschaftspolitik

Die Nachkriegszeit brachte tiefgreifende Veränderungen für Großbritannien und den Commonwealth. Unter der Labour-Regierung wurden die Kohle-, Eisen- und Stahlindustrie, die Elektrizitätswirtschaft, das Transportgewerbe, die zivile Luftfahrt und die Bank von England verstaatlicht. Ein kostenloser Gesundheitsdienst wurde eingerichtet. Königin Elisabeth II. bestieg 1951 den Thron, 1955 gab Churchill das Amt des Premierministers ab. Wechselnde Regierungen versuchten in der Folge durch politische Interventionen die wirtschaftlich unbefriedigende Situation zu verbessern. Ein Ziel war es, die gewerkschaftliche Macht zurückzudrängen und die Inflation einzudämmen. 1973 trat das Königreich der EWG bei. 1979 wurde Margaret Thatcher zur Premierministerin gewählt. Ihr gelang es, durch eine restriktive Wirtschafts- und Währungspolitik die Inflation einzudämmen, gleichzeitig kam es zu zahlreichen Firmenzusammenbrüchen. Trotz erbittertem Widerstand schränkte sie durch die Revision der Gewerkschaftsgesetze die Monopolstellung der Gewerkschaften ein und definierte das Streikrecht enger.

Thatcher folgten 1990 John Major als Premierminister und 1997 der Labour-Politiker Tony Blair.

Vor allem in Regierungszeiten der Labour Party vor Thatcher übernahm der Staat Schlüsselsektoren der Wirtschaft wie die Elektrizitätswirtschaft, die Fluglinien, das öffentliche Transportwesen, die Gasversorgung oder die Eisen- und Stahlindustrie. Die britische Wirtschaftsordnung war bis in die Mitte der achtziger Jahre eine Mischwirtschaft (‚mixed economy'): Sie beruhte auf dem Zusammenspiel von in Staatsbesitz und in Privatbesitz befindlichen Unternehmen (vgl. Ambromeit 1998).

Anders als die Labour-Regierungen der siebziger Jahre sah Premierministerin Margaret Thatcher es nicht als Aufgabe des Staates an Lohn-, Einkommens- oder Konjunkturpolitik zu betreiben. In ihrer ersten Amtszeit vertraute sie auf die Geldpolitik und deren Lenkungswirkung auf die Volkswirtschaft (Monetarismus) die im weiteren Verlauf auf eine Politik der Inflationsbekämpfung zur Sicherung möglichst optimaler Ergebnisse marktwirtschaftlicher Prozesse hinführte. Sie griff damit den internationalen Wandel wirtschaftspolitischer Leitideen auf, die sich vom Fiskalismus (in Anlehnung an John Keynes) zu den Theorien des amerikanischen Ökonomen Milton Friedman verschoben.

Die ‚mixed economy' wurde in den Regierungsjahren Margaret Thatchers durch eine umfassende Privatisierungspolitik zu einer fast ausschließlich privatwirtschaftlich organisierten Marktwirtschaft umgebaut. Maßstab in der Sozialpolitik war nicht länger der Bedarf an Leistungen, sondern deren Finanzierbarkeit. Arbeitslosigkeit wurde nicht mehr als gesellschaftliches Problem, sondern als individuelles Schicksal verstanden. Die Verantwortung für die Suche nach Beschäftigung hatten nun in erster Linie die Betroffenen selbst. Ein soziales Netz, das Arbeitsunwillige und Arbeitssuchende in gleicher Weise auffing, sollte nicht mehr aufrechterhalten werden. Wo immer dies der Regierung möglich schien, zog sich der Staat aus der Gesellschaftspolitik zurück und machte der Eigeninitiative bzw. der Privatwirtschaft Platz. Die Disziplin der Märkte sollte Wirtschaft und Gesellschaft modernisieren. Ziele dieser Politik waren es, die britische Wirtschaft von nicht wettbewerbsfähigen Strukturen zu befreien, die unternehmerische Initiative zu fördern und den einzelnen Briten aus der vermeintlichen Passivität des Empfängers sozialer Leistungen herauszuholen (vgl. Ambromeit 1998).

Unter der ‚New Labour Party' Tony Blairs war das Ziel staatlicher Initiative, die Gesellschaft (also in erster Linie die betroffenen Personen, Familien, sozialen Gruppen, Gemeinden oder Interessengruppen) in die Lage zu versetzen, sich selbst zu helfen. Was der Staat konkret tun kann, um die Gesellschaft zu einen und die Konkurrenzfähigkeit der Wirtschaft zu fördern, ist aus der Sicht des ‚dritten Weges' nicht ökonomischen oder philosophischen Lehrbüchern zu entnehmen. Der Staat ist demnach permanent aufgefordert ohne ideologische Scheuklappen diejenige Strategie zu suchen, die den Bürgern Freiräume eröffnet und deshalb auch am besten funktioniert. Zu dieser Öffnung gehört nach Ansicht der Regierung Blair auch eine Modernisierung der Verfassung und der politischen Institutionen des Landes, beispielsweise durch die Stärkung der bürgerlichen

Grundrechte und neue demokratisch gewählte Parlamente, unter anderem in Schottland und Wales. Dies gilt als Voraussetzung für die verbesserte Einbindung der Bürgerinnen und Bürger in den politischen Prozess und damit letztendlich auch für die Wettbewerbsfähigkeit des Modells der britischen Demokratie. Das Konzept der Nachhaltigkeit mit der starken Beachtung der sozialen Ressource Mensch (noch unter Thatcher und Major als Thema aufgeworfen) kommt damit diesem neuen Demokratiemodell entgegen und kann sich so unter Blair erst richtig entfalten.

Natürliche Umwelt

In Großbritannien wurden als Ergebnis der frühen Industrialisierung bereits in der Mitte des 19. Jahrhunderts Umweltmaßnahmen getroffen (Alkali Act 1863). Aber begünstigt von seiner geographischen Lage konnte es seine Emissionen getrost dem stetig wehenden Westwind und den die Insel umrahmenden Meeren anvertrauen. Die Briten verfügen über einen großen ‚Außenhandelsüberschuss' hinsichtlich ihrer Schadstoffemissionen (Schwefeldioxid und Stickoxide). Zudem wurden Umweltprobleme oftmals durch wirtschaftliche Entwicklungen (Deindustrialisierung) sozusagen von alleine gelöst. Somit konnte sich Großbritannien weitestgehend und für eine lange Zeit den politischen und ökonomischen Kosten der Umweltproblematik entziehen (vgl. Rüdig 1998).

Großbritannien zeichnet sich besonders durch die Existenz mitgliederstarker Umweltverbände (Schwerpunkt Natur- und Tierschutz) aus. In der politischen Auseinandersetzung spielten Umweltfragen traditionell jedoch eine eher untergeordnete Rolle, die nie mit der Infragestellung des Regierungssystems verbunden waren. Der Hauptgedanke des britischen Ansatzes ist am besten mit dem Begriff des „best practicable means" (Rüdig 1998: 591) umschrieben.

Natur- und Tierschutz

Das Thema Umwelt hat in Großbritannien eine lange Geschichte. Erste Ansätze einer nationalen Umweltbewegung ergaben sich im Jahr 1865 mit der Gründung eines nationalen Umweltverbandes. Dieser und die weiteren Gründungen im ausgehenden 19. Jahrhundert und Anfang des 20. Jahrhunderts befassten sich vorwiegend mit der Stadt- und Landschaftsplanung. In Großbritannien wurden vier staatliche Einrichtungen für den Naturschutz geschaffen. Dies sind die *Countryside Commission* und *English Heritage* in England, der *Countryside Council* in Wales und *Scottish Natural Heritage* in Schottland. In Nordirland obliegt der Naturschutz der Umweltbehörde. Anfang der Jahre waren diese Körperschaften für Nationalparks und für als landschaftlich besonders reizvolle Gegenden ausgezeichnete Gebiete im Vereinigten Königreich zuständig. Diese Gebiete machen 22% der Fläche Englands, fast 25% von Wales, 13% von Schottland und 20% von Nordirland aus. Darüber hinaus gibt es eine Anzahl gemeinnütziger Einrichtungen, die sich um den Landschaftsschutz kümmern, allen voran der *National Trust*

(Nationale Institution für Landschaftsschutz und Denkmalspflege), der sich auch um den Schutz der Küsten in England, Wales und Nordirland kümmert (vgl. Rüdig 1998).

Für den Schutz der Tierwelt ist in erster Linie der *Wildlife and Countryside Act,* ein Gesetz von 1981, maßgeblich. Es wurden Programme zum Erhalt bedrohter Lebensarten gefördert. Anfang der Jahre existierten im Vereinigten Königreich über 340 staatlich unterhaltene Naturschutzgebiete mit einer Gesamtfläche von 190 000 Hektar sowie über 2000 von anderen Organisationen eingerichtete Reservate. Zu diesen Organisationen zählt auch die Königliche Vereinigung zum Schutz von Vögeln *(Royal Society for the Protection of Birds)*, Europas größte gemeinnützige Artenschutzinstitution (vgl. Kaiser 1998).

Schutz der natürlichen Umwelt

Wegen starker Industrialisierung und Urbanisierung wurden schon im 19. Jahrhundert Emissionen durch Gewerbeaufsichtsbeamte (Inspektoren) kontrolliert, die die zulässigen Emissionen mit den einzelnen Industriebetrieben aushandelten. Dieses bis Anfang der neunziger Jahre des 20. Jahrhundert angewandte Verfahren (fallspezifische Regelungen durch Verhandlung und Kompromiss weitgehend unter Ausschluss der Öffentlichkeit) orientierte sich nicht an allgemeingültigen Emissionsgrenzwerten, sondern an der lokalen Umweltsituation und der ökonomischen Belastbarkeit der beteiligten Firmen (‚best practical option' - Kosten/Nutzen-Orientierung) (vgl. Rüdig 1998). Damit wurden effektive Einflussnahmen von Umweltorganisationen weiter erschwert. In dieser Zeit entstand die heute übliche Praxis des britischen Umweltschutzes in Umweltgruppen Fachwissen zu mobilisieren, in vernünftige und verantwortliche Forderungen (je nach lokalen Bedingungen) zu übertragen und diese in den politischen Prozess (meist über *Quangos – Quasi-Non-Governmental Agencies)* einzubringen (Bildung von Expertokratien).

Bis Ende der achtziger Jahre kam der umweltpolitische Druck in Großbritannien hauptsächlich von der Europäischen Union. So führte die Implementation einer emissionsorientierten EU-Richtlinie 1991 zu gesetzlich verbindlichen und präventiv nutzbaren Emissionsgrenzwerten, die erst eine Hinwendung zum Vorsorgeprinzip ermöglichten. Weiterhin begannen lokale Behörden den EU-Gerichtshof für die Unterstützung einer aktiveren Umweltpolitik gegenüber zentralen Instanzen zu nutzen (vgl. Rüdig 1998).

Zwei wichtige Neugründungen von Umweltgruppen in den siebziger Jahren waren die *Friends of the Earth* und *Greenpeace.* Nach anfänglicher Konzentration auf spektakuläre Aktionen zur Mobilisierung der Aufmerksamkeit, konzentrieren sich diese Organisationen zunehmend auf Lobbyarbeit. Ab Ende der achtziger Jahre kam es zu einem starken Mitgliederzuwachs der Umweltgruppen und der 1973 gegründeten Grünen Partei (starker Erfolge der Grünenpartei bei der Europawahl 1989). In diesem veränderten umweltpolitischen Klima (Anpassungsdruck EU, innenpolitisches ‚greening', verbesserte ökonomische Bedingungen) standen neue Regierungsinitiativen auf der Tagesordnung. Ein neues Umweltprogramm (‚White Paper' – mit nur geringer Zielqualität und

Verbindlichkeit) wurde im September 1990 vorgestellt. Als Ergebnis einer damit eingeleiteten öffentlichen Debatte wurde 1994 ein neues Programm beschlossen – ‚Nachhaltige Entwicklung' – initiiert durch Verpflichtungen des Regierungschefs Major auf
dem Gipfel in Rio de Janeiro (vgl. Rüdig 1998).

Allgemeine Innovativität

In Bezug auf das Thema Innovativität berücksichtigen wir hier nur Daten, die als zentrale Indikatoren für die Innovativität einer Wirtschaft bzw. einer Gesellschaft gelten.
Dabei beziehen wir uns hauptsächlich auf das ‚2001 Innovation scoreboard' der Europäischen Union (vgl. Commision of EU 2001). In dieser Studie wurden in vier Hauptkategorien Daten erhoben:

- Ressource Mensch (Bildung, Beschäftigung)

- Schaffung von neuem Wissen (F&E, Patente)

- Übertragung und Anwendung von neuem Wissen (Diffusion der Innovation)

- Innovationsfinanzierung, Innovationsoutput, Innovationsmarkt

Die Qualifikation der Arbeitskräfte ist ein Schlüsselfaktor für die technologische Leistungsfähigkeit einer Volkswirtschaft. Hier zeichnet sich Großbritannien bei der Anzahl
der Graduierten unter den 20-29 Jährigen, der Nutzung der tertiären Bildung und der
Partizipation an lebenslangem Lernen durch Spitzenpositionen aus. Eine noch zu Beginn der neunziger Jahre festgestellte Bildungslücke, vorrangig im primären und sekundären Schulsystem (vgl. Schneider/Junginger 1995), hat sich nunmehr durch einen starken Ausbau der durch Marktnachfrage gelenkten Weiterbildungskonzepte in einen Vorsprung gewandelt. Dabei ist interessant, dass die regionalen Differenzen der Bildungsverteilung (Hochschulabsolventen) in Großbritannien innerhalb der Europäischen Union
am höchsten sind.

In Großbritannien wurden 1999 1,8% des Bruttoinlandsprodukts für Forschung und
Entwicklung ausgegeben (mit sinkender Tendenz bis einschließlich 1999). Damit lag
das Land im EU-Vergleich (Durchschnitt 1,8%) hinter Schweden mit 3,7%, Finnland
mit 3,1%, Deutschland mit 2,4% und Frankreich mit 2,2%, aber im OECD-Vergleich
(Durchschnitt 2,2%) weit hinter den Vereinigten Staaten (2,5%) und Japan (2,9%) (vgl.
SET Stats 2001 Section 1). Dabei wurden unter EU-Durchschnitt und über Jahre hinweg
abnehmend vom Staat 11%, bei den Unternehmen 69% und den Hochschulen 20%
(beide im EU-Durchschnitt liegend) aufgewendet. Neuere Zahlen bestätigen allerdings
den politischen Willen der Regierung Blair sich nicht weiter von den führenden EU-
Ländern zu entfernen. Seit dem Jahr 2000 wurden die öffentlichen Ausgaben für F&E
wieder gesteigert und werden nach Regierungsaussagen weiter erhöht (vgl. DTI Forward Look).

Die regionale Verteilung der F&E-Ausgaben korreliert normalerweise mit der
Dichte von Großunternehmen (Forschungskonzentration), was für London allerdings

nicht zutrifft. Da aber in London fast ausschließlich Finanzunternehmen mit nur geringem Forschungsbedarf angesiedelt sind, lässt sich der obige Zusammenhang dennoch stützen. Diese Erklärung kann die relativ niedrigen F&E Aufwendungen für ganz Großbritannien, das ja einen sehr großen Finanzsektor im Dienstleistungsbereich besitzt, begründen.

Auffällig ist die Verteilung der staatlichen Haushaltsmittel für F&E. Der größte Teil (32%) fließt in die Verteidigung (EU 15%, aber USA 54%) gefolgt von allgemeiner Hochschulforschung mit 21% (EU 31%, USA 0%) und dem Bereich Schutz/Förderung der Gesundheit mit 15% (EU 6%, USA 19%). Über die Zeit (1995-1999) weisen die Bereiche industrielle Produktivität/Technologie (-31%) und Erzeugung/Verteilung/Nutzung von Energie (-16,3%) die größten Einbußen auf. In der staatlichen F&E-Politik Großbritanniens sind eher Parallelen zum US-amerikanischen Modell zu finden als zum europäischen, was sich mit der Ähnlichkeit der Wirtschaftsmodelle erklären lässt (vgl. Laafia 2001).

Auch bei der Anzahl der europäischen Patentanmeldung liegt Großbritannien mit 8,6% auf Platz 4 (Deutschland 40%, Frankreich 13,4%, NL 8,8%) und ist bei Patenten pro Einwohner nur leicht über dem EU-Durchschnitt. Die Innovativität und den Trend der Innovation zeigt zusammenfassend Abbildung 1.

In der Vertikalen ist der Innovationsindex abgebildet (Großbritannien nach Schweden und Finnland auf Platz 3) und in der Horizontalen der Innovationstrend (Großbritannien unterhalb des EU-Durchschnitts, aber weniger schlecht als die beiden anderen großen Länder Frankreich und Deutschland). Die Linien in der Grafik bilden den EU-Durchschnitt ab. Generell lässt sich sagen, dass Großbritannien seine wichtigsten Stärken in der Bildung und bei der Bereitstellung von Hightech Venture Kapital hat, aber Schwächen vor allem bei den Staatsausgaben für F&E. Großbritannien ist innovativer und zeigt einen stärkeren Trend zu weiteren Innovationen als die beiden anderen großen EU-Länder Frankreich und Deutschland, muss sich aber von den kleinen nordischen Ländern Schweden und Finnland geschlagen geben.

Abbildung 1: Innovationsgrafik Scoreboard 2001

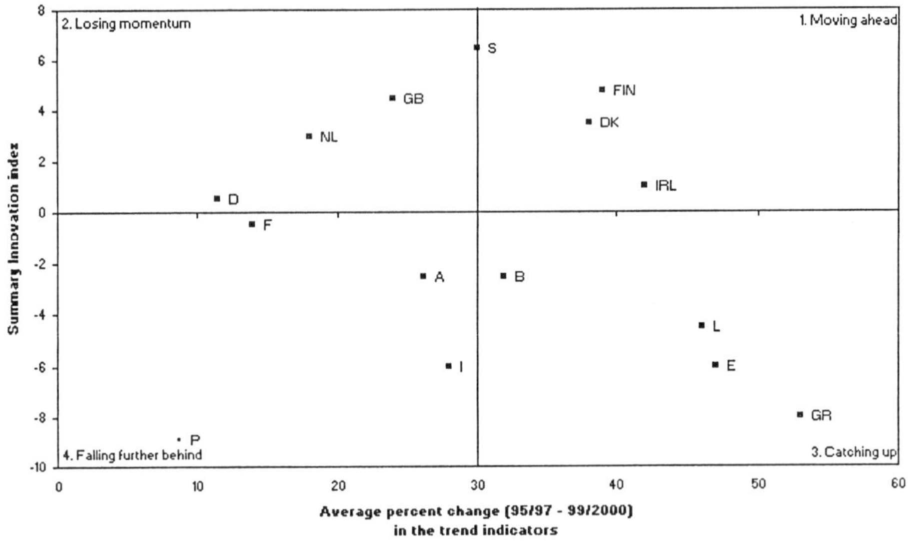

Quelle: Commission of EU 2001

3   Großbritanniens Weg zur nachhaltigen Entwicklung

Die Anfänge

Bereits 1994 veröffentlichte die konservative Regierungspartei John Majors ein Strate-
giepapier zur nachhaltigen Entwicklung, die ‚UK Strategy for Sustainable Development' (vgl. HMSO Command Paper). Dieses basierte auf einem ‚White Paper' der Regierung, welches in Reaktion auf die Konferenz in Rio de Janeiro von 1992 bereits die
neue Strategie der Regierung bezüglich einer weit reichenden Umstrukturierung umfangreicher Teilbereiche der Gesellschaft vorzeichnete. Auf dem so genannten ‚Earth
Summit' (vgl. United Nations - Earth Summit +5) verständigten sich die beteiligten
Akteure darauf, Strategien zur Entwicklung einer nachhaltigen Entwicklung zu schaffen. 1997 begann dann die ‚New' Labour Party nach einem erdrutschartigen Sieg gegenüber der konservativen Partei ihre Arbeit mit einer Art Vertrag zwischen Regierung
und Bevölkerung, dem ‚Ten Point Contract' (vgl. 10 Point Contract). Dieser beinhaltete
unter anderem Wahlversprechen, aber auch Elemente der Konferenz in Rio de Janeiro
wie eine Förderung des öffentlichen Nahverkehrs mit zwei Milliarden Pfund zur Reduktion von Treibhausgasen oder die Verbesserung der Wasserqualität und eine effizientere Nutzung vorhandener Wasservorräte, da die zunehmende Wasserknappheit
eines der Besorgnis erregendsten Themen des Gipfels in Rio de Janeiro war. Die Regierung verpflichtete sich dazu, jedes Jahr über die Fortschritte der einzelnen Teilbereiche

Bericht zu erstatten, was im Rahmen eines Projektes zu ‚E(lectronic)-Government' bis heute vor allem mit Hilfe moderner Medien durchgeführt wird. Ziel ist hierbei vor allem mehr Transparenz für den Bürger. In der Rechenschaftsperiode 1998/1999 wurde der Einfluss der Umweltthemen höchstwahrscheinlich wegen der katastrophalen Lage im Gesundheitssystem etwas aus dem Fokus der öffentlichen Regierungsarbeit zurückgedrängt. Hauptthemen waren vor allem die Reduktion von Kohlenstoffemissionen um 20%, eine Verbesserung der Luftqualität sowie die Verbesserung der Wasserqualität und des Verkehrsflusses, um die Umwelt zu entlasten. Erst 1999 wurden weitere wichtige Schritte durchgeführt.

Die Veränderungen ab 1999

Im Mai 1999 traten die Amsterdamer Verträge in Kraft, die nicht nur die Verträge von Rom und Maastricht ergänzen und anpassen, sondern auch der nachhaltigen Entwicklung in der Europäischen Union eine höhere Priorität verleihen sollten. In Artikel 2 des Vertrages von Amsterdam wird Nachhaltigkeit als eines der Hauptziele der Gemeinschaft definiert. Interessant ist in diesem Zusammenhang vor allem, dass Großbritannien als historisch gesehen eher skeptisches Land gegenüber europäischen Reglements noch im selben Monat eine aktualisierte Version des Strategiepapiers von 1994 vorlegte. ‚A better quality of life' (vgl. UK Government Sustainable Development), eine vom Her Majesty's Stationery Office (HMSO), dem staatlichen Dienst zur Verbreitung von amtlichen Informationen, herausgegebene Broschüre, beschreibt zum ersten Mal eine Strategie, welche die politischen und gesellschaftlichen Ziele hinsichtlich Umweltschutz, ökonomischem und sozialem Fortschritt zu einen versucht. Die Kernpunkte der Strategie werden ähnlich dem ‚Ten Point Contract' jährlich neu zur Diskussion gestellt, beziehungsweise werden Fortschritte und Misserfolge herausgearbeitet. Sie umfassen mehrere Facetten der Nachhaltigkeit, von Ansprüchen der World Commission on Environment and Development zur Wahrung der Interessen zukünftiger Generationen über Verbesserungen der Lebensqualität bis hin zu globalen Perspektiven einer nachhaltigen Entwicklung durch die Zielsetzung von ‚spill-over' Effekten der britischen Strategie.

Wie bereits erwähnt, wird über die Fortschritte jedes Jahr Rechenschaft abgelegt. Die Landesregierung behält es sich jedoch vor, die strategischen Punkte an die jeweiligen situativen Veränderungen anzupassen. Diese Flexibilität ist aufgrund des komplexen Themas sicher sinnvoll, da starre Regelungen Innovationen eher hemmen als fördern könnten. Andererseits wird so aber auch das Aufstellen von medienwirksamen ‚Pseudozielen' ermöglicht, die letztendlich nicht ernsthaft verfolgt werden können (‚symbolische Politik', vgl. Meyer 2002: 1).

Die Institutionen des ökologischen Innovationssystems

Das Umwelt- und Verkehrsministerium DETR, welches bis 2001 für die Entwicklung und Umsetzung einer nachhaltigen Strategie zuständig war und welches auch ‚A Better

Quality of Life' entworfen und veröffentlicht hat, wurde nach den Parlamentswahlen aufgelöst und die Zuständigkeitsbereiche auf neue Ministerien verteilt. Seit 2001 ist deshalb das Department for Environment, Food and Rural Affairs DEFRA (vgl. Department for Environment, Food & Rural Affairs (DEFRA)), die staatliche Kerninstitution für die Umsetzung und Koordinierung nachhaltiger Entwicklung auf nationaler und regionaler Ebene. Auf ein weiteres Ministerium, das Ministerium für Verkehr, kommunale Verwaltung und die Regionen (DTLR), wurden ebenfalls Befugnisse des DETR übertragen. Anders als das DEFRA arbeitet das DTLR jedoch sowohl auf der gesetzgebenden Ebene als auch in der Exekutive (unter dem Namen Sustainable Development Unit).

Auf der gesetzgebenden Ebene wird dafür Sorge getragen, dass das Konzept der Nachhaltigkeit in den Gesetzen Anwendung findet und auf der Exekutivebene wird die Umsetzung dieser Politikinhalte überwacht (vgl. Medhurst 2002: 292f). Einerseits mag dies den britischen „Hang zum Individualismus" (Schneider/Junginger 1995: 75) und die dadurch erschwerte Zusammenarbeit überwinden, andererseits ist diese Machtkonzentration angesichts der Fülle von Zuständigkeiten beziehungsweise Verantwortungsbereichen in Bezug auf die Gewaltenteilung eher bedenklich. So umfasst das ‚Sustainable Development' in Großbritannien bereits seit 1999 soziale, ökonomische, umwelt- und ressourcenbezogene Aspekte, kurzum die gesamte Politik Großbritanniens. Das wird auch dadurch klar, dass der britische Premierminister im Juli 1997 vor der Generalversammlung der Vereinten Nationen für die ‚Grüne Regierung' (vgl. Green Departments) votierte und daraufhin allen Ministerien einen ‚grünen Minister' zuordnete, der die Durchführung aller Handlungen des gesamten Ministeriums auf Nachhaltigkeit überprüfen soll.

Die Umsetzung solch weit reichender Aspekte hat jedoch nicht nur Auswirkungen auf soziale Entwicklungen, Ressourcen und die Umwelt, sondern wirkt sich auch direkt auf die Wirtschaft Großbritanniens aus. Jeder der oben beschriebenen Aspekte beeinflusst auf seine Art das ökonomische Leben. Verteuern sich die Energiepreise durch die voranschreitende Förderung erneuerbarer Energien, schaffen neue Müllverordnungen zusätzliche Kosten, bedeutet die gerechtere Entlohnung höhere Personalkosten mit negativen Standortfolgen für Großbritannien, hemmen Arbeitsplatzvorschriften die betriebliche Produktivität, kurz: ist nachhaltige Entwicklung unvereinbar mit wirtschaftlichem Wachstum?

Um diese Belange kümmert sich das britische Ministerium für Wirtschaft und Handel, das DTI (vgl. Department of Trade and Industry). Dieses hat das Ziel, die inländische Wirtschaft international wettbewerbsfähig zu halten, die Ressourcenproduktivität zu erhöhen und eine korporatistische Verantwortung der Unternehmen gegenüber Umwelt und Sozialem zu verstärken. Natürlich ist auch das DTI der Maxime der nachhaltigen Entwicklung unterworfen. Zur Durchsetzung dieser Maxime geht das DTI den Weg des ‚open government'. Diese regierungsweite Strategie sieht Information beziehungsweise Wissensvermittlung als Schlüssel, um betroffene Gruppen von der Notwendigkeit nachhaltigen Handelns zu überzeugen. Im Falle der Wirtschaft sind dies beispielsweise Firmen, Wissenschaftler, Konsumenten und natürlich Repräsentanten des DTI, die an so genannten ‚Panels' teilnehmen oder in Foren Meinungen austauschen. Durch Transparenz, Kommunikation und den erleichterten Zugang zu Fachwissen sollen Innovationen gefördert werden, die wegen des internationalen Wettbewerbs und z.B. auch den wissensbasierten Kleinunternehmen nicht nur der New Economy besonders wichtig sind.

Eine bedeutende Plattform für diesen Austausch ist das ‚Foresight Programme'. Dieses hat die Aufgabe, mögliche Entwicklungen der jeweils nächsten 20 Jahre vorherzusehen, indem Meinungen, Erfahrungen und Hypothesen von Wissenschaftlern, Geschäftsleuten und Politikern aktivitätsübergreifend diskutiert werden. Dabei wird also nicht nur das Heute im Hinblick auf das Morgen gestaltet, sondern auch der Tatsache Rechnung getragen, dass kein Bereich gesondert betrachtet werden kann, da die Auswirkungen jeder Veränderung, andere beeinflussen können – zwei wesentliche Punkte bei der Verfolgung einer Strategie der nachhaltigen Entwicklung.

Die Hauptaufgabe des DTI besteht dabei in der Vermeidung von klimaverändernden Entwicklungen. Abgesehen von den Folgekosten gravierender, klimatischer Veränderungen, müssen Unternehmen ebenfalls vom wirtschaftlichen Vorteil eines Umdenkens überzeugt werden. So müssen Emissionen beziehungsweise der Energieverbrauch vom ökonomischen Wachstum entkoppelt werden. Vor allem wird hier deutlich, wie eng klassische Innovationssysteme mit ökologischen zusammenhängen. Nur durch Innovationen zur Verbesserung zum Beispiel der Arbeitsproduktivität oder der Energie- beziehungsweise Ressourceneffizienz können Entkopplungsprozesse in Gang gebracht werden (vgl. Majer 1998; vgl. Meyer-Krahmer 1997).

Die Bevölkerung

Wie bereits erwähnt, umfasst das Konzept des ‚Sustainable Development' auch die Bereiche des individuellen Lebens. Hierbei stellt sich natürlich die Frage, wie die einzelnen Konzepte verwirklicht werden sollen und vor allem welche letztendlich durchgeführt werden können. Zu diesem Zweck werden umfangreiche Befragungen durchgeführt, die die öffentliche Haltung und den Wissensstand der Bevölkerung gegenüber bestimmten Themen der Nachhaltigkeit und im Besonderen des Umweltschutzes ausmachen sollen. Bei einer der unten abgebildeten Grafik zu Grunde liegenden Befragung wurde zum Beispiel im Auftrag des DEFRA nach der persönlichen Gewichtung verschiedener Umweltprobleme gefragt. Bemerkenswert ist dabei, dass besonders Themen, welche breit in der Öffentlichkeit diskutiert wurden, auch verhältnismäßig hohe Werte der Besorgnis in der Bevölkerung hervorriefen.

Trotzdem gibt es Bereiche des persönlichen Lebens, in denen Fortschritte im eigenverantwortlichen Handeln zu erkennen sind. So sind vor allem Bereiche, welche von einer Energiesteuer betroffen sind (zum Beispiel die Vermeidung der Autonutzung für Kurzstrecken oder die Verwendung von Energiesparlampen), einer positiven Veränderung unterworfen. Andere, wie beispielsweise die rückläufige Recyclingrate von Dosen, sind demgegenüber auf das Fehlen von Sammeldiensten und lokalen Recyclinganlagen zurückzuführen (vgl. Department for Environment, Food & Rural Affairs (DEFRA). Dies legt die Vermutung nahe, dass sich Verhaltensänderungen im Umweltbereich vor allem mit der Theorie der subjektiven Nutzenerwartung erklären lassen, dem Paradigma eines ökonomischen Nutzenmaximierers, nach dem die Handlungsmotivation der Bürger scheinbar mit der Höhe des finanziellen und/oder zeitlichen Aufwands zu erklären ist (vgl. Schnell/Hill/Esser 1999). In anderen Worten scheint sich hier empirisch zu bestätigen, dass die Konsumenten nicht bereit sind, höhere Kosten für Umweltschutzmaßnahmen selbst zu tragen.

Abbildung 2: Concern about environmental issues: 2001, England

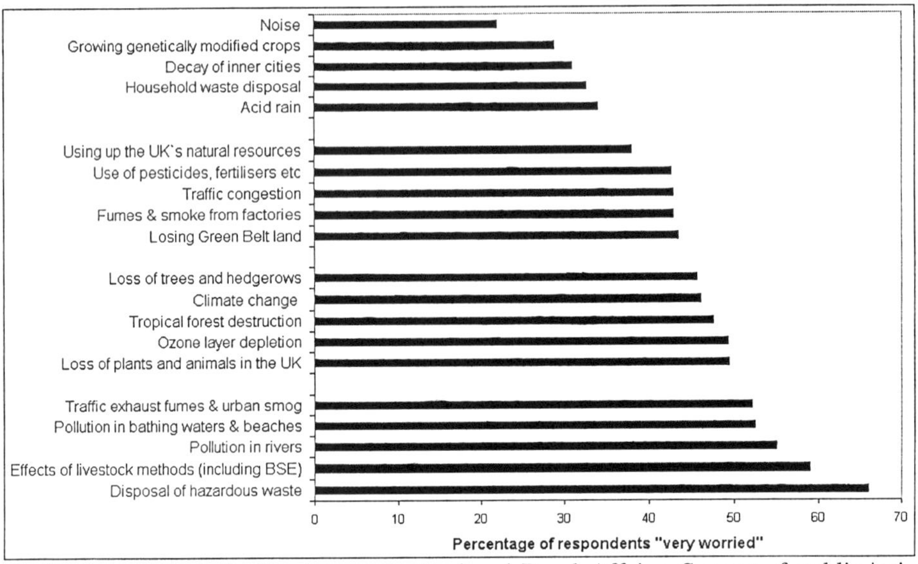

Quelle: Department for Environment, Food and Rural Affairs: Survey of public attitudes to quality of life and to the environment: 2002

Der Wissensstand der Bevölkerung wird demgegenüber mit direkten Fragen, wie der Identifikation der für die globale Erwärmung verantwortlichen Faktoren, abgefragt. Wissenslücken und diskussionsbedürftigen Themen wird mit der oben bereits beschriebenen Strategie des ‚open government' begegnet. Ähnlich den deutschen Diskussionsrunden in teilweise staatlichem Auftrag, finden auch in Großbritannien quasi ‚Runde Tische' statt, an denen Bürger, Wissenschaftler oder Politiker Erfahrungen austauschen, ihre Ideen einer breiteren Öffentlichkeit preisgeben oder einfach ihrem Ärger Luft machen. Zusammen mit diversen Anlaufstellen und mit Hilfe der neuen Medien in Form von staatlichen Internetforen, ‚E-Mail-Kummerkästen' oder Online-Chats sowie den jährlich neu aufgelegten Reviews der einzelnen Ministerien, Arbeitsbereiche und der

Regierung, möchte man einerseits Informationen streuen aber andererseits auch Bedürfnisse und vor allem Veränderungen erfassen und in die Strategie der nachhaltigen Entwicklung einfließen lassen. Das wird vor allem beim privaten öffentlichen Nahverkehr deutlich, da dieser zu den am stärksten geförderten Bereichen und gleichzeitig auch zu den dringendsten Anliegen der Bevölkerung gehört. Bedenkt man, dass dieser Punkt ebenfalls in internationalen Abkommen wie dem ‚Earth Summit' zu den Hauptanliegen gehört, so wird verständlich, warum Großbritannien immer häufiger an multilateralen Abkommen teilnimmt, obwohl es historisch eher bilateral verhandelt hat und selbst dabei sehr zurückhaltend war. In diesem Fall nähert sich wohl weniger Großbritannien der internationalen Politik an, als eher diese den britischen Maximen.

Aktuelle Entwicklungen

Am 29. Mai 2002 wurden die erst 2001 neu beschlossenen Ministerialstrukturen nochmals weitreichend verändert. Das Ministerium für Verkehr, kommunale Verwaltung und die Regionen (DTLR) wurde aufgelöst, der Verantwortungsbereich für den Verkehr in ein eigens dafür geschaffenes Verkehrsministerium und die für die nachhaltige Entwicklung wesentlichen Befugnisse dem Büro des stellvertretenden Premierministers übertragen (vgl. Office of the Deputy Prime Minister). Bedenkt man die nicht unerhebliche Machtfülle des DTLR so könnte der Eindruck entstehen, diese Veränderung ziele auf einen umfangreichen Machtzuwachs der Regierung. Zu deren Hauptaufgaben gehört jedoch vor allem die Unterstützung der Regionen bei der Entwicklung eigener, angepasster Strategien einer nachhaltigen Entwicklung und die Stärkung lokaler Selbstverwaltung, eine Entwicklung, die gemäß der Charta von Aalborg wünschenswert ist, da Städte und Gemeinden die geeignetsten Einheiten sind, um die Probleme anzupacken, die durch die Wettbewerbs- und Wachstumsorientierung entstanden sind (vgl. Charta von Aalborg: I.3). Die Dezentralisierung, welche schon seit Thatcher vorangetrieben wird, scheint nun nach den größeren Schritten der Wahlrechts- und Parlamentsreformen für Schottland, Wales und Nordirland auch für ganz Großbritannien umgesetzt zu werden. Neben Eigenverantwortung im Bereich des ‚Sustainable Development' wurden auch legislative und fiskalische Zugeständnisse gemacht. Da aufgrund der langjährigen zentralen politischen Verwaltung und der regionalen Konzentration der britischen Wirtschaft ein grundsätzliches Nord-Süd Wohlstandsgefälle zu verzeichnen ist, wird die Stärkung lokaler Bereiche gemäß der lokalen Agenda 21 unter Umständen ein Weg zur Herstellung eines gleichwertigen Lebensstandards sein.

4 Fazit und Ausblick

Obwohl Tendenzen zur Nachhaltigkeit bereits in den ‚White Papers' der achtziger Jahre zu erkennen waren, gab die Veröffentlichung des Strategiepapiers ‚A better quality of life', welches am 13. März 2002 in der zweiten, aktualisierten Auflage erschienen ist (vgl. UK Government Sustainable Development), dem ökologischen Innovationssystem Großbritanniens erst die entscheidende Initialzündung. Besonders den Briten musste es aus der leidvollen Erfahrung der letzten Jahrzehnte klar sein, dass eine grundlegende Neuorientierung nötig sein wird, die das eigene Land nicht nur national stärkt, sondern auch den Herausforderungen einer fortschreitenden Globalisierung Rechnung trägt. ‚Sustainable Development' ist solch eine Strategie. Auf lange Dauer ausgelegt und alle Bereiche des Lebens mit einschließend, versucht die Regierung Blair die Theorie des ‚Dritten Wegs' zu praktizieren, sich international stärker und verbindlicher einzubringen und auch Entwicklungen fortzuführen, die noch auf die Regierungsjahre der konservativen Partei unter Thatcher zurückgehen, wie zum Beispiel die Liberalisierung der Wirtschaftspolitik oder die Dezentralisierung. Dafür wurden Institutionen geschaffen, zuerst das DTLR, später das DEFRA und im Jahr 2002 das Office of the Deputy Prime Minister (ODPM), ‚grüne' Ministerien wurden eingeführt und das Konzept des ‚open government' umgesetzt.

Geöffnet zu haben scheint sich Großbritannien auch in internationalen Angelegenheiten. Das europäische ‚Environmental Management and Audit Scheme' (EMAS) (vgl. European Commission), welches Zertifizierungen und Empfehlungen zur Steigerung der umwelttechnischen Performance von Unternehmungen bereitstellt, wird von Großbritannien in Anspruch genommen. Des Weiteren berufen sich britische Veröffentlichungen auch aus Regierungsbereichen immer häufiger auf europäische ISO-Zertifikate (vgl. Britische Botschaft Berlin 2002). Zusätzlich wird ein reger Informationsaustausch betrieben, wie zum Beispiel der Besuch britischer Abgeordneter im Februar und März 2002 in Berlin und Schleswig-Holstein zum Thema ‚erneuerbare Energien' zeigt. Trotz der nationalen Verordnung vom April 2002, dass Stromversorger mindestens 10% ihres Stroms aus alternativen Quellen beziehen müssen und der Tatsache, dass die britische Wirtschaft im Umwelttechnikbereich eine Führungsrolle übernehmen will, findet ein internationaler Austausch von Wissen statt. Des Weiteren kann Großbritannien, vor allem durch die Einsparungen des Konzerns BP, seit April 2002 seinen Verpflichtungen aus Kyoto zur Reduzierung von Treibhausgasen nachkommen, da der nationale Emissionshandel erfolgreich angelaufen ist.

Betrachtet man all diese Punkte, so ist kaum vorstellbar, dass Großbritannien nicht glänzend abschneiden könnte. Doch bescheinigt zum Beispiel der ‚Environmental Sustainability Index' (ESI) Großbritannien nur einen mäßigen Platz in der Rangliste der 142 untersuchten Länder. Im März 2002 liegt es zum Beispiel mit einem ESI von 46,1 hinter Ländern wie Malawi, Uganda oder Bangladesh auf Platz 91 der Liste. Da es sich bei dem Index um eine empirische Untersuchung mit umfangreichen statistischen Auswertungen handelt, fällt es schwer, eine kurze und prägnante Antwort auf die Frage zu finden, weshalb Großbritannien hier so mäßig abschneidet. Neben der Tatsache, dass Faktorenanalysen bereits schon bei der Instrumentalisierung der Faktoren und damit der Auswahl der Theorien und Variablen unzählige potentielle Fehlerquellen aufweisen können, hängt natürlich die Position eines Landes auf der Skala von den der Skala zu

Grunde liegenden Variablen ab. So benutzt ESI 68 Variablen, zu denen zum Beispiel die Fruchtbarkeit der Bevölkerung und die Liter an Pestiziden ebenso gehören, wie die Anzahl von Personen mit direktem Zugang zu sauberem Wasser. Dass hier Deckungsgleichheit zwischen den der britischen Politik zu Grunde liegenden Variablen und denen des Index besteht, ist auch schon aufgrund der unterschiedlichen Definitionen von Nachhaltigkeit anzuzweifeln.

Außerdem dürften die relativ häufigen institutionellen Veränderungen in der britischen Politik zwar Flexibilität mit sich bringen, aber womöglich nicht genügend Kontinuität um langfristige Veränderungen auch zielgerecht umzusetzen. Vor allem im internationalen Bereich dürften sich diese Diskrepanzen auswirken, jedoch weniger national, da hier die Rechenschaftspflicht ein unerbittlicher Performanceindikator ist. Das lässt aber auch die Vermutung zu, dass momentan entweder noch immer verstärkt nationaler Wähler- beziehungsweise Stimmenfang mit dieser Politik betrieben wird oder aber die institutionellen Rahmenbedingungen sich noch in einem frühen Entwicklungsstadium befinden.

Literatur:

10 Point Contract; http://www.number-10.gov.uk/output/page162.asp [30.5.2002]

Ambromeit, H. 1998: Entwicklungslinien im Verhältnis von Staat und Wirtschaft. In: Kastendiek, H./Rohe, K./Volle, A. (Hg.): Länderbericht Großbritannien. Bonn: Bundeszentrale für politische Bildung: 358-378

Britische Botschaft Berlin 2002: UK Environmental Headlines, Ed. 8/2002

Charta von Aalborg; http://www.iclei.org/europe/ac-germ.htm [12.12.2002]

CIA - The World Factbook; http://www.cia.gov/cia/publications/factbook [30.5.2002]

Commission of EU 2001: 2001 Innovation Scoreboard. Brüssel: EU-Commission

Department for Environment, Food and Rural Affairs (DEFRA): Survey of Public Attitudes to Quality of Life and to the Environment: 2002; http://www.defra.gov.uk/environment/statistics/pubatt/index.htm [1.4.2002]

Department for Environment, Food & Rural Affairs (DEFRA); http://www.defra.gov.uk/ [30.5.2002]

Department of Trade and Industry; http://www.dti.gov.uk [30.5.2002]

DTI: Forward Look; http://www.dti.gov.uk/ost/forwardlook01/ [30.5.2002]

Environmental Sustainability Index; http://www.ciesin.columbia.edu/indicators/ESI/ [30.5.2002]

Europäische Kommission 2000: Die Europäische Union in Zahlen. Brüssel: EU-Kommission

European Commission: Eco Management and Audit Scheme; http://europa.eu.int/comm/environment/emas/index_en.htm [30.5.2002]

Green Departments; http://www.defra.gov.uk/environment/greening/minister/sd/pdf/ work.pdf [30.5.2002]

HMSO Command Paper 1994: Sustainable Development: the UK Strategy. London: HMSO

Kaiser, A. 1998:Verbände und Politik. In: Kastendiek, H./Rohe, K./Volle, A. (Hg.): Länderbericht Großbritannien. Bonn: Bundeszentrale für politische Bildung: 224-238

Laafia, I. 2001: Wie hoch sind die staatlichen Haushaltsmittel für FuE-Aktivitäten? Europäische Gemeinschaft: Eurostat

Majer, H. 1998: Wirtschaftswachstum und nachhaltige Entwicklung. München: Oldenbourg

Medhurst, J. 2002: United Kingdom. In: OECD 2002: Governance for Sustainable Development. Five Case Studies. Paris: OECD: 281-348

Meyer, Th. 2002: Repräsentativästhetik und politische Kultur; http://www.zlb.de/projekte/ kulturbox-archiv/buch/meyer.htm [29.5.2002]

Meyer-Krahmer, F. 1997: Umweltverträgliches Wirtschaften: Neue industrielle Leitbilder, Grenzen und Konflikte. In: Blättel-Mink, B./Renn, O. (Hg.): Zwischen Akteur und System. Die Organisierung von Innovation. Opladen: Westdeutscher Verlag: 209-233

Office of the Deputy Prime Minister; http://www.odpm.gov.uk [12.12.2002]

Rüdig, W. 1998: Umwelt als politische und ökonomische Herausforderung: Eine britische Erfolgsgeschichte? In: Kastendiek, H./Rohe, K./Volle, A. (Hg.): Länderbericht Großbritannien. Bonn: Bundeszentrale für politische Bildung: 588-605

Schneider, T./Junginger, R. 1995: Großbritannien. In: Blättel-Mink, B. (Hg.): Nationale Innovationssysteme – Vergleichende Fallstudien. Stuttgart: Universität Stuttgart: 65-77

Schnell, R./Hill, P./Esser, E. 1999: Methoden der empirischen Sozialforschung. (6. erw. Aufl.) München/Wien: Oldenbourg

SET Stats 2001 Section 1; http://www.dti.gov.uk/ost/setstats/ [30.5. 2002]

Sturm, R. 1998: Staatsordnung und politisches System. In: Kastendiek, H./Rohe, K./Volle, A. (Hg.): Länderbericht Großbritannien. Bonn: Bundeszentrale für politische Bildung: 194-223

UK Government Sustainable Development; http://www.sustainable-development. gov.uk/ar2001/index.htm [12.12.2002]

United Nations - Earth Summit +5; http://www.un.org/esa/earthsummit/ [30.5.2002]

Kontakt:
Torsten Noack: tor.noack@gmx.de
Ulf Sobottka: tankred@gmx.de

Alexander Wichmann und Johannes Wirth

Das ökologische Innovationssystem der Niederlande

1 Einleitung

Die Niederlande besitzen schon seit langer Zeit im Bereich des Naturschutzes und der nachhaltigen Entwicklung einen guten Ruf. In der Verfassung findet man einen eigenen Artikel, den Artikel 21: „Die öffentlichen Akteure sollen danach streben, die Lebensqualität in den Niederlanden zu sichern und die lebende Umwelt zu schützen und zu erhalten." Darin haben es sich die öffentlichen Akteure zur Aufgabe gemacht, das Lebensgefühl und den Lebensstandard jetzt und in der Zukunft zu sichern und zu erhöhen und dies alles im Sinne einer nachhaltigen Entwicklung. Auch wird in der Verfassung konkret auf die Funktion der Umwelt eingegangen: „Eine saubere Umwelt erfüllt viele Funktionen für uns, und wir versuchen diese Funktionen in einem nachhaltigen Sinne weiterhin zu benutzen. Sie beliefert uns mit dem Wasser, welches wir trinken, der Luft, die wir atmen und versorgt uns mit dem Korn, welches wir essen. Eine saubere Umwelt ermöglicht es uns in einer grünen Umgebung zu leben (...)". Die Niederlande gehören zu einem der ersten Länder, welches einen Plan zum Schutze der Umwelt und den nachhaltigen Umgang mit dieser in die Tat umgesetzt hat. Dieser erste so genannte NEPP (National Environmental Policy Plan), dem weitere folgten, wurde im Jahr 1989 veröffentlicht.

In diesem Beitrag möchten wir auf die Inhalte der NEPPs eingehen, die wohl den wichtigsten Teil des ökologischen Innovationssystems der Niederlande darstellen sowie auf die Akteure, die an der Festlegung der Ziele und an der Durchsetzung dieser Ziele beteiligt sind. Welche Erfolgserwartungen wurden mit den NEPPs verbunden; welche davon haben sich erfüllt, und welche nicht?

Auch wollen wir auf die Rahmenbedingungen eingehen, die erfüllt sein müssen, um einen Umweltplan in die Tat umzusetzen. Des Weiteren wird die Frage gestellt, ob es sich in den Niederlanden auch wirklich um ein ökologisches Innovationssystem handelt, da bestimmte Beziehungen von Akteuren und Institutionen dafür zwingend notwendig sind.

Zu Beginn werden strukturelle und institutionelle Aspekte der Niederlande vorgestellt. Darauf folgen die Darstellung des Wirtschaftssystems und die Erläuterung der Umweltpolitik, welche das Thema direkt auf die Umweltproblematik in den Niederlanden lenkt. Abschnitt 4 wirft einen Blick auf die Akteure des ökologischen Innovationssystems und auf die Umweltplanung der Niederlande. Fazit und Ausblick bilden den Abschluss der Kapitels.

2. Ein genauerer Blick auf die Niederlande

Geographie und Bevölkerung

Das Königreich der Niederlande besteht aus den Niederlanden, den Niederländischen Antillen und Aruba. Staatsoberhaupt sowohl des Königreichs als auch jedes seiner Teile ist Königin Beatrix. Die Niederlande erstrecken sich über eine Fläche von 37.351 km², davon 33.883 km² Land und 3.468 km² Wasserfläche. Die Amtssprache ist niederländisch sowie regional friesisch. Daneben werden deutsch und englisch als Verkehrssprachen gesprochen. Die Hauptstadt ist Amsterdam. In den Niederlanden leben zur Zeit rund 15,9 Millionen Menschen. Die Bevölkerungsdichte liegt bei 426,5 Einwohnern pro km² und ist somit sehr hoch, da 89% der Bevölkerung in Städten wohnen. Das Bevölkerungswachstum beträgt jährlich 0,35% (vgl. Spiegel Online Almanach)

Die Verwaltung und das politische System

Seit 1848 findet man in den Niederlanden eine demokratisch-parlamentarische Monarchie mit einer geschriebenen Verfassung vor. Die Niederlande waren einer der Gründungsstaaten der EWG und Gründungsmitglied von anderen europäischen Organisationen. 1991 fungierten die Niederlande als Gastgeberland des Vertrages von Maastricht. Staatsoberhaupt ist Königin Beatrix.

Eines der Staatziele ist die Senkung der Arbeitslosenquote und in dem Kontext dieses Kapitels nicht ohne Bedeutung: der Umweltschutz ist in der niederländischen Verfassung durch den Artikel 21 festgelegt. Weiterhin zu erwähnen ist ein sehr hoher Nationalstolz der Niederländer (vgl. Ministerium für Auslandsbeziehungen der Niederlande).

Die Königin ist Oberbefehlshaberin der Streitkräfte. Weiterhin ernennt sie die Präsidenten beider Parlamentskammern sowie die Minister und Staatssekretäre. Die Königin ist immun und richtet durch königlichen Erlass die Ministerien ein, welche dann von den einzelnen Ministern geleitet werden. Sie selbst ist auch Mitglied der niederländischen Regierung. Die aktuelle Regierung wird von einer Koalition aus CDA (Christdemokraten), VVD (Liberale) und LPF (Liste Pim Fortuyn) getragen. Regierungschef ist Ministerpräsident Jan Peter Balkenende (CDA). (Vgl. Ministerium für Auslandsbeziehungen der Niederlande).

Das Parlament besteht aus zwei Kammern. Die erste Kammer umfasst 75 Mitglieder, welche für vier Jahre von den Provinzialregierungen gewählt werden. Sie besitzt lediglich Zustimmungs- bzw. Ablehnungsrecht. Die zweite Kammer besteht aus 150 Abgeordneten, die durch unmittelbare Wahl ebenso für vier Jahre vom Volk gewählt werden. Zusammen bilden diese zwei Kammern die Generalstaaten und sind bei einer gemeinsamen Sitzung eine Einheit. Das Parlament kann von dem Monarchen aufgelöst werden. Die zweite Kammer schlägt die Mitglieder des Hohen Rates vor und entscheidet dann durch Wahlen. Der Monarch ernennt dann die einzelnen Mitglieder. Die Gesetzgebung wird gemeinsam von Regierung und Parlament durchgeführt (vgl. Ministerium für Auslandsbeziehungen der Niederlande).

In den Niederlanden umfasst das Justizwesen vier Gerichtsebenen. Das erste Tribunal ist das Hohe Gericht oder der Hohe Rat der Niederlande mit Sitz in Den Haag. Auf einer niedrigeren Hierarchieebene sind fünf Berufungsgerichte, 19 Landgerichte und 62 Amtsgerichte. Alle niederländischen Richter werden von dem Monarchen auf Lebenszeit ernannt (vgl. Ministerium für Auslandsbeziehungen der Niederlande).

Das föderale System

Im Föderalismus der Niederlande findet man zwölf Provinzen mit ihrem jeweiligen Provinzialparlament. Jede dieser Provinzen wird von einem Regierungskommissar und von einer vom Volk gewählten gesetzgebenden Versammlung (Staaten-Provinzial) regiert. Die Provinzialregierungen in den Niederlanden haben u.a. dafür zu sorgen, dass das Thema Nachhaltigkeit aktuell bleibt. In erster Linie ist es die Gesellschaft, die für eine Änderung des Verhaltens in Richtung ökologisches Bewusstsein verantwortlich ist. Jedoch stehen ihr nur selten geeignete Mechanismen zur Verfügung, um dies auch umzusetzen oder Verhaltensänderungen kund zu tun. Dies ist die Aufgabe der Politik. Um ökologische Gesinnungen zu wecken, oder sie bewusst zu machen, gibt die Regierung jedes Jahr zahlreiche Prospekte und Dokumente aus, um die Bevölkerung zu sensibilisieren und zum nachhaltigen Handeln anzuregen.

Um eine gewisse Zukunftsfähigkeit einer nachhaltigen Handlungsstrategie zu sichern, muss sich die Provinzialregierung des Weiteren hauptsächlich auf Großunternehmen konzentrieren. Ein Idealfall wäre es, wenn Innovationen auf der gesamten Breite der Wirtschaft zu finden wären, also auch in kleinen und mittelgroßen Betrieben. Diese haben jedoch nur selten die Möglichkeit dies strukturell und finanziell zu verkraften. Ist eine Basis durch Großunternehmen gelegt, so dürfte es auch kleineren Betrieben leichter fallen, ökologische Innovationen umzusetzen. Jedoch lässt sich auch hier wieder die Kehrseite der Medaille feststellen. Durch eine zu starke Festlegung auf Großbetriebe entzieht man den kleinen und mittelständischen Betrieben die Möglichkeit, schon frühzeitig Know-how in diesem Bereich zu entwickeln.

Das Wirtschaftssystem

Für ein kleines Land haben die Niederlande ein sehr starkes Wirtschaftssystem. Es ist der weltweit sechstgrößte Exportstaat (drittgrößter beim Export von Nahrung). 6,8 Millionen Arbeitskräfte arbeiten zu 64% im Dienstleistungsbereich. Die restlichen 36% sind verteilt auf den industriellen Sektor und die Landwirtschaft. Das jährliche Pro-Kopf-Einkommen lag im Jahre 2002 bei 27.770 Euro (vgl. http://www.minbuza.nl). Die Arbeitslosenquote beträgt ca. 4%. Weltweit liegen die Niederlande gesamtwirtschaftlich auf dem vierten Platz im Hinblick auf die Wettbewerbsfähigkeit (vgl. Royal Netherlands Embassy).

Das wirtschaftliche Koordinationsmodell der Niederlande ist gekennzeichnet durch Konsensfindung. Starke Gewerkschaften und Arbeitnehmerorganisationen sorgen für Stabilität. Eine geringe Arbeitslosenquote wird als wichtigstes Ziel der Wirtschaftspolitik betrachtet, da diese als gute Sicherung des wirtschaftlichen Wachstums angesehen wird. Bei diesem Ansatz liegt der Fokus auf der Klärung der strukturellen Faktoren, welche für die aktuelle Arbeitslosenquote verantwortlich gemacht werden. Als erstes müssen die ‚richtigen' Bedingungen durch staatliche Finanzierung geschaffen werden. Die Stärkung der ökonomischen Struktur und Lohnverhandlungen sowie deren Anpassungen sind dann die Schlüsselfaktoren für die Schaffung neuer Arbeitsplätze. Die Kombination dieser ‚Policy' Elemente wird in der Literatur oft als Polder-Modell bezeichnet. Als kennzeichnend für das so genannte ‚Niederländische Modell' gelten die guten Resultate der nationalen Wirtschafts-, Sozial- und Arbeitsmarktpolitik (vgl. Kleinfeld 1997). Besonders hervorzuheben sind der Anstieg von Teilzeitarbeit und damit verbunden einem Beschäftigungszuwachs von jährlich mehr als 1,5% (bezogen auf die 90iger Jahre) sowie ein verstärkter Umbau des niederländischen Sozialstaates. Dabei spielte vor allem der Konsens, sowohl zwischen den Sozialpartnern, als auch zwischen diesen und der Regierung eine große Rolle und ermöglichte die Einheitlichkeit und den Zusammenhalt dieser Politikfelder (vgl. Kleinfeld 1998).

Besonders wichtig ist hierbei die Tatsache, dass dieses Modell nicht aus einem ‚Masterplan' (vgl. Kleinfeld 1998) oder einem einzelnen Regierungsprogramm besteht. Es setzt sich vielmehr aus zahlreichen Einzelmaßnahmen, welche die verschiedensten Politikfelder berührt, zusammen. Die Hauptfelder sind vor allem die Wirtschafts-, Sozial, Arbeits- sowie Finanzpolitik, wobei innerhalb dieser zum Teil große Unterschiede bestehen (vgl. Kleinfeld 1998).

Es ist kein statisches Modell, sondern muss als Prozess verstanden werden, der es zum Ziel hat, eine starke und dynamische Wirtschaft zu schaffen. Hierbei wird vor allem auf eine Optimierung der Zusammenarbeit aller am Prozess beteiligter Akteure Wert gelegt.

Die Niederlande wurden zu einem Knotenpunkt internationaler Wirtschaftsbeziehungen. Sie haben ein fortschrittliches Transportsystem, mit dem Zentrum in Rotterdam und eines der weltweit besten Kommunikationssysteme. Rotterdam ist einer der weltweit umsatzstärksten Häfen, der sehr wichtig für den Handelsverkehr mit dem europäischen Hinterland ist (vgl. Royal Netherlands Embassy).

Zusammenarbeit der Regierung und der Wirtschaft

Die niederländische Regierung und die Vertreter der Wirtschaft haben sich zusammengesetzt, um in einer Kooperation die Qualität der Umwelt zu verbessern und Umweltbeschlüsse zu implementieren. Dabei stimmen die beteiligten Parteien darin überein, dass traditionelle Kontroll- und Regulationsmechanismen nicht effektiv genug sind, um eine nachhaltige Entwicklung in der Industrie zu ermöglichen. Die Zusammenarbeit zwischen Regierung und Industrie muss verbessert werden, um die Kapazitäten der beteiligten Industrien voll ausschöpfen zu können. Als erstes muss sich die Industrie von ihrem traditionellen Bild gegenüber einer nachhaltigen Entwicklung lösen und ihre Vorteile für alle eingebundenen Parteien erkennen sowie sich darüber bewusst werden, wie viel Geld sich mit innovativen und nachhaltigen Produkten verdienen lässt. Innerhalb des ersten Umweltplans wurde der Industrie die Forderung auferlegt, bis ins Jahr 2000 die Emissionen um 50-70% zu reduzieren. Im Jahr 2010 sogar um 80-90%. Die Niederlande sind ein kleines Land, jedoch die Bevölkerungsdichte ist eine der höchsten in der Welt. Auch sind die Schwerindustrie und die chemische Industrie traditionell in den Niederlanden verankert. Diese Industriesparten gehören von ihrem Aufbau her zu den stärksten Umweltverschmutzern. Diese zwei Punkte sorgen für einen besonders großen Druck, die Umweltpolitik voranzutreiben. Eine strenge Umweltpolitik wird benötigt, welche von der Bevölkerung gestützt wird. Eine Besonderheit der niederländischen Umweltpolitik ist die dezentrale Vorgehensweise. Die Durchsetzung der Umweltpolitik wird den Provinzen oder den lokalen Autoritäten überlassen. Auf zentraler Ebene werden lediglich die Rahmenbedingungen für die Umweltpolitik festgelegt. Somit hat die lokale bzw. provinzielle Ebene einen relativ großen Spielraum für die Kontrolle und Durchsetzung der Politik (vgl. Royal Netherlands Embassy). Ein Beispiel für diese Umsetzung ist das Umweltmanagementgesetz (Environment Management Law). Laut diesem Gesetz benötigt eine Firma eine Genehmigung für die Produktion und die Rahmenbedingungen für diese Genehmigung werden ebenfalls vorgeschrieben. Nach diesem Gesetz sollte die von der Industrie ausgehende Umweltverschmutzung so niedrig wie möglich sein (ALARA; ‚As Low As Reasonable Achievable'). Die Provinzialregierung bzw. die Stadt ist für die Festlegung des Grenzwertes und seine Einhaltung bzw. Durchsetzung verantwortlich. Um dies für die örtlichen Autoritäten zu erleichtern, gibt es Richtlinien, die jedoch keinen bindenden Charakter besitzen. Schon zu einem frühen Zeitpunkt hat sich die Regierung mit verschiedenen Vertretern der Gesellschaft zusammengesetzt, um Vorschläge zu diskutieren und einen Konsens zu ermöglichen, welcher die höchste Effektivität mit der größtmöglichen Akzeptanz in der Gesellschaft und innerhalb der Industrie verbindet (vgl. Ministerium für Auslandsbeziehungen der Niederlande). In der niederländischen Umweltpolitik ist ein Trend hin zur Bekämpfung der Umweltverschmutzung auf globaler Ebene zu erkennen, was natürlich auf die immer globaler werdende Umweltproblematik, wie z.B. die Verminderung der Ozonschicht, zurückgeht. Dieser Trend ist natürlich nicht nur in den Niederlanden feststellbar, sondern weltweit. Im Jahr 1996 organisierten die Niederlande eine Konferenz für nachhaltige industrielle Entwicklung. Im Bericht der Konferenz wurde darauf hingewiesen, dass die meisten Länder immer noch nach der ‚top-down-Regulierung' bzw. nach dem ‚command/control'-Ansatz vorgehen. Das heißt, dass die Regierung bestimmte Vorgaben setzt und auch für deren Kontrolle zuständig ist. Die niederländische Regierung ist der Auffassung, dass die Grenzen dieser traditionellen Vorgehensweise erreicht sind. Die top-down-Vorgehensweise setzt auf vorgeschriebene technische Lösungen mit den zurzeit besten verfügbaren Technologien. Nach der Meinung der niederländischen

Regierung ist diese Vorgehensweise oftmals nur auf ein spezifisches Thema gerichtet (‚Single Medium, Single Substance, Single Installation'). Jedoch sollte die Industrie mehr in die Verantwortung einbezogen werden und ein Aufgabenkatalog in Angriff genommen werden, welcher in einer gewissen Zeitspanne zu erledigen sei. Die Regierung der Niederlande ist sich im Klaren darüber, dass die top-down-Methode sicherlich Erfolge vorzuweisen hat, jedoch würden kosteneffektive Gesamtlösungen auf diesem Weg nur selten erreicht und somit fehle ein Anreiz für die Industrie sich auf diesen Weg einzulassen. Dies würde Innovationen im Bereich der Industrie unterdrücken und wäre somit nicht die passende Vorgehensweise, um im Prozess der nachhaltigen Entwicklung in der Industrie voranzukommen. Im Zentrum einer Kooperation zwischen Regierung und Wirtschaft steht das Erreichen mehr und besserer Rahmenbedingungen. Allgemein gesehen ist dies der Hauptgrund für eine Kooperation; erst in zweiter Instanz geht es um die direkte Gestaltung einer nachhaltigen industriellen Entwicklung. Eine effektive Umweltpolitik jedoch würde von beiden Seiten das Beste in sich vereinen und würde Möglichkeiten für neue Marktstrategien der Industrie eröffnen, die zum Ausgleich Zugeständnisse an eine nachhaltige Entwicklung machen müsste.

Auf welchem Wege kommen nun Industrie und Regierung zu einem Konsens? Am Anfang steht ein Treffen der beiden Parteien auf freiwilliger Basis, in dem die Regierung der jeweiligen Industriesparte ihre Langzeitziele darlegt und einen Weg darstellt, wie diese Ziele bestmöglich erreicht werden können. In dieser Situation werden die ersten Zugeständnisse auf beiden Seiten gemacht. Dies führt dann zu einem so genannten IEO, dem Integrated Enviromental Objective. Ein IEO benennt Zielsetzungen bei Emissionsreduzierungen für die jeweilige Industriesparte sowie den Zeitrahmen, in dem diese Ziele zu verwirklichen sind. Als nächsten Schritt werden die Konditionen, welche zum Erreichen der Ziele notwendig sind, besprochen und ausgehandelt. In dieser Phase der Entscheidungsfindung ist es nicht immer klar, ob bestimmte Punkte des IEO ökonomisch oder technisch durchführbar sind. Um dies in Erfahrung zu bringen, werden weitere Forschungen betrieben. Als letzten Schritt setzen sich Regierung und Industrie an einen Tisch und halten die Vereinbarungen schriftlich in einem Vertrag fest. Dieser Vertrag bietet beiden Seiten eine gewisse Sicherheit. Die Politik kann sicher sein, dass die Industrie diesen Weg verfolgen wird und die Industrie bekommt die Garantie, dass keine andere Politik in die Vereinbarungen eingreift.

In dem Vertrag verpflichten sich die Firmen, alle vier Jahre einen Company Environmental Plan (CEP) zu veröffentlichen, in dem dargelegt wird, welche Maßnahmen in den nächsten vier Jahren eingeführt werden sollen, um den Vertrag zu erfüllen. Über die Art der Maßnahmen entscheidet die einzelne Firma. Die politische Autorität, welche für den Erhalt der Umweltlizenz verantwortlich ist, überprüft, ob diese Maßnahmen erfolgreich waren. Ist dies der Fall, werden die Bedingungen der Umweltlizenz verbessert; ist dies nicht der Fall, so werden die Bedingungen für die Lizenz gestrafft. Vor allem finanzpolitische Maßnahmen, wie zum Beispiel Strafen oder erhöhte Gebühren, sollen dafür sorgen, dass die betreffenden Firmen um die Einhaltung der vereinbarten Ziele bemüht sind (vgl. Ministerium für Auslandsbeziehungen der Niederlande).

Abbildung 1:   Relation between environmental agreement and environmental management system

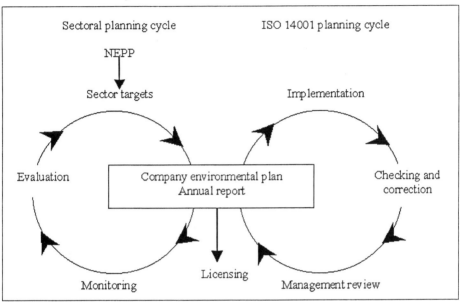

Quelle: vgl. Royal Netherlands Embassy

Welche Bedingungen sollten erfüllt sein, damit es zu einem positiven Abschluss eines IEOs kommt? Es muss ein grundlegendes Fundament einer nationalen Umweltregulation vorhanden sein, welches Zugeständnisse, aber auch negative Sanktionen beinhaltet. Haben beide Parteien, also die Politik und die Industrie, nicht dasselbe grundlegende Verständnis einer auf Dauer angelegten nachhaltigen Entwicklung, rückt ein effektiver Vertragsabschluss in weite Ferne. Auch muss die jeweilige Industrie, bzw. die Firma, ausreichende Kenntnisse in dem Bereich des Umweltmanagements besitzen und auch die Möglichkeit haben, diese Kenntnisse umzusetzen. Die Umsetzung des Vertrages und die erreichten oder nicht erreichten Ziele müssen aufgezeichnet und der Öffentlichkeit zugänglich gemacht werden. Des Weiteren muss die Regierung Mittel und Wege aufzeigen, um der Industrie einen Vertragsabschluss ,schmackhaft' zu machen. Dies kann z.B. durch Subventionen, oder sonstige Vergütungen erreicht werden (vgl. Statistisches Amt der Niederlande: Die Niederlande im Überblick).

Die in Abbildung 1 aufgeführten Kreisläufe schließen den Aspekt des Lernens mit ein, denn bei jeder Evaluation oder Kontrolle fällt Wissen an, welches einerseits durch ,trial and error', andererseits durch den Austausch mit privaten oder staatlichen Forschungsinstitutionen entsteht. In den eigenen Forschungs- und Entwicklungsabteilungen der Betriebe wird Wissen durch Lernen aufbereitet und vertieft.

Das Verursacherprinzip

Die Bevölkerung der Niederlande ist sehr umweltbewusst. Ohne ihre Rückendeckung wäre die Umsetzung der zahlreichen Umweltpläne nur schwer vorstellbar gewesen. Auch im politischen System spiegelt sich die Gesellschaft wieder. Somit kann das politische System Entscheidungen treffen, welche mit der Einstellung der Gesellschaft vereinbar sind. Durch staatliche Regulierungsmöglichkeiten wie Gesetze und Steuern, also dem ‚regulatory-pull', kann die Regierung Vorhaben wie NEPPs leichter umsetzen. Das Interesse einer jeden Regierung ist das Funktionieren ihres Wirtschaftsystems, d.h. dass Investitionen in ein Innovationssystem bzw. in nachhaltige Technologien die internationale Wettbewerbsfähigkeit nicht negativ beeinflussen dürfen.

Im Falle einer nachhaltigen Technologie bzw. eines nachhaltigen Produktes bedeutet dies, es muss mindestens gleich gut sein, wie das Produkt welches bisher keinem ökologischen Standard folgte. „Ökologische Innovationen, also Innovationen, die eine Integration von Ökonomie und Ökologie leisten, sind unter derartigen Umständen nur dann sinnvoll, wenn sie die Wettbewerbsfähigkeit erhöhen (...)". (Blättel-Mink 2001: 10)

Wie wir am Beispiel des IEO gesehen haben, findet in den Niederlanden ein Austausch zwischen staatlichen Instanzen und der Wirtschaft durchaus statt. Durch solche Kooperationen kann davon ausgegangen werden, dass zumindest in gewissem Maße ein Kommunikationsfluss zwischen staatlichen Forschungseinrichtungen und wirtschaftlichen Organisationen gewährleistet wird. Auch lässt sich dadurch die These aufstellen, dass in den Niederlanden durch diesen Effekt ein Aufbrechen der organisatorischen Geschlossenheit der Wirtschaft durch den Staat erfolgen könnte. Unserer Meinung nach wird durch staatliches Eingreifen im Bezug auf die Zusammenarbeit mit wirtschaftlichen Organisationen mindestens ein Teil der Unflexibilität und technologischen Unsicherheit der Wirtschaft eingedämmt.

Nachhaltigkeit ergibt sich aus der Integration von Umwelt-, Wirtschafts- und Sozialverträglichkeit. Durch die Förderung umweltverträglicher Technologien von Seiten des Staates bzw. der durchführenden Provinzen (siehe dezentrale Vorgehensweise) ist Punkt eins gegeben. Er ist hier der so genannte Startpunkt um dessen Einführung man sich bemüht. Gehen wir nun von dem Beispiel einer emissionsreduzierenden Technologie aus, gemäß dem ALARA-Prinzip, kommen wir zur Wirtschaftsverträglichkeit. Wie schon erwähnt kann eine Provinzialregierung die Einführung eines IEO durch Subventionen fördern. Diese Subventionen dienen einem erleichterten Einstieg einer wirtschaftlichen Organisation in ein Vertragsverhältnis. Jedoch fallen die Subventionen nie so hoch aus, dass damit eine Kostendeckung durch eine nicht vorhergesehene negative Entwicklung der Vermarktung eines Produktes auszugleichen wäre.

Ziel eines erfolgreichen Abschlusses ist die Zertifizierung eines Produktes. Dabei spielt die Evaluation bzw. Pre-Evaluation des ‚planning cycle' eine wichtige Rolle (siehe Abbildung 1). Diese ist abhängig von einem fundierten Management, um die fortlaufende Entwicklung abschätzen zu können. Dies kann auf zwei mögliche Arten geschehen: durch den ‚sectoral planning cycle' oder den ISO 14001 ‚planning cycle'. Beim ‚sectoral planning cycle' setzt z.B. der NEPP bestimmte Ziele, die so genannten ‚sector targets', welche vom Management eines Betriebes umgesetzt werden müssen. Es folgt ein System von Aufzeichnung der Entwicklung (Monitoring) und einer anschließenden Bewertung, welche beide in einem Jahresbericht zusammengefasst werden. Im Falle des ISO 14001 planning cycle wird ein vorgegebenes Ziel in die Tat umgesetzt (Implementation). Darauf folgt eine Überprüfung und gegebenenfalls eine Korrektur der Arbeitsprozesse. An der nächsten Stelle findet eine Kontrolle durch das Management statt. Im Gegensatz zum sectoral planning erfolgt erst die Implementation, dann die Kontrolle und eventuelle Verbesserungen. Sei es nun der sectoral planning cycle oder der ISO planning cycle, eine erfolgreiche Umsetzung führt zu einer Lizenzvergabe des jeweiligen Produktes oder der Technologie. Ist das Management der Ansicht, dass ein weiteres Vorgehen eine Gefahr für das Unternehmen sein könnte, kann an der Stelle der Evaluation (sectoral planning cycle) oder des management reviews (ISO 14001) eine andere Strategie bzw. der Abbruch des gesamten Vorhabens stehen. Beide Möglichkeiten fassen ihre Ergebnisse in dem so genannten ‚company environmental plan/annual report' zusammen. Hier besteht für beide Parteien die Möglichkeit, das IEO in seinen Umgebungsvariablen zu ändern oder, wenn nicht unumgänglich, das Vertragsverhältnis zu beenden. Diese Möglichkeit des Ausstiegs aus einem IEO sollte skeptisch betrachtet werden. Kann ein Vorhaben nicht durchgesetzt werden, kann dieses Vorgehen als ‚Notbremse' gesehen werden. Jedoch bietet sich dadurch der Wirtschaft die Möglichkeit sich vorzeitig aus einem Vertrag zurückzuziehen.

Die Aufgabe der Provinzialregierungen in den Niederlanden
Wie bereits erwähnt, greift der Staat nicht direkt in die Verhandlungen mit den Wirtschaftsorganisationen ein, sondern überlässt dies den Provinzialregierungen. An den Provinzialregierungen liegt es dann auch die Wirtschaftsorganisationen zu überzeugen. Wie Blättel-Mink (Theoretischer Rahmen; in diesem Band) verdeutlicht, widerspricht das Ziel der Ressourcenschonung dem wirtschaftlichen Gewinnstreben – zumindest auf den ersten Blick. Ein Unternehmen geht gewisse Risiken ein, bringt es ein neues Produkt auf den Markt oder entwickelt es ein neues Verfahren. Hier kommt wieder der Zwiespalt zwischen ökonomischer und ökologischer Nachhaltigkeit zum Tragen. Jedoch ist das Problem unserer Meinung nach nicht so gravierend wie viele denken. Setzt ein Unternehmen auf ein neues Produkt, sei es nun nachhaltig oder nicht, so ist damit immer ein gewisses Risiko verbunden. Innovationen jeglicher Art sind schon alleine durch ihre Vorreiterrolle nie ungefährlich. Genauso wie ein Unternehmen im Falle einer Basisinnovation vorgeht, muss auch bei einer nachhaltigen Innovation vorgegangen werden. Kann sich eine nachhaltige Innovation oder ein nachhaltiges Produkt auf dem

Markt beweisen, kann es außerdem noch ein Zertifikat vorweisen, welches das Produkt von der Masse abhebt.

Die IEO sind ein Schritt in die richtige Richtung, jedoch müssen auch Dialoge zwischen den Unternehmen selbst entstehen, nicht nur zwischen staatlicher Seite und Unternehmen. Im Falle des Wirtschaftssystems der Niederlande ergibt sich ein weiteres Problem, welches sie mit mehreren Ländern teilen, so zum Beispiel mit Japan. Die Niederlande, genau wie Japan, sind vom Export abhängig (die Niederlande sind der sechstgrößte Exporteur weltweit) und in Zeiten der Globalisierung wird nur selten auf ein nationales Innovationssystem Rücksicht genommen. Hierbei kann den Niederlanden jedoch nicht der ‚schwarze Peter' zugeschoben werden, da es sich um ein globales Problem handelt und auch auf globaler Ebene in Angriff genommen werden muss.

Innovativität, F&E-Ausgaben und Wissenstransfer

Da die Niederlande auf ihrem Staatsgebiet nur wenige natürliche Ressourcen haben, legten sie ihren Schwerpunkt auf die Entwicklung und Anwendung neuen Wissens und fortschrittlicher Technologien. Mehr als 60.000 Wissenschaftler arbeiten in niederländischen Firmen, Universitäten und Forschungsinstituten. Jedes Jahr werden etwa 34 Millionen Euro in die Forschung investiert, die Hälfte davon von Firmen und jeweils ein Viertel davon von Universitäten und Forschungsinstituten. 7% der wissenschaftlichen Publikationen aller EU-Länder und 6% aller EU-Patente stammen von niederländischen Forschern. Etwa 5.000 niederländische Firmen führen ihre eigenen Forschungen durch und entwickeln neue Produkte oder verbessern die Effizienz bei der Produktion. Die fünf größten multinationalen Unternehmen der Niederlande - Philips, Shell, Akzo Nobel, DSM und Unilever - sind führend bei der industriellen Forschung und Entwicklung.

Das Wirtschaftsministerium unterstützt aktiv die Forschungsarbeit der Unternehmen durch unterschiedliche Subventionen, welche allen niederländischen Firmen offen stehen, unabhängig davon welche Nationalität deren Besitzer hat. Außerdem ermutigt es zum Einsatz neuer Technologien in kleinen und mittelgroßen Unternehmen durch ein Netzwerk von 18 Innovationszentren, welche die Firmen bei der Umrüstung beraten und Kontakte zwischen unterschiedlichen Firmen und Forschungsinstituten knüpfen und diese somit zur Zusammenarbeit anregen (vgl. Royal Netherlands Embassy).

Landwirtschaft

Die geringe Größe der Niederlande und ihre hohe Bevölkerungsdichte bedingen eine intensive Landwirtschaft. Diese ist sehr produktiv und exportorientiert. Die Niederlande gehören weltweit zu den drei größten Exporteuren von Agrarprodukten. Die landwirtschaftlichen Aktivitäten konzentrieren sich vor allem auf die Milchviehhaltung und den Gartenbau. Ungefähr 5% der niederländischen Erwerbstätigen arbeiten in der Landwirtschaft und erwirtschaften ca. 3,5% des Bruttoinlandsproduktes. Wie bereits oben erwähnt ist die Landwirtschaft sehr produktiv und somit liegt die Priorität nicht auf einer weiteren Steigerung dieser Produktivität, sondern der Nachdruck liegt im Bereich des Umwelt- und Tierschutzes. Im biologischen Landbau werden so gut wie keine chemisch-synthetischen Pflanzenschutzmittel oder Kunstdünger eingesetzt. Der Umfang des biologischen Landbaus ist in den Niederlanden noch relativ bescheiden, jedoch ist ein gewisser Anstieg zu verzeichnen. Von 1986 bis 1996 wuchs die biologisch bewirtschaftete Fläche jährlich um durchschnittlich 1200 ha (vgl. CIA – The World Factbook 2001).

Forstwirtschaft und Fischerei

Da nur ein sehr geringer Teil der Niederlande bewaldet ist, ist die Holzproduktion nur von geringer Bedeutung und kann vernachlässigt werden. Die Fischerei hingegen besitzt traditionell einen hohen Stellenwert der bis heute anhält, jedoch gehen die Fischbestände der Nordsee infolge der Umweltverschmutzung zurück (vgl. CIA – The World Factbook 2001).

Bergbau und Energie

In den fünfziger und sechziger Jahren wurden in den Niederlanden riesige Erdgasvorkommen entdeckt. Die Ausbeutung wurde rasch vorangetrieben und die Produktion ständig erhöht. Dadurch wurden die Niederlande ein wichtiges Exportland für Erdgas. Durch diese Entwicklung gefördert wurden 1973 die letzten Kohlebergwerke geschlossen. Im Laufe der neunziger Jahre fand im Zuge der Vermeidung von Umweltbelastungen eine Rückbesinnung auf Windenergie statt. Allein 1992 wurden mehr als 630 Hightech-Windmühlen mit einer Kapazität von 144 Millionen Kilowattstunden installiert. Das Produktionsziel für das Jahr 2001 lag bei rund 1000 MW Windenergie, im Jahr 2010 soll das Produktionsziel von 2000 MW erreicht werden. Zum Vergleich, Neuseeland setzte sich ein Ziel von 250 MW. Die Solarenergie spielt im Gegensatz zur Windenergie und Energie aus Biomasse eine untergeordnete Rolle. Es wird jedoch ein stetiges Wachstum bis ins Jahr 2020 erwartet (vgl. CIA – The World Factbook 2001).

Energie/Regulatory Energy Tax (RET)

In den Niederlanden gibt es eine Energiesteuer, welche umweltschädliche Energie mit höheren Steuern belegt. Saubere Energie wie z.B. Energie aus Wasserkraft, Solarenergie, Windenergie oder Energie aus Biomasse ist ‚zero-rated', damit müssen für diese Energieformen keinerlei Steuern bezahlt werden. Um den Ausstoß an industriellen Emissionen, welche erheblich zum Treibhauseffekt beitragen, zu reduzieren, hat die Regierung der Niederlande Übereinkünfte mit der Industrie getroffen. Weiterhin wurden neue Standards, den Energieverbrauch von Haushalten betreffend, eingeführt. Eine Liberalisierung des Strommarktes hatte in den Niederlanden durchgehend positive Effekte zu verzeichnen. Abgesehen davon, dass der Strompreis sank, stellten sich die Anbieter durch die große Konkurrenz auf neue Absatzmöglichkeiten ein. So wurde die ‚grüne'

Energie, welche durch keinerlei Steuern belastet wird, in die Angebote der Stromfirmen aufgenommen und von der Bevölkerung angenommen. Nun kann vermutet werden, ein niedriger Strompreis veranlasse die Konsumenten dazu, nicht sparsam damit umzuge-hen. Diese Entwicklung zeichnet sich in den Niederlanden allerdings noch nicht ab. Die CO_2-Emissionen der Energieproduktion sanken von 1998 bis 1999 um knapp 60%. Der Grund dafür war ein steigender Import von Energie aus den benachbarten Ländern (vgl. Statistisches Amt der Niederlande). Bis zum 2. Weltkrieg war die Industrie unbedeu-tend. Der Schwerindustrie kommt in den Niederlanden viel weniger Bedeutung zu als in den übrigen EU-Ländern. Nach 1945 setzte ein schnelles Wachstum des produzierenden Gewerbes durch die Chemieindustrie und die Elektroindustrie ein (vgl. Vereinte Natio-nen: Agenda 21).

3   Die Umweltproblematik in den Niederlanden

Durch die intensive Nutzung der Landwirtschaft leiden die Niederlande unter erhebli-chen Umweltschäden. Die Überdüngung der Böden führte zu einer starken Belastung des Trinkwassers durch Schwermetalle, Nitrate sowie Phosphate. Auch betrifft die glo-bale Erwärmung die Niederlande, aufgrund ihrer geographischen Lage, besonders (vgl. World Resources Institute).

Dehydration

Viele Gebiete der Niederlande leiden unter der Dehydration des Bodens und unter dem Sinken des Grundwasserspiegels. Durch den gefallenen Grundwasserspiegel wird es für das Pflanzenreich schwierig an das benötigte Wasser zu gelangen. Im Extremfall kön-nen sich hierdurch gesamte Landstriche verändern, auch ändert sich die Zusammenset-zung des Wassers. Dies betrifft nicht nur die Pflanzen- sondern auch die Tierwelt.

Im nächsten Abschnitt gehen wir auf den Trinkwasserversorgungsplan (BDIV) und den Hochwasserschutz ein. Die Hauptbestandteile des BDIV liegen auf der Priorität der Herstellung genügend Trinkwassers von guter Qualität. Dies beinhaltet auch, dass strikte Auflagen für die Trinkwasserherstellung weitergeführt werden müssen. Was die Herstellung und Verteilung des Trinkwassers angeht, müssen die Qualitätssicherung und die Einführung von Umweltmanagementsystemen erzwungen und staatlich kon-trolliert werden; es werden also ordnungspolitische Instrumente verwendet um den Wasserverbrauch (hauptsächlich den der Industrie) zu senken. Durch die Zerstörung und Bebauung von Ökosystemen findet eine Dehydration des Bodens statt. Dies muss durch staatliche Kontrolle vermindert werden. Weiterhin werden die Wasserwerke an-gehalten, statt Grundwasser Oberflächenwasser zu benutzen. Dadurch soll die Aus-trocknung des Bodens um 20% gesenkt werden. Erfolg wird dieses Vorgehen nur dann bringen, wenn es konsequent umgesetzt wird. Aus diesem Grund muss die Industrie in die Planungen miteinbezogen werden. Dies wird mit dem ‚Policy Plan for Domestic and

Industrial Water Supply' versucht, mit dem, wie oben erwähnt, Wasserwerke und sonstige Großverbraucher angesprochen werden.

Ein weiteres Gebiet ist der Hochwasserschutz. In dem vierten Bericht zum Wasserhaushalt (‚Vierde Nota Waterhuishouding') lautet eine der Hauptzielsetzungen: „Ein sicheres und bewohnbares Land jetzt und in Zukunft sowie die Instandhaltung und Stärkung gesunder und flexibler Wassersysteme, mit denen eine nachhaltige Nutzung gewährleistet ist" (vgl. National Institute of Public Health and the Environment (RIVM). Ende des Jahres 2000 wurde der ‚Deltaplan Grote Rivieren' abgeschlossen. Damit entsprechen die primären Wasserschutzvorkehrungen den vorgeschriebenen Schutzniveaus.

Um jedoch die Sicherheit auf Dauer zu gewährleisten und Schäden infolge von Überschwemmungen oder Austrocknung vorzubeugen, sind technische Mittel allein nicht genug. Die Gefahren durch Überschwemmungen konnten durch die Verlagerung von Deichen eingegrenzt werden. Nun muss dem Wasser neuer Raum gegeben werden und ebenfalls wichtig wird eine flexible Küstenzone sein, denn es werden durch die globale Erwärmung und die dadurch folgenden Klimaveränderungen zunehmende Niederschläge und der Anstieg des Meeresspiegels erwartet. Es wird zwar z.B. durch den Trinkwasserversorgungsplan versucht die Austrocknung des Bodens zu mindern, jedoch wird sich auch in Zukunft der Boden durch Austrocknung weiter senken. Das Ministerium für Wasserwirtschaft plädiert für mehr Raum für Flüsse. Bei großen Flüssen soll die benötigte neue Fläche durch Erweiterung und Austiefung des Winterbettes oder der Flußauen erreicht werden. Eventuell könnte auch eine Rückverlegung der Deiche in Frage kommen.

Eine weitere Möglichkeit die innerhalb des Problembereichs ‚Deiche' umgesetzt werden könnte, ist das Anlegen von so genannten ‚grünen Flüssen'. Damit sind Gebiete gemeint, die wenn benötigt, als Speicherbecken dienen können. Ein weiteres Element dieses Konzeptes ist schließlich die Deicherhöhung. Diese verhindert vielleicht Überschwemmungen, bekämpft jedoch nicht deren Ursache. Das Thema Wasser im Rahmen der Raumordnung wird unter anderem im Fünften Bericht über die Raumordnung (‚Vijfde Nota Ruimtelijke Ordening') konkretisiert und ausgearbeitet.

Das Problem der Umweltverschmutzung hat in den Niederlanden inzwischen bedenkliche Ausmaße angenommen. Faktoren, die dazu beigetragen haben sind unter anderem die hohe Bevölkerungsdichte, die starke Industrialisierung, die Zunahme des Autoverkehrs und eine bis vor kurzem stattfindende Intensivierung von Landwirtschaft und Gartenbau (vgl. Royal Netherlands Embassy; Ministerium für Verkehr, Wasserwirtschaft und öffentliche Arbeiten der Niederlande).

Luftverschmutzung durch Fahrzeuge und Raffinerien

Die Niederlande müssen durch den hohen Transitverkehr mit überdurchschnittlich hohen Belastungen der Luft zurechtkommen. Jährlich werden fast 25 Mrd. km in öffentlichen Verkehrsmitteln und 89 Mrd. km in Pkws zurückgelegt. Der Hochgeschwindigkeitszug HSR soll den Transitverkehr von Pkws von der Straße auf die Schiene verlegen, wobei die Luftverschmutzung drastisch gesenkt werden soll. Ein weiterer Lösungsversuch ist die so genannte Erreichbarkeitsoffensive. Da der Wohlstand und die Wirtschaft in den Niederlanden wachsen, wächst auch die Mobilität von Waren und Personen. Das Ministerium für Verkehr, Wasserwirtschaft und öffentliche Arbeiten versucht in Zusammenarbeit mit anderen Behörden und Marktparteien effektive Maßnahmen zu treffen, um die Verkehrsstauproblematik zu lösen. Da durch den stärker werdenden Verkehr die Infrastruktur leidet, wurden im Haushaltsplan neue Gelder zur Lösung des Problems bereitgestellt. Für die Erreichbarkeitsoffensive der Region Randstad wird bis 2010 ein Betrag von 10 Mrd. Gulden zur Verfügung gestellt.

Das Besondere an dieser Erreichbarkeitsoffensive ist, dass sie nicht nur vom Staat ausgeht, sondern mehrere ‚Träger' zusammenfasst. Die einzelnen Regionen sowie private Parteien leisten ebenfalls einen Beitrag. Der Kern dieser Erreichbarkeitsoffensive ist die Bildung regionaler Mobilitätsfonds, mit denen die vier Großstädte eine eigene Verkehrs- und Transportpolitik betreiben können. Hierbei wäre die genaue Kostenverteilung auf die verschiedenen Träger von Interesse, zum Beispiel mit wie viel Gulden sich die Privatwirtschaft an diesem Projekt beteiligt.

Im Jahr 2002 wurde im Zuge der Erreichbarkeitsoffensive ein Versuch gestartet, bei dem an elf Stellen an Autobahnen in der Umgebung der vier Großstädte Stoßzeitgebühren erhoben werden. Auf diesem Wege wird zwar nicht der Straßenverkehr an sich reduziert, jedoch soll eine bessere Verteilung des Verkehres erreicht werden.

Es gibt noch weitere Elemente dieser Erreichbarkeitsoffensive. So laufen derzeit Versuche mit gebührenpflichtigen Fahrspuren und mautpflichtigen Straßen. Weiterhin wird im Zusammenhang der Offensive die öffentlich-private Zusammenarbeit stärker betont und Maßnahmen auf dem Gebiet der Standortpolitik, der Parkpolitik, der Politik für den Fahrradverkehr und des Transportmanagements diskutiert. Im derzeitigen Jahresprogramm für Infrastruktur und Transport (MIT) ist ein umfassendes Investitionsprogramm für den ÖPNV enthalten. Hierfür wurde ein Betrag von 1,8 Mrd. Gulden reserviert. Ein Impuls ist die Realisierung einer schnellen Zugverbindung zwischen den vier Großstädten. Jedoch sind noch keine praktischen Maßnahmen getroffen worden.

In dem Gesetzentwurf ‚Erreichbarkeit und Mobilität' wurden allgemeine Regeln für die Anwendung von Stoßzeitgebühren, Mautgebühren und pay-lane-Tarifen formuliert. Die Erträge sollen für den Bau und die Reparatur von Straßen verwendet werden. Parallel dazu wird eine Differenzierung der PKW-Kosten vorbereitet. So soll im Jahre 2010 letztendlich ein Zahlungssystem nach Kilometern für Pkws eingeführt werden. Wer mehr fährt, muss demnach auch mehr zahlen. Nach unserem Ermessen handelt es sich bei diesen Programmen in erster Linie um Versuche den Verkehr zu regulieren und einen besseren Verkehrsfluss zu ermöglichen. Erst wenn eine Verlagerung des Güterverkehrs von der Straße auf die Schiene stattfindet, können wir uns einen positiven Effekt für die Umwelt vorstellen. Mit der High-Speed-Rail ist damit ein Anfang für den privaten Pendelverkehr gesetzt, eine adäquate Lösung für den Güterverkehr ist uns zur Zeit noch nicht bekannt.

Mit der Schaffung von Naturparks und Naturschutzgebieten sollen so viele Teile der natürlichen Umwelt wie möglich erhalten bleiben. Aus diesem Grund kauft der Staat wertvolle, naturnahe Flächen an und gewährt privaten Naturschutzorganisationen finanzielle Unterstützung, damit auch diese die Chance zum Ankauf schutzwürdiger Flächen haben. Ziel der Regierung ist es, bis in das Jahr 2018 die Fläche der Naturschutzgebiete auf 700 000 ha zu erweitern. Bis heute gibt es in den Niederlanden elf Nationalparks. Das Land beteiligt sich auch an den Bemühungen, die Wasserqualität des Rheins zu verbessern (vgl. National Institute of Public Health and the Environment (RIVM)).

Die Einbindung der Öffentlichkeit in eine nachhaltige Vorgehensweise

Die niederländische Regierung hat mit Kampagnen und Werbung in Fernsehen und Radio dazu beigetragen, bei der Bevölkerung das Interesse für einen nachhaltigen Umgang mit der Umwelt zu wecken. Seit dem ersten NEPP wurden Bildungsprogramme für die Konsumenten etabliert. Während der Phase des zweiten NEPP entwickelte sich ein Diskurs zwischen der Bevölkerung und der Regierung. Viele Städte diskutierten die Umwelt und die nachhaltige Entwicklung betreffende Themen innerhalb der Agenda 21.

In den Niederlanden gibt es zahlreiche Forschungsprogramme, welche innovative Technologien untersuchen und sich um den Austausch von Wissen um nachhaltige Entwicklung bemühen. Beispiele hierfür sind die Programme ,Ökonomie, Ökologie und Technologie', ,Umwelt und Technologie', DTO/KOV (knowledge exchange and anchoring) und das Forschungsprogramm ICES/KIS für nachhaltige Ökonomie. Weiterhin arbeitet die Regierung mit einigen Instituten zusammen, welche auf diesem Gebiet Nachforschungen anstellen. Als Beispiel können hier das RIVM, NOVEM und das ECN Institut genannt werden. So soll eine Zusammenarbeit zwischen Politik und Wissenschaft auf einem hohen Niveau gewährleistet werden (vgl. National Institute of Public Health and the Environment (RIVM)).

4 Akteure des ökologischen / nachhaltigen Innovationssystems

Umweltpolitik wird in den Niederlanden nicht allein von der staatlichen Administration gemacht, sondern ist eine kombinierte Leistung zwischen staatlichen Institutionen und gesellschaftlichen Organisationen auf der Basis von geteilten Verantwortlichkeiten. Wichtige Akteure dabei sind Forschungs- und Bildungseinrichtungen, Umweltschutzorganisationen, der Wirtschaftssektor, Arbeitnehmerorganisationen, Gewerkschaften, Konsumentengruppen und andere Interessengruppen.

Die Staatsorgane umfassen die Regierungen auf nationaler, regionaler und lokaler Ebene. In den Niederlanden wurden sehr viele Kompetenzen in der Umweltpolitik von der Zentralregierung auf die regionale und die lokale Ebene übertragen unter genau definierten Richtlinien. Alle vier Jahre muss jede Provinz einen Umweltplan vorlegen, der den Nationalen Umweltplan in Beziehung zu den provinzialen Problemen setzt und Missstände und Umweltprobleme in der Provinz aufzeigt. Jede Provinz besteht aus mehreren lokalen Gebieten. In den Niederlanden gibt es 548 dieser Gebiete (Stand Januar 1998), welche jeweils von einem lokalen Parlament verwaltet werden. Die Lokalregierung besteht aus zwei Abgeordneten. Diese lokalen Gebiete spielen eine große Rolle bei der Vergabe von Umweltlizenzen und bei der Kontrolle und Sanktionierung bei der Nichteinhaltung lokaler, regionaler oder nationaler Richtlinien. Auch die Säuberung von verschmutzten Gebieten gehört zu ihren Aufgaben. Sie stellen keinen eigenen Umweltplan auf, sondern legen höchstens eine Planungsaufstellung über die Aktivitäten der nächsten zwölf Monate vor.

Beispielhaft für diesen Trend ist das Projekt ‚Stadt und Umwelt', die Beachtung regionaler Besonderheiten bei der Umweltpolitik und die gemeinsame Planung mit den Regionen und den Städten. Vor allem an den lokalen Regierungen liegt es, die Einhaltung von gemeinschaftlich beschlossenen Normen zu kontrollieren und gegebenenfalls Verstöße an die Zentralregierung zu melden.

Dadurch entsteht ein Wechselspiel zwischen den Ebenen. Die Zentralregierung stellt den Provinzen und Städten Geld zur Verfügung um Umweltprobleme zu lösen, diese nutzen diese finanziellen Mittel für Umweltmaßnahmen. Die Lokalregierung hat vor allem die Aufgabe die allgemeine Öffentlichkeit für die Umweltarbeit zu sensibilisieren und daran zu beteiligen. Außerdem trifft sie Absprachen mit der lokalen Industrie und Landwirtschaft, um umweltgerechte Praktiken und Technologien zu fördern. Man könnte hier von einem System der Hilfe zur Selbsthilfe sprechen.

Die allgemeine Öffentlichkeit ist die Basis für die Unterstützung der Regierung bei der Umweltpolitik und verleiht ihr Legitimation. Außerdem ist die Öffentlichkeit die Gruppe der Verbraucher, die für umweltgerechte Produkte gewonnen werden und zu umweltgerechten Verhalten, wie zum Beispiel bei der Müllentsorgung, motiviert werden soll. Seit dem ersten nationalen Umweltplan (NEPP 1) legt die Niederländische Regierung sehr viel Wert auf Informationsveranstaltungen, Wissenstransfers und Umwelterziehung bei der Bevölkerung. Dies war vor allem wichtig, um die Öffentlichkeit davon zu überzeugen, dass man eine saubere Umwelt nur erreichen kann, wenn jeder einzelne seinen speziellen Beitrag zum Erreichen des Gesamtziels beisteuert.

Auf der gesellschaftlichen Seite unterscheidet man folgende Akteure: Forschung; Bildung; Umweltorganisationen; Wirtschafts- und Arbeitnehmerorganisationen und Gewerkschaften; Konsumentengruppen. (vgl. Royal Netherlands Embassy)

Forschung

Das National Institute of Public Health and Environment (RIVM) führt Forschungsprojekte für die Regierung durch. 1998 stand ihm ein Budget von 75 Millionen NLG zur Verfügung. Jedes Jahr bringt das RIVM ein Blatt heraus, welches die Resultate der Umweltpolitik aufzeigt und alle vier Jahre wird eine Umweltuntersuchung durchgeführt. Unabhängig vom RIVM sind viele andere Forschungseinrichtungen und Universitäten im Bereich Umweltforschung tätig. Diese Forschung findet sowohl im Bereich Naturwissenschaften und Sozialwissenschaften, als auch im administrativen und Gesetzesbereich statt.

Bildung

Innerhalb und außerhalb des Schulsystems finden umfassende Bildungsprogramme bezogen auf Umweltbewusstsein und umweltgerechtes Handeln statt, um die Ziele der Umweltpolitik durch die Beiträge jedes einzelnen Bürgers zu erreichen. Konkrete Aktivitäten werden vor allem im lokalen Bereich durchgeführt, wo lokale Gruppen und Umweltorganisationen diese Programme initiieren. Die provinzialen Regierungen unterstützen diese Aktivitäten.

Umweltorganisationen

In den Niederlanden gibt es einige einflussreiche Umweltgruppen. Diese veranlassen Initiativen, kommentieren die staatliche Umweltpolitik, mobilisieren die Öffentlichkeit und weisen auf die Verantwortlichkeit von Individuen, Gruppen und Wirtschaft für den Umweltschutz hin. Die wichtigsten Gruppen in den Niederlanden sind die Milieudefensie (the Dutch Branch of Friends of the Earth), die Netherlands Society for Nature and Environment, Greenpeace, die Society for the Preservation of Nature in the Netherlands und die Dutch Branch of the World Wide Fund for Nature.

Wirtschafts- und Arbeitnehmerorganisationen, Gewerkschaften

Die meisten Firmen in den Niederlanden sind Mitglied einer Handelsorganisation. Diese werden in die nationale Umweltpolitik miteinbezogen. Auch die Gewerkschaften sind wichtige Verhandlungspartner bei der nationalen Umweltpolitik, da die Arbeitnehmer meistens die wichtigsten Elemente bei der Implementierung von Umwelttechnologien sind bzw. das beschlossene umweltgerechte Handeln in die Tat umsetzen.

Konsumentengruppen

Diese Gruppen sind sehr wichtig, da deren umweltgerechtes Verhalten durch den Konsum von umweltverträglichen Produkten als Erfolg der Umweltpolitik gesehen wird. Deshalb gelten sie als wichtige Verhandlungspartner und vor allem die Consumers' Association wird als wichtige Gruppe in die Umweltplanung involviert.

Die Zielgruppen

Sehr wichtig für die Umweltpolitik der Niederlande ist die Bestimmung der Zielgruppen, welche für bestimmte Umweltprobleme verantwortlich sind. Diese sollen ihre Handlungsweisen im Hinblick auf das Ziel einer nachhaltigen Umweltpolitik ändern und ihren Beitrag zur Entfernung von Verschmutzungen, welche direkt auf sie zurückzuführen sind, leisten (Verursacherprinzip). Es werden in den Niederlanden acht unterschiedliche Zielgruppen unterschieden: Die Landwirtschaft, das Verkehrs- und Transportwesen, die Industrie und Raffinerien, die Energiekonzerne, das Baugewerbe, die Verbraucher, die Müllverarbeitungsbetriebe und die Akteure im Wassersystem. Für alle wurden in den NEPP-Verträgen konkrete Handlungsrichtlinien erarbeitet, wobei zuerst die Verantwortlichkeiten für bestimmte Umweltprobleme geklärt wurden. Die Staatsorgane bestimmen dann zusammen mit den einzelnen Zielgruppen die angestrebten Ziele, diese arbeiten dann selbständig unter der Kontrolle der Regierung darauf hin (vgl. Royal Netherlands Embassy).

Umweltplanung in den Niederlanden

International gesehen wird die Umweltpolitik der Niederlande oft als Beispiel oder sogar als Vorbild herangezogen. Dabei spielt der Umweltplan (National Miliebeleidsplan) eine zentrale Rolle für die Politik. Es wurden quantitative Ziele für eine Reihe von Umweltthemen festgesetzt, die zur praktischen Umsetzung in erforderliche Beiträge der Zielgruppen aufgeschlüsselt werden (siehe unten). Daraus ergeben sich zwei wichtige Betrachtungsweisen. Zum einen werden Umweltprobleme wie zum Beispiel Klimaschutz, Versäuerung des Bodens oder Bodenschutz an sich untersucht, zum anderen müssen auch die relevanten Zielgruppen bestimmt werden. Integrale Umweltpläne gab es in den Niederlanden schon in den achtziger Jahren für die ‚Medien' Luft, Wasser und Boden. Diese wurden von Umweltminister Winsemius als Antwort auf die Ineffektivität der medialen Umweltpolitik der siebziger Jahre entwickelt. Dieser Zielgruppenpolitik ging eine klare Operationalisierung der Ziele voran um strukturierte Verhandlungen mit den Zielgruppen über deren Umsetzung zu ermöglichen (vgl. Man 1997).[1]

Die Lokale Agenda 21 in den Niederlanden

Die Gemeinden in den Niederlanden beschäftigen sich in ihrer Umweltpolitik ebenfalls mit der lokalen Agenda 21. Innerhalb der NEPPs werden die Gemeinden als einer der Hauptakteure, jedoch nicht als die treibende Kraft angesehen. Die Ziele, welche auf der kommunalen Ebene erreicht werden sollen, sind in dem so genannten ‚Zentralplan zur Umsetzung des Nationalen Umweltplans niedergeschrieben. Trotz der Erstellung eines Förderprogramms zur Umsetzung des zweiten NEPPs schritt die Umsetzung der lokalen Agenda 21 jedoch nur langsam voran. Die Gründe hiefür sind darin zu sehen, dass die Gemeinden aus einer Liste umweltpolitischer Maßnahmen die Erstellung einer lokalen Agenda wählen konnten. Erst durch die Einführung der ‚Lenkungsgruppe Lokale Agenda 21' erhielt die Agenda neue Impulse für ihre Umsetzung. Mitglieder dieser Lenkungsgruppe sind Vertreter von Verbänden. Hierzu gehören z.B. Umwelt-, Entwicklungs- und Gesundheitsorganisationen, aber auch Jugendgruppen. Ebenso gehören der Niederländische Kommunalverband und das Ministerium für Bauen und Umwelt zu

---

1 Zur niederländischen Umweltplanung siehe auch Abbildung 2 im Anhang.

den Vertretern. Anzumerken ist, dass die Steuerfunktionen der Lenkungsgruppe inzwischen abgenommen haben.

Im Jahre 1996 wurde das Praktijkboek LA 21 veröffentlicht, ein Handbuch mit Beispielen lokaler Agenda Prozesse in den Niederlanden. Dieses Handbuch kann als Leitfaden für Kommunen angesehen werden, welche sich über eine eigene Vorgehensweise noch nicht im Klaren sind und eine Hilfestellung benötigen. 1993 kam das Niederländische Parlament zu dem Schluss, dass die meisten Ziele der Agenda 21 in den NEPPs bereits integriert waren, und einige Neuerungen, die sich aus der Agenda 21 ergaben, noch in die NEPPs mit aufgenommen werden konnten. Aus diesem Grund wurde auf eine nationale Umsetzung der Agenda 21 verzichtet. Es kann aber behauptet werden, dass die Agenda 21 die Umsetzung des NEPP auf kommunaler Ebene darstellt.

Für die Umsetzung der Lokalen Agenda 21 wurde von der Nationalen Kommission für Internationale Zusammenarbeit und Nachhaltige Entwicklung ein konkretes Ziel gesetzt. Bis ins Jahr 2002 sollten möglichst alle niederländischen Gemeinden eine Lokale Agenda 21 aufgestellt haben. Die wichtige Rolle der Agenda 21 kann kaum bezweifelt werden, jedoch waren im Jahr 1998 erst ca. 25% der Gemeinden mit einer Umsetzung der Agenda beschäftigt. Die Nationale Kommission, welche mit Ministerien, Verbänden, Unternehmen und lokalen Verwaltungen zusammenarbeitet, hat auch aus diesem Grund die Aufgabe, das Engagement für eine Lokale Agenda 21 zu fördern. Ein Ziel, welches die Lokale Agenda 21 erreicht hat, ist die verbesserte Kommunikation hauptsächlich auf kommunaler Ebene, aber auch auf regionaler Ebene. Der Dialog zwischen Verwaltung und lokalen Interessengruppen sowie der Dialog zwischen der Bevölkerung und der Verwaltung wurde verbessert und damit eine qualitative Verbesserung der Umweltbildung erreicht.

1998 wurde das Förderprogramm für eine lokale Agenda eingestellt. Damit ist ein wichtiger Anreiz für die Kommunen verschwunden, denn nur eine Kommune mit konkreten Maßnahmen und Projekten konnte auch Fördermittel erhalten. Inwieweit dieser Verlust sich negativ auf die Umsetzung der Agenda 21 ausgewirkt hat, ist uns nicht bekannt. Als Ersatz für dieses nun weggefallene Förderprogramm stehen zurzeit Mittel aus dem Fonds ‚Lokale Agenda 21' zur Verfügung. Dieser Fonds wird von dem Ministerium für Bauen und Umwelt und der Nationalen Kommission für Internationale Zusammenarbeit und nachhaltige Entwicklung bereitgestellt. Diese Förderung muss beantragt werden und steht Gruppen, Personen und Organisationen zur Verfügung, welche eine Lokale Agenda 21 initiieren wollen.

Der erste ‚National Environmental Policy Plan' (NEPP 1)

Dass die bisherige Umweltplanung und Ausführung nicht mehr ausreichend war, zeigte das staatliche Umweltinstitut der Niederlande mit einer Studie namens ‚Zoorgen vool Morgen'. Dies war die Basis für den ersten Umweltplan 1989 (NEPP 1), der die Notwendigkeit einer Trendwende sehr deutlich aufzeigte. Anstatt den klassischen Ansatz zu wählen, wie zum Beispiel die Kontrolle der Emissionen in Luft, Erde und Wasser, wurden die Quellen der Verschmutzung aufgespürt (Industrie, Landwirtschaft, Transport) und zusammen mit allen beteiligten Akteuren, den Zielgruppen, nach geeigneten Lösungen gesucht (vgl. Man 1997).

Dabei werden die Umweltthemen in neun Kategorien unterteilt:

- Klima-Wandel (Globale Erwärmung, Ozonschicht)
- Versäuerung von Boden, Oberfächenwasser und Gebäuden durch sauren Regen
- Verschmutzung des Grundwassers
- Unkontrollierte Verstreuung von giftigen und gefährlichen Substanzen
- Landverseuchung
- Reduktion des Mülls (Müllprävention, Recycling und Wiedergebrauch)
- Luftverschmutzung und Lärmbelästigung
- Schutz des Trinkwassers
- Regenerative Energiequellen

Diese neun Kategorien wurden operationalisiert und man definierte Ziele für die Reduzierung von Schadstoffen und die Erreichung bestimmter Zustände. Hierfür wurden Prognosen aufgestellt und Zeiträume berechnet, in denen die Ziele erreicht werden können. Die Verantwortung für das Erreichen dieser Ziele wurde dann auf bestimmte Zielgruppen, die für die Verschmutzung verantwortlich gemacht wurden, übertragen. Durch die Integration aller gesellschaftlichen Gruppen in die Umweltpolitik und die Sensibilisierung für das Thema, sollte sich jeder Einzelne betroffen fühlen da seine Handlungen eine wichtige Rolle für das Gesamtprojekt spielen (vgl. Royal Netherlands Embassy).

Es wurden folgende Ziele gesetzt:

1. Die CO_2-Emissionen müssen um 80% verringert werden.
2. Einträge von Stickstoff- und Phosphorverbindungen müssen um 70 bis 90% reduziert werden.

Durch die großen Umweltprobleme, die der erste Umweltplan an den Tag brachte, war die Aufmerksamkeit der Politik und der Öffentlichkeit sehr groß, und der Ministerpräsident setzte sich persönlich für das Zustandekommen eines neuen Umweltplanes ein, in dem die neuen Ziele festgelegt werden sollten. Man entschloss sich, die theoretischen Ziele auf das Machbare zu begrenzen. Die ursprünglichen Ziele mussten nach Verhandlungen mit dem Umweltministerium erheblich abgeschwächt werden. Im Bereich des CO_2-Ausstoßes wurde anstatt der Verminderung nur eine Stabilisierung der CO_2-Werte auf damaligem Stand festgelegt. Vorhergehende, pauschale Emissionsziele wurden in zielgruppenspezifische Ziele übersetzt und bildeten die Basis für direkte Verhandlungen zwischen dem Staat und den Zielgruppen. Es folgten Vereinbarungen mit z.B. der chemischen Industrie und der Metallindustrie (vgl. Man 1997).

Somit handeln die Niederlande in der Umweltpolitik sehr korporatistisch, da man über Gespräche und Verhandlungen aller beteiligten Akteure zu Kompromissen und Lösungen kommen will. Diese Verhandlungslogik legitimiert die Umweltpolitik. Wichtig für die Implementation der Ziele ist auch die Betonung der lokalspezifischen Umsetzung, da bestimmte Probleme auf den verschiedenen lokalen Ebenen unterschiedlich stark ausgeprägt sind. Vertikal sollte es auch Absprachen zwischen den einzelnen Akteursgruppen geben (z.B. zwischen der Metallindustrie und der chemischen Industrie). Weitergehend hat man auch erkannt, dass effektiver Umweltschutz nur auf internationaler Basis möglich ist. Deshalb müssen Absprachen und Abkommen mit anderen Ländern getroffen werden.

Wichtige Inhalte für die Politik sind nach NEPP das ‚integrated life cycle management', d.h. man sollte Emissionen in allen Stufen des Produktionsprozesses von Produkten vermeiden. Auch wird die Notwendigkeit einer effizienteren Nutzung von Energie betont und es werden Vorschläge für regenerative Energiequellen gemacht. Als wichtiger Punkt wurde auch in NEPP 1 besonders gefordert, dass die bestehende Produktqualität erhalten bleibt, um wettbewerbsfähig zu bleiben, die Umwelt aber trotzdem geringer belastet werden soll (vgl. Royal Netherlands Embassy).

Der erste NEPP war somit ein Strategieplan mit operativen Elementen, d.h. konkrete Handlungsanweisungen wurden gleich in dem Plan festgehalten. Politische, soziale, ökonomische und umweltspezifische Veränderungen machten jedoch eine Überarbeitung notwendig. Eine vierjährliche Erneuerung und Überarbeitung war geplant (‚back casting') und wurde bis heute auch konsequent durchgeführt. Dadurch wollte man Umwelttrends berücksichtigen und Handlungsdefizite aufspüren um die Implementation zu verbessern.

Die Ausführung und die Auswirkungen werden streng vom nationalen Forschungsinstitut (National Institute of Public Health and Environmental Protection) überwacht. Dieses wissenschaftliche Institut stellt Prognosen auf und weist auf Defizite in der Umweltpolitik und der Organisation hin. Die Kritik und die Anregungen, die hierdurch entstanden, wurden in den weiteren NEPPs berücksichtigt. Des Weiteren erkannte man auch, dass bestimmte Ziele, wie z.B. die Reduktion von CO_2 um 80%, utopisch sind und man schraubte die Werte deshalb nach unten oder strebt zumindest ein Gleichbleiben der Werte mehr an (‚standstill-principle') (vgl. Royal Netherlands Embassy).

Weiterentwicklung der Umweltpolitik bis NEPP 3

1993 wurde NEPP 2 verabschiedet. Dieser war hauptsächlich eine Modifikation von NEPP 1, bei dem auf bisherige Defizite in der Planung und Ausführung eingegangen wurde. Es wurde versucht, vergangene Fehler zu korrigieren und die aktuelle Entwicklung zu berücksichtigen. Man wollte vor allem die Implementation durch eine Vergrößerung und Verbesserung der Instrumente stärken. Auch die Qualität und Effizienz bei gleichzeitiger Nutzung von mehreren Instrumenten wurde durch eine genauere Durchleuchtung der Wechselwirkungen verbessert. Eine höhere Effektivität in der Umweltpolitik versprach man sich auch durch eine größere Kooperation und eine Integration der einzelnen Zielgruppen. Es wurden zusätzliche Maßstäbe aufgenommen und es wurde erkannt, dass viele Probleme nicht allein von der Politik erfasst werden können. Dem Hinarbeiten auf regenerative Technologien und der Einschränkung der Ressourcenverschwendung wurde eine größere Bedeutung zugemessen, als es bei NEPP 1 der Fall war. NEPP 2 enthält auch mehr konkrete Handlungsanweisungen um das Verbraucherverhalten im Hinblick auf die zunehmende Umweltbelastung zu verbessern.

Damit folgt NEPP 2 vor allem zwei wichtigen Prinzipien. Man wollte die internationale Zusammenarbeit verbessern und auch andere Länder zum Umweltschutz animieren, da das Umweltproblem nur durch eine globale Sichtweise gelöst werden kann. Dabei sollte die Wettbewerbsfähigkeit der niederländischen Wirtschaft aber erhalten bleiben.

Im Jahr 1997 wurden die Punkte von NEPP 2 im dritten NEPP noch einmal überarbeitet. NEPP 3 stellt aber nur eine Zuspitzung dessen dar, was schon in NEPP 1 und NEPP 2 erwähnt wurde. Wieder wurde vor allem die internationale Zusammenarbeit, insbesondere auch im Bereich der EU, betont. Auch wurde ein Blick in die Zukunft gewagt, um die Entwicklung zukünftiger regenerativer Technologien, die in den nächsten zehn Jahren weiter voran getrieben werden soll, zu forcieren. Im Januar 2001 trat dann NEPP 4 in Kraft, zu dem zum Zeitpunkt dieser Studie leider noch keine Daten vorlagen (vgl. Royal Netherlands Embassy).

In der Umweltpolitik versucht man sich in den Niederlanden nicht auf die klassischen Umweltthemen wie Verschmutzungen im Boden, im Wasser und in der Luft zu konzentrieren, sondern man unterteilt sie in Umweltthemen, für die unterschiedliche Vereinbarungen getroffen werden. Dabei wird viel Wert darauf gelegt, möglichst viele Befugnisse auf vorher bestimmte Zielgruppen zu legen. Bei der Entscheidungsfindung ist auch die Lokalpolitik sehr wichtig. Dies erlaubt eine viel spezifischere Herangehensweise an die einzelnen Umweltprobleme, da diese regional und lokal unterschiedlich ausgeprägt sind. Diese Unterschiede werden in der Umweltpolitik berücksichtigt und den einzelnen Regionen werden finanzielle Mittel zur Verfügung gestellt um die regionalen und lokalen Probleme zu lösen. Es werden von der Regierung Vorgaben gemacht, welche die Lokalpolitiker dann z.B. mit der ansässigen Industrie aushandeln und überwachen (vgl. Royal Netherlands Embassy).

Internationale Umweltpolitik in den Niederlanden

Die Niederlande haben erkannt, dass für viele Umweltthemen nur eine Lösung durch Kooperation mit anderen Ländern gefunden werden kann. Der Klimawandel oder der Treibhauseffekt sind globale Probleme. Man will andere Länder dazu animieren, die Umwelt in einem guten Zustand der Nachwelt zu hinterlassen. Ein Land allein kann durch den notwendigen Richtungswandel höchstens die nationalen Probleme lösen, deshalb ist eine EU-weite oder sogar globale Umweltpolitik dringend nötig. Diese Tatsache wurde auch in den NEPPs immer deutlicher erwähnt. Dabei soll aber auch die nationale Wirtschaft wettbewerbsfähig bleiben.

Aus diesem Grund wurden viele Absprachen vor allem mit europäischen Ländern gemacht. Ein Standpunkt, den die Niederlande vertreten, ist, dass EU-Direktiven, die gemeinsam beschlossen wurden, in das nationale Recht der einzelnen Länder einfließen sollen. Somit binden sich alle beteiligten Staaten an das Recht und man kann zusammen aktiv an einer besseren Umwelt arbeiten.

Die Niederlande setzen sich vor allem für acht Umweltthemen aktiv in der europäischen Planung ein und vertreten folgende Standpunkte:

- Klima- und Energiepolitik
Hier setzen sich die Niederlande vor allem für die Vereinbarungen ein, die in Kyoto getroffen wurden. Als besonders wichtig betrachten sie die Entwicklung von sauberen und erneuerbaren Technologien.

- Versäuerung
Hier versuchen die Niederlande vor allem eine EU-Strategie zu entwickeln, welche die Emission von SO_2, NOx, NH_3 und VOC regelt. Außerdem sollen strengere Richtlinien für EU-Fahrzeuge festgesetzt werden, vor allem den Ausstoß von SO_2 und NOx betreffend.

- Artenvielfalt und Wälder
Hier wollen die Niederlande vor allem analysieren, welche Effekte zum Waldsterben oder zum Aussterben von Tierarten führen, um Möglichkeiten aufzuzeigen, dies zu vermeiden. Verträge zur nachhaltigen Entwicklung und zur Sicherung der Artenvielfalt wurden mit Benin, Bhutan und Costa Rica unterzeichnet.

- Die Umwelt und die internationale Wirtschaft
Hier vertreten die Niederlande vor allem den Standpunkt, saubere und erneuerbare Technologien zu entwickeln und anderen Ländern zur Verfügung zu stellen. Außerdem wird angestrebt, die Produktherstellung und -entwicklung nicht mehr landesspezifisch, sondern im Rahmen der EU erfolgen zu lassen. Auch finanzielle Instrumente wie z.B. Öko-Abgaben sollten in der EU mehr zum Tragen kommen.

- Gefährliche Substanzen
Die Niederlande arbeiten hier an einer internationalen Strategie innerhalb von 10 bis 20 Jahren die Emission und Verwendung für die Umwelt gefährlicher Substanzen komplett zu verbieten und an einem Programm zur umweltgerechten Vernichtung ehemaliger Vorräte.

- Weltweite Vorräte an Trinkwasser
Hier vertreten die Niederlande in Übereinstimmung mit der EU den Standpunkt, dass alle Menschen spätestens in zehn Jahren Zugang zu sicherem Trinkwasser erhalten sol-

len. Dies kann durch einen sorgsamen Umgang mit den weltweiten Trinkwasserressourcen (Oberflächen- und Grundwasser) im Sinne einer nachhaltigen Entwicklung erreicht werden. Außerdem erklären sich die Niederlande bereit technisches Know-how und finanzielle Mittel für das Trinkwasser-Management in anderen Ländern bereitzustellen.

• Agenda 2000 und zukünftige europäische Umweltpolitik
Kontakte und Vereinbarungen mit Ländern, die der EU später beitreten wollen, sollen schon zuvor geknüpft und gepflegt werden.

• Bilaterale Beziehungen
Die Niederlande wollen bestehende Vereinbarungen und Regulierungen, durch verstärkte Kooperation mit anderen Ländern, weiter vertiefen und die Umsetzung schärfer kontrollieren. Außerdem soll die Öffentlichkeit europaweit mehr in die Umweltpolitik integriert werden und zu umweltgerechtem Verhalten animiert werden. Weitergehend soll globaler gedacht und auch Hilfestellungen für asiatische, afrikanische und südamerikanische Länder geleistet werden, da das Umweltproblem nur global gelöst werden kann.
(Vgl. Royal Netherlands Embassy)

5   Fazit und Ausblick

Die umfassende Kooperation zwischen den Akteuren der Politik, der Wirtschaft und der Forschung gehört zu den elementaren Faktoren eines ökologischen Innovationssystems. Diese Kooperation muss von der Bevölkerung angenommen und gestützt werden. Die Regierung der Niederlande möchte diese Kooperation durchführen, ohne dass es zu negativen Auswirkungen für die Wirtschaft kommt. Dies ist natürlich verständlich, da einerseits die Konkurrenzfähigkeit im internationalen Vergleich nicht leiden darf und andererseits die Wirtschaft für ein nachhaltiges Vorgehen nicht zu gewinnen sein dürfte, gäbe es negative Konsequenzen.

Die Kommunikation zwischen den verschiedenen Akteuren in den Niederlanden kann als gut beschrieben werden. Die Politik gibt Vorschläge an die Wirtschaft, welche sich mit der Politik zusammensetzt, um diese Vorschläge zu diskutieren und zu verabschieden. Kommt es zu einem ‚Integrated Enviromental Objective', welcher bindend für die Politik und die Wirtschaft ist, wird dieser von zahlreichen Forschungsinstituten bewertet und gegebenenfalls werden Verbesserungsvorschläge angebracht. Es handelt sich dabei um den in Abbildung 1 dargestellten Kreislauf.

Die Regierung gibt Anreize, damit es der Wirtschaft nicht unnötig schwer gemacht wird in einen Umweltvertrag einzutreten. Erfüllt eine Firma die Erfordernisse, so wird ihre Umweltlizenz verbessert und es können positive Sanktionen erwartet werden. Dies sollte den Niederlanden als Erfolg angerechnet werden. Die niederländische Regierung hat sich ein hohes Ziel gesetzt. Im Sektor der Industrie sollen die Emissionen bis 2010 um 11,2% reduziert werden. Im Bereich der energieproduzierenden Industrie sogar um 13,1%. Die Haushalte sollen bis ins Jahr 2010 ihre Emissionen um 10% senken, jedoch kann hier bis jetzt kein Abwärtstrend erkannt werden. Ob diese Verträge auch Erfolge bringen, wird sich in den nächsten Jahren und Jahrzehnten herausstellen.

Im Bereich des privaten Energieverbrauchs bleiben die Statistiken relativ konstant (hierbei handelt es sich um den Zeitraum 1999 bis 2000). Allgemein gesehen ist die Menge der produzierten Energie sogar leicht zurückgegangen. In vielerlei Hinsicht müssen die NEPPs als Erfolg gesehen werden. Die Wurzeln der Umweltprobleme wurden erkannt. Eine hohe Umweltqualität ist nicht allein durch eine konventionelle Reduzierung der Verschmutzung erreichbar, sondern es werden neue saubere Technologien und weiterhin strukturelle Wechsel in der Produktion und dem Verbrauch von Ressourcen benötigt. Außerdem untersuchte man welche Akteure oder Gruppen für die Säuberung beziehungsweise die Prävention von Umweltproblemen zuständig sind. Somit ermöglichte es die Planung, ungewollte Effekte und nicht wieder gutzumachende Fehler zu reduzieren. Die klare Formulierung der politischen Ziele lenkte die Diskussion auch mehr auf die Umsetzung der Ziele, als auf die Ziele selbst. Damit wurden ideologisch geprägte Auseinandersetzungen vermieden. Außerdem konnten in vielen Bereichen, wie z.B. bei den Raffinerien, messbare Erfolge verzeichnet werden.

Die Praxis zeigt jedoch, dass eine gute Planung nicht ausreicht, wenn die Ausführung der Umweltpolitik nicht richtig funktioniert. Die meisten Ziele konnten nicht verwirklicht werden, oder wurden ständig nach unten korrigiert. Manche Ziele waren einfach utopisch, wie zum Beispiel die Senkung der CO_2-Werte um 80%. Auch wurde durch die starke Kooperation mit den Zielgruppen viel Zeit verloren. Deshalb ist in den Niederlanden eine kritische Prüfung der Umweltpolitik von Nöten. Wichtige Themen sind hier: die effiziente Implementierung bestehender Umweltpolitik durch effektive Formen von Management, Kooperation und Planung, Öko-Effizienz und Effizienz der Verwaltung.

Die holländische Klimapolitik zeigt z.B. sehr gut, dass auch die beste Umweltplanung und Kommunikation zwischen Staat und Zielgruppen vergeblich bleiben, wenn der politische Wille und wirksame Instrumente zur Umsetzung fehlen. Wenn der politische Wille dagegen vorhanden ist, bietet die niederländische Methode der Umweltplanung günstige Perspektiven für eine effektive und kooperative Umsetzung.

Somit ist dieses Modell auch nicht in der Lage Trends umzukehren, die sich außerhalb des Einflussgebiets der traditionellen Umweltpolitik bewegen oder mit zentralen wirtschaftlichen Interessen verbunden sind. Obwohl es kein Defizit der Umweltplanung an sich ist, wird der Umweltplan ständig an Legitimität verlieren, wenn solche Diskrepanzen zwischen den Zielen und der Realität bestehen bleiben.

Weitergehend wurde in den neueren NEPPs (NEPP2 und NEPP3) die Tatsache erkannt, dass viele Umweltprobleme, wie zum Beispiel der Klimawandel oder der Treibhauseffekt, nicht allein auf nationaler Ebene gelöst werden können. Hier bedarf es der Absprache und der Kooperation mit anderen Ländern wie zum Beispiel im Rahmen der

EU, aber auch global. Erste Schritte wurden hierfür in den Niederlanden bereits unternommen und international macht sich dieses Land für eine globale Lösung von Umweltproblemen stark. Man will andere Länder zum Umweltschutz animieren und erklärt sich bereit, anderen Ländern saubere und regenerative Technologien zur Verfügung zu stellen. Auch im Rahmen der EU fordern die Niederlande mehr Regulierungen, die von den einzelnen Nationen in deren Gesetze aufgenommen werden sollen.

Trotz aller Kritik an der mangelhaften Implementation und dem Nichterreichen der angestrebten Ergebnisse in vielen Sektoren, muss man sagen, dass das niederländische korporatistische Planungsmodell ein gewichtiger Schritt in die Richtung Nachhaltigkeit ist. Die regelmäßige Überarbeitung, die Überwachung der Politik und der Ergebnisse durch ein Expertengremium (,Back Casting') sind handhabbare Ansätze.

Durch die ständigen Verbesserungen der Umweltpläne sowie verstärkte internationale Kooperation wird effektiver Umweltschutz in den Niederlanden im Sinne einer nachhaltigen Entwicklung auch in Zukunft möglich sein.

Literatur:

Auswärtiges Amt: Die Niederlande auf einen Blick. http://www.auswaertiges-amt.de/www/de/laenderinfos/laender/laender_ausgabe_html?type_id=14&land_id=1 23 [18.3.2003]

Blättel-Mink, B. 2001: Wirtschaft und Umweltschutz. Grenzen der Integration von Ökonomie und Ökologie. Frankfurt am Main: Campus

CIA - The World Factbook 2001. http://www.cia.gov/cia/publications/factbook [September 2002]

Kleinfeld, R. 1997: Das niederländische Modell. Grundzüge und Perspektiven einer Modernisierung des Sozialstaates. Studie im Auftrag der Enquete-Kommission ,Zukunft der Erwerbsarbeit' des Landtags Nordrhein-Westfalen. Düsseldorf

Kleinfeld, R. 1998: Was können die Deutschen vom niederländischen Poldermodell lernen? In: Scherrer, P./Simons, R./Westermann, K. (Hg.): Von den Nachbarn lernen. Wirtschafts- und Beschäftigungspolitik in Europa. Marburg: Schüren: 121-145

Kuntze, U./Pfister, M. D. 1996: Forschungs- und Technologiepolitik für eine nachhaltige Entwicklung – die Situation in den USA, Japan, Schweden und den Niederlanden. Fraunhofer-Institut für Systemtechnik und Innovationsforschung (ISI). Karlsruhe: ISI

Man, R. de 1997: Umweltplanung in den Niederlanden – wie relevant ist sie für Deutschland? In: GAIA - Ökologische Perspektiven in Natur-, Geistes- und Wirtschaftswissenschaften, Jg. 6 (4): 290-291

Ministerium für Auslandsbeziehungen der Niederlande; http://www.minbuza.nl/ [September 2002]

Ministerium für Verkehr, Wasserwirtschaft und Öffentliche Arbeiten der Niederlande: Sicherheit, Erreichbarkeit, Lebensqualität und Innovation in einem dynamischen Delta, 19.09.2000; http://www.minvenw.nl/cend/dvo/international/deutsch/

National Institute of Public Health and the Environment (RIVM); http://www.rivm.nl/index_en.html

Royal Netherlands Embassy; http://www.netherlands-embassy.org/f_explorer.html [September 2002]

Spiegel Online Almanach; http://www.spiegel.de/almanach/laender.html [September 2002]

Statistisches Amt der Niederlande; http://www.cbs.nl/ [September 2002]

Vereinte Nationen: Agenda 21: Natural resource aspects of sustainable development in the Netherlands; http://www.un.org/esa/agenda21/natlinfo/countr/nether/natur.htm [September 2002]

World Resources Institute; http://www.wri.org/wripubs.html [September 2002]

Kontakt:
Alexander Wichmann: alex.wichmann11@t-online.de
Johannes Wirth: kunnia@t-online.de

Abbildung 2: Ebenenmodell der niederländischen Umweltplanung

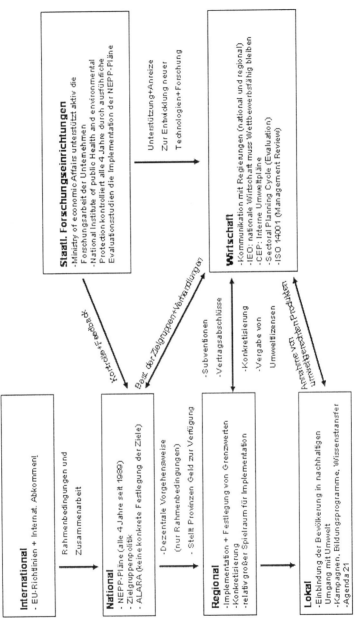

Staatl. Forschungseinrichtungen
- Ministry of economic Affairs unterstützt aktiv die Forschungsarbeit der Unternehmen
- National Institute of public Health and environmental Protection kontrolliert alle 4 Jahre durch ausführliche Evaluationsstudien die Implementation der NEPP-Pläne

Unterstützung+Anreize
Zur Entwicklung neuer
Technologien+Forschung

Wirtschaft
- Kommunikation mit Regierungen (national und regional)
- IEO: nationale Wirtschaft muss wettbewerbsfähig bleiben
- CEP: Interne Umweltpläne
- Sectoral Planning Cycle (Evaluation)
- ISO 14001 (Management Review)

Kontrolle/Feedback

Best. der Zielgruppen-Vereinbarungen

- Subventionen
- Vertragsabschlüsse
- Konkretisierung
- Vergabe von Umweltlizensen

Annahme von umweltschützenden Produkten

International
- EU-Richtlinien + Internat. Abkommen

Rahmenbedingungen und
Zusammenarbeit

National
- NEPP-Pläne (alle 4 Jahre seit 1989)
- Zielgruppenpolitik
- ALARA (keine konkrete Festlegung der Ziele)

- Dezentrale Vorgehensweise
  (nur Rahmenbedingungen)
- Stellt Provinzen Geld zur Verfügung

Regional
- Implementation + Festlegung von Grenzwerten
- Konkretisierung
- relativ großer Spielraum für Implementation

Lokal
- Einbindung der Bevölkerung in nachhaltigen Umgang mit Umwelt
- Kampagnen, Bildungsprogramme, Wissenstransfer
- Agenda 21

Quelle: Eigene Darstellung

Undine Tölke

Japan – nationales ökologisches Innovationssystem?

1 Einleitung

Japan gehört neben den USA und der BRD zu den erfolgreichsten Wirtschaftssystemen der Welt. Das bedeutet, dass Tätigkeiten im ökologischen Bereich für das globale Wirtschafts- und Umweltgeschehen von immenser Bedeutung sind. In diesem Kapitel soll daher untersucht werden, inwiefern in Japan ein ökologisches Innovationssystem vorhanden ist und wie Ökologie in Politik und Wirtschaft verankert ist.

Für die Frage, inwieweit Ökologie in Japan eine Rolle spielt, wird zunächst einmal dargelegt, ob in Japan überhaupt so etwas wie ein nationales Innovationssystem existiert. Falls ja, wird im nächsten Schritt untersucht, inwiefern dieses ökologisch ist. Da Japan im Bereich der Patentanmeldungen, auch im globalen Bereich, schon viele Jahre an der Spitze steht, liegt nahe, dass man von einem nationalen Innovationssystem sprechen kann. Dabei werden die Voraussetzungen von Japan zu untersuchen sein: Herrscht ein innovationsfreundliches Klima? Welche Akteure stellen das Innovationssystem und was tragen diese zum Innovationssystem bei?

Für das Thema Ökologisierung werden folgende Fragestellungen behandelt: Wie reagiert das System auf die Norm der Nachhaltigen Entwicklung? Gibt es ökologische Innovationen? Wer sind die Akteure im Vergleich zum nationalen Innovationssystem? Welche Rolle spielen internationale Abkommen für die nationale Umwelt- und Nachhaltigkeitspolitik? Gibt es ökologische Betroffenheit in Japan und welche Rolle spielt sie?

Dabei soll Japan auch im Hinblick auf Leitbilder untersucht werden. Hubers Nachhaltigkeitsleitbilder Effizienz, Suffizienz und Konsistenz sollen dabei mit Sachs' Perspektiven (Heimat-, Wettkampf- und Astronautenperspektive) und auch den Leitbildern von Meyer-Krahmer, der sich mit der Entkopplung von Wirtschaftswachstum und Ressourcenverbrauch auseinandersetzt, verknüpft werden (vgl. Blättel-Mink - Theoretischer Rahmen, in diesem Band). Auf diese Weise soll eine Einordnung Japans innerhalb der Weltwirtschaft versucht werden.

2 Das Land – Strukturdaten

Allgemeines

Der Inselstaat Japan ist dem asiatischen Kontinent im Pazifik östlich vorgelagert und von diesem durch das japanische Meer getrennt. Die Hälfte der japanischen Bevölkerung lebt in einem Gürtel, der sich vom Großraum Tokyo über Nagoya, die Kansai Region (Kyoto, Osaka und Kobe) bis nach Kitakyushu erstreckt, einer Millionenstadt im Norden von Kyushu, der südlichsten der vier japanischen Hauptinseln. (Vgl. Stoll/Brandes 1995: 31) Japan verfügt nicht über industriell bedeutsame Bodenschätze, es ist ein ressourcenarmes Land. Japan ist daher sehr stark auf den Import in diesem Bereich angewiesen. Um diesen Import finanzieren zu können, ist Japan vor allem im Export tätig (1998 z.b. 23,8% im Bereich Maschinen und Ausrüstungen und 23,7% im Bereich Elektrotechnik).

Tabelle 1: Strukturdaten

Fläche	377.835 km²
Bevölkerung	126.771.662 (Juli 2001 geschätzt)
Bevölkerungswachstum	0,17% (2001 geschätzt)
Bevölkerungsdichte	330 Einwohner pro km²
Bevölkerungsgruppen	Japaner 99,4%, Koreaner 0,6% (1999)
Offizielle Landessprache	japanisch
Religionen	Shintoismus und Buddhismus
Verstädterungsgrad	79%
Bruttosozialprodukt	3.15 Bio US-Dollar (2000 geschätzt)
Pro Kopf Einkommen	24.900 US-Dollar (2000 geschätzt)
Wachstum	1,3%
Inflationsrate	-0,7% (2000 geschätzt)
Arbeitslosenquote	4,7% (2000)
Währung	Yen

Quelle: CIA - The World Factbook 2001; http://www.destatis.de/basis/d/ausl/ausl 113.htm

Politische Daten

Laut Verfassung vom 3. Mai 1947 hat Japan eine konstitutionelle Monarchie mit einer parlamentarischen Regierung. Der Kaiser übt nur noch repräsentative Funktionen aus. Die Exekutive vertritt der Premierminister, die Legislative, also das Parlament, besteht aus zwei Kammern und setzt sich aus dem Abgeordnetenhaus und dem Oberhaus zusammen, die Judikative beinhaltet das Rechtssystem. Die Mitglieder des Abgeordnetenhauses wurden bis 1994 nach einem reinen Mehrheitswahlrecht gewählt, seitdem werden Mehrheits- und Verhältniswahl, wie auch bei den Wahlen zum Oberhaus, kombiniert. Auf der administrativen Ebene ist Japan in 47 Präfekturen unterteilt.

Es gibt viele politische Parteien: Liberaldemokratische Partei (LDP), Demokratische Partei Japans (DPJ), Partei für saubere Politik (Komeito), Liberale Partei (LP), Neue Konservative Partei (CP), Japanische Sozialistische Partei (JSP), Japanische Kommunistische Partei (JCP), Sozialdemokratische Partei (SDP). Nach dem Zweiten Weltkrieg wurde das politische System in Japan von der LDP dominiert. Bis zu den Unterhauswahlen am 18. Juli 1993 hatte sie die alleinige Macht. In der Folge jedoch bildete sich eine Koalition aus verschiedenen Parteien, auch Oppositionsparteien. Man kann hier auch von einer politischen Reform sprechen. Im weiteren Verlauf kam es zu einigen Wechseln, auch bei den amtierenden Premierministern. Im Juni 1994 kam es zu einer Koalition zwischen JSP, LDP und der kleinen Sakigake (‚Neuer Herold') Partei. Das war für viele ein Schock, denn JSP und LDP waren vorher rivalisierende Parteien. Im Januar 1999 bildete die LDP eine Koalition mit der LP. Nachdem die LP die Koalition im April 2000 verließ, holte der amtierende Premierminister Mori eine Splittergruppe der LP, die Neue Konservative Partei in die regierende Koalition. Die neue Koalition wurde dann gebildet aus LDP, New Komeito und der Neuen Konservativen Partei. Seit April 2002 ist Junichiro Koizumi amtierender Premierminister.

Internationale Kooperationen

Seit 1956 ist Japan ständiges Mitglied der Vereinten Nationen (UN). Seit den späten fünfziger Jahren nimmt Japan aktiv an den sozialen und ökonomischen Aktivitäten der UN und anderer internationaler Organisationen, die sich mit Sozialem, Kulturellem oder Ökonomie beschäftigen, teil. 1990[1] hatte Japan schon 11% zum Budget der UN beigesteuert. Damit stand Japan an zweiter Stelle hinter den USA (25%). Außerdem ist Japan Mitglied im IMF (International Monetary Fund), der OECD (Organisation for Economic Cooperation and Development), der GATT (General Agreement on Tarifs and Trade) und weiterer internationaler Organisationen, die sich mit ökonomischer Entwicklung beschäftigen wie der World Bank und der Asian Development Bank.

Für die Wirtschaft gilt: Im Bereich fortschrittlicher Technologiefelder lässt sich für Mitte 1999 eine Dominanz der Bereiche Informationstechnologie und Biotechnologie/Pharmazie verzeichnen. Der Bereich Informationstechnologie macht einen Anteil von 38% der Partnerschaften mit ausländischen Unternehmen aus, die Umwelttechnologie 25%, die Biotechnologie/Pharmazie 23% und neue Materialien 14%. Von der Tradition her sind in Japan Kooperationen zwischen Unternehmen üblich. Diese Zusammenarbeit wird nun auch auf ausländischen Märkten fortgesetzt. Internationale Unternehmenskooperationen werden von der japanischen Wirtschaftspolitik nachhaltig unterstützt: Die Japan External Trade Organization (JETRO) wirbt für die Idee japanisch-ausländischer Unternehmenskooperationen durch Veranstaltungen und Publikationen. Unter bestimmten Bedingungen werden auch Kredite durch die Japan Bank for International Cooperation vergeben.

Im Bereich ökologischer Kooperationen ist festzustellen, dass Japan Teilnehmer von stattfindenden Klimakonferenzen wie beispielsweise der UN-Konferenz über Umwelt und Entwicklung in Rio de Janeiro 1992 ist, was dann auch Auswirkungen auf die nationale Umweltpolitik hat, wie später noch zu zeigen sein wird.

---

1 Es liegen keine aktuelleren Zahlen vor.

3 Das nationale Innovationssystem

Wirtschaftstruktur 1945 bis 1995

Der wirtschaftliche Wiederaufbau Japans nach 1945 knüpfte im Wesentlichen an die räumliche und sektorale Industriestruktur der Vorkriegszeit an. Der Koreakrieg, der 1950 begann, belebte die gesamte Weltwirtschaft und Japan profitierte als Nachschubbasis für die Truppen von dem Nachfrageboom besonders stark. 1951 erreichte Japan politische Unabhängigkeit. Die Industriepolitik war geprägt durch die Rekonstruktion der im Krieg zerstörten Produktionskapazitäten. Ziel war es, eine neue industrielle Basis zu schaffen und von Materialeinfuhren unabhängig zu werden. Der Aufbau einer wettbewerbsfähigen Wirtschaft wurde zum unausgesprochenen nationalen Leitbild. Zwischen 1961 und 1970 wuchs das japanische Bruttosozialprodukt wie in keinem anderen Land: das reale Wirtschaftswachstum lag bei durchschnittlich 11,1% und damit doppelt so hoch wie in vergleichbaren westlichen Industrieländern (vgl. Foljanty-Jost 1995: 46). Bis in die siebziger Jahre hatte Japan nach OECD-Standard noch den Status eines Entwicklungslandes. Das ist vor allem auf die frühere Exportstruktur zurückzuführen: 1960 lag ein Drittel der Gesamtexporte in den Bereichen Textil- und chemische Industrie, nur ein Viertel machten Neue Technologien aus. Bis Anfang der neunziger Jahre gingen die Textilexporte jedoch stark zurück (nur noch 2,3%) und im Bereich Neuer Technologien lagen sie bei Dreiviertel des Gesamtaufkommens. Das hohe technologische Niveau wurde noch durch die Zahl der internationalen Patentanmeldungen untermauert.

Gegenüber der Exportstärke steht jedoch immer noch ein hoher Importanteil an lebenswichtigen Rohstoffen wie Erdöl, Eisenerz, Nickel, Kohle, Aluminium, Sojabohnen und Kupfer. Bedingt durch das starke Wirtschaftswachstum bis in die siebziger Jahre und verstärkt durch die in dieser Zeit erfolgte Umstellung von Kohle auf schwefelfreies Öl als Brennstoff verdreifachte sich die Gesamtmenge der SO_2-Emissionen bis 1970. Der Frischwasserverbrauch stieg um 60%, das Müllaufkommen verachtfachte sich zwischen 1955 und 1970. Japans wirtschaftlicher Wiederaufstieg war im gesamten sehr ressourcenlastig (vgl. Foljanty-Jost 1995: 48).

Die Ölkrise 1973 beendete das Hochwachstum und löste einen Innovationsschub hin zu energieärmeren Produktionsmethoden aus: die energieintensive Aluminiumherstellung wurde nach und nach aufgegeben. Statt energie- und rohstoffintensiver Produktionen wurden nun ‚wissensintensive' Zweige gefördert, mit hohem technologischen Niveau und möglichst effizienter Ressourcennutzung. Reduzierung der Importabhängigkeit wurde prioritäres wirtschaftspolitisches Ziel. In diesem Zusammenhang wurde ein Leitbild ‚Sustainable Growth' formuliert, das die Energieproduktivität ins Zentrum japanischer F&E-Politik stellt. Danach sollen anhaltend hohes Wirtschaftswachstum und geringer Energieeinsatz vereinbar sein (vgl. Meyer-Krahmer 1997).

Seit der Beendigung des Zweiten Weltkrieges sind die USA unangefochten der wichtigste japanische Handelspartner. Das Handelsvolumen beträgt rund ein Viertel des gesamten japanischen Handels. Weitere wichtige Handelsbeziehungen finden neben den

USA noch zwischen Japan und den Staaten Ostasiens statt. Das Handelsvolumen mit Hongkong/China, Taiwan und Korea, beträgt rund 6,5 Prozent des Gesamtvolumens. Die Europäische Union ist mit einem Handelsvolumen von 15,6 Prozent ein ebenfalls wichtiger Handelspartner. Deutschland nimmt als größter Handelspartner Japans innerhalb der EU sowohl bei den Ex- als auch Importen den siebten Rang ein. Der Handel mit den Staaten der APEC (Asian Pacific Economic Cooperation), dazu gehören unter anderem Nordamerika, Chile, Argentinien, Australien und Ostasien, hat in den vergangenen Jahren deutlich an Bedeutung für den japanischen Handel gewonnen. 1995 entfielen insgesamt 74 Prozent der japanischen Exporte und 67,1 Prozent der japanischen Importe auf diese Staaten.

Branchenstruktur

Im Bereich der Industriestruktur hat sich seit 1950 in Japan einiges getan: Waren 1950 noch ca. die Hälfte aller erwerbstätigen Japaner im primären Industriesektor (Landwirtschaft, Forstwirtschaft und Fischerei) beschäftigt, so waren es im Jahr 2000 nur noch 5,1% (vgl. Statistical Handbook of Japan 2001). Die Anteile in Prozent am BIP waren für 1997 auf die einzelnen Sektoren wie folgt verteilt: Land-/Forstwirtschaft/Fischerei 1,7%, produzierendes Gewerbe 35,6% (davon verarbeitendes Gewerbe 26,3%) und Dienstleistung 62,7% (vgl. http://www.destatis.de/basis/d/ausl/ausl913.htm). In Japan hat sich demnach wie in anderen Industrienationen eine Wandlung hin zur Dienstleistungsgesellschaft vollzogen.

Entwicklungen seit 1995

Seit 1995 hat sich die Situation für Japan, was den Kampf um die Wettbewerbsposition im Weltvergleich angeht, dramatisch verschlechtert: Japan fiel von Platz 4 im Jahre 1995 auf Platz 18 im Jahre 1998 zurück, im Jahr 2001 war Japan nur noch auf Platz 26, Tendenz sinkend. Was das reale BSP-Wachstum angeht ist Japan nur noch auf Platz 48 zu finden. Im Vergleich zu den achtziger Jahren, als immerhin noch ein Wachstum von 4% pro Jahr zu verzeichnen war, betrug das Wachstum von 1991 bis 1998 im Durchschnitt kaum 1%. Die Asienkrise 1997/1998 hat deutliche Spuren hinterlassen. Durch den starken Dollar und die Yen-Abwertung sind Importe sehr teuer geworden. Auch im Jahr 2001 war Japan, was die Zentralbankpolitik angeht, nur auf Platz 47 zu finden (vgl. WCY 2001 - Executive Summary: 5). Das bedeutet, dass die Verantwortlichen offensichtlich nicht in der Lage sind, die Situation seit der Asienkrise in den Griff zu bekommen. Im Bereich Venture Capital hätte Japan ebenso noch Kapazitäten frei, hier steht das Land nur auf Platz 37 (vgl. ebd.: 4).

Innovativität

Die räumliche Enge und die Knappheit an natürlichen Ressourcen scheinen zunächst ein Nachteil des Standorts Japan zu sein. Die Anpassung an diese Gegebenheiten hat allerdings zu Innovationen im Bereich von Produktionstechniken und auch Endprodukten geführt. In Japan liegt ein korporatistisches, zentral gesteuertes Innovationssystem vor, das sämtliche Formen von Innovativität hervorbringt (vgl. Blättel-Mink 2001: 49f). Im Bereich Prozessinnovationen hat Japan als Vorreiter z.B. Innovationen wie Lean-Management usw. hervorgebracht. Vorrangig handelt es sich jedoch um Verbesserungsinnovationen gängiger Produkte und Verfahren, Grundlagenforschung und damit Produktinnovationen spielen in Japan nur eine geringe Rolle (vgl. Holzkämper 1995: 75f). Die Innovationszyklen sind meist sehr kurz, hochwertige Technologien können auf dem japanischen Markt schnell eingeführt werden. Der Binnenmarkt wird als Testmarkt benutzt.

Seit den sechziger Jahren gibt es in Japan bedeutende Innovationen. Das war die Zeit als Japan begann sich auf dem Weltmarkt zu etablieren. Durch den Druck von außen begann auch der Staat sich im Bereich F&E zu betätigen. Außerdem wurden im Zeitraum von 1961 bis 1987 in Japan 87 ,Research Associations' gegründet. Auch wenn sich der Staat finanziell betätigte, so fielen die Subventionen deutlich geringer aus als in anderen Staaten – mit sinkender Tendenz: 1960 betrug die staatliche Unterstützung noch fast 8%, 1983 nur noch 2,6% und 1989 sogar nur noch 1,2% (vgl. Odagiri/Goto 1993: 87). Erst in den neunziger Jahren wurden die staatlichen Investitionen in Forschung und Technologie deutlich erhöht, und die Innovationsförderung erhielt größeres Gewicht. In Japan finanzieren die Unternehmen ihre Tätigkeiten im Bereich F&E hauptsächlich selbst. Auch Kooperationen untereinander kommen zustande, worauf noch einzugehen sein wird.

Die Akteure des japanischen Innovationssystems

Laut Stoll/Brandes wird das japanische System in vier nationale Bereiche aufgeteilt, die verschiedene Akteure umfassen: den Staat, die Privatwirtschaft, die Wissenschaft und die Benutzer von (Innovations-) Produkten und Verfahren (vgl. Stoll/Brandes 1995: 34).

Staat

Innovationsfördernd gestaltet sich die staatliche Finanzpolitik, die zu einer erheblichen Kapitalakkumulation führte. Eine besondere Rolle kommt dem Ministerium für internationalen Handel und Industrie (MITI) zu. Das MITI fördert soziale und institutionelle Veränderungen mit indirekten Maßnahmen wie Steuererleichterungen, Abschreibungsmöglichkeiten und Gesetzen für bestimmte Technologien (vgl. Holzkämper 1995: 85). Auf das MITI wird später noch im Bereich Ökologie eingegangen. Auch das Bildungsministerium spielt im Bereich Innovation eine gewisse Rolle: es verteilt finanzielle Ressourcen für Projekte, die sich tendenziell von angewandter Forschung zu mehr Grundlagenforschung wandeln (vgl. Stoll/Brandes 1995: 36). Außerdem unterstützt es durch die Förderung eines hohen allgemeinen Bildungsniveaus. Allerdings wurde hier die Heranbildung von hochqualifizierten Spezialisten stark vernachlässigt, erst seit Mitte der neunziger Jahre gibt es u.a. Postgraduierten-Studiengänge. Man kann sagen, der Staat ist der Wachstumsmotor und das Bildungssystem stellt zur Innovationsunterstützung die ‚human resources' bereit.

Privatwirtschaft

Im Bereich der Privatwirtschaft gibt es seit den fünziger Jahren wieder Kooperationen – ohne dass die alten Besitzverhältnisse von vor der Besatzungszeit wiederhergestellt wurden. Großunternehmen sind horizontal und vertikal verflochten. Horizontal durch gegenseitigen Aktienbesitz, auf der vertikalen Ebene finden sich Mittel- und Kleinunternehmen, die in verschieden gearteten Abhängigkeitsbeziehungen zu den Großunternehmen stehen (vgl. Stoll/Brandes 1995: 37). Viele kleine Unternehmen sind von den wenigen großen Unternehmen abhängig. Gruppenkoordination heißt dann Koordination innerhalb großer Firmengruppen, die sich aus mehreren Einzelunternehmen in unterschiedlichen Branchen zusammensetzen. Die innerhalb einer Gruppe gehaltenen Aktien sind langfristig gebunden, wodurch die Firmen nicht so stark von Marktschwankungen abhängig sind. Die Wirtschaftsunternehmen sind in ihren Strategien deutlich aufeinander bezogen. Die Führungskräfte der Unternehmen treffen sich regelmäßig zum Informationsaustausch. Man kann hier auch von Netzwerken sprechen. Wie schon erwähnt liegt die Hauptfinanzierungslast von F&E bei den Unternehmen. Ein besonderes Merkmal der F&E ist, dass kleine Gruppen wenige Projekte mit langen Laufzeiten bearbeiten. Es arbeiten Mitarbeiter aus verschiedenen Abteilungen des Unternehmens zusammen und es findet ein reger Personalaustausch statt.

Wissenschaft

Zur Wissenschaft gehören sowohl staatliche als auch private Universitäten und Forschungsinstitute. Japan besitzt ein hohes Bildungsniveau, viele Universitäten haben private Träger. Die Heranbildung von hochqualifizierten Spezialisten wurde jedoch über lange Zeit vernachlässigt. Bei einer aktuellen Umfrage, ob die Universitätsausbildung den Anforderungen der Wirtschaft gerecht wird, landete Japan auf Platz 49 und damit auf dem letzten Platz (vgl. WCY 2001 Executive Summary: 6).

Im Bereich Forschung und Entwicklung (F&E) gibt es nur eine niedrige öffentliche Finanzierungsquote. Forschung wird hauptsächlich von der Industrie durchgeführt (zu 70%) und die Finanzierung sogar zu 72,7% übernommen. Mit den öffentlichen Fördermitteln wird hauptsächlich die Hochschulforschung unterstützt (zu 42,5%), was im Vergleich zu den USA wo die Hochschulforschung von öffentlicher Hand fast gar nicht unterstützt wird, sehr viel ist. Auch die Grundlagenforschung genießt an Universitäten eine hohe Priorität (53%) (vgl. Holzkämper 1995: 72ff.).

Bevölkerung

Die Bevölkerung ist sehr interessiert an technischen Neuerungen, die Qualitätsansprüche sehr hoch, es gibt eine starke Wettbewerbssituation unter den Anbietern. Dies führt zu einer ständigen Verbesserung der Produkte und zur Suche nach neuen Märkten. Zunächst werden Innovationen auf den japanischen Markt gebracht, dort werden sie schnell ‚getestet', dann sind sie auch für den Export verwertbar – Japan dient somit als Testmarkt für neue Produkte. Von der Kultur her leben die Japaner nach dem Senioritätsprinzip, einer konfuzianisch geprägten Ethik. Innerhalb eines Unternehmens wird ein älterer Mitarbeiter selten von einem jüngeren auf der Unternehmensleiter überholt. Dieser Respekt vor dem Alter, also der Obrigkeit, fördert die Loyalität dem Staat gegenüber, also kann die japanische Regierung nach dem Top-Down-Prinzip funktionieren: von oben wird bestimmt und die Bevölkerung verhält sich entsprechend.

Das Patentaufkommen

In Japan gibt es seit 1885 Patentgesetze. Das japanische Patentrecht weist die Besonderheit auf, „(...) dass bereits geringe Modifikationen bestimmter technischer Lösungen als gesondertes Patent anmeldbar sind" (Holzkämper 1995: 87). In Japan herrscht im internationalen Vergleich ein hohes Patentaufkommen, was damit erklärt werden könnte, dass Patente in Japan „(...) als Indikator der Prosperität eines Betriebes gesehen" (ebd.: 87) werden. Von 131.000 Anmeldung im Jahre 1970 war eine Steigerung auf 341.000 im Jahre 1987 zu verzeichnen. In Europa war die Tendenz von den siebziger bis achtziger Jahren sinkend, in den USA gab es nur einen leichten Anstieg (vgl. Odagiri/Goto 1993: 104). Im Bereich der internationalen Patentanmeldungen war Japan 1990 in einigen Bereichen weltweit führend (vgl. Stoll/Brandes: 34).

Im internationalen Vergleich steht Japan, was Patentanmeldungen angeht, im Jahr 2001 an dritter Stelle hinter den USA und der BRD. Im Vergleich zum Jahr 2000, als Japan einen Anteil von 10,3 % an den Patentanmeldungen hatte, ist für das Jahr 2001 ein leichter Anstieg auf 11,4 % zu verzeichnen (vgl. The Patent Cooperation Treaty (PCT) in 2001).

Zwischenfazit

Zusammenfassend kann man feststellen, dass in Japan ein innovationsfreundliches Klima herrscht. Viele Patentanmeldungen und auch das Hervorbringen von strukturrevolutionierenden Prozessinnovationen wie ‚just in time' oder ‚lean production' untermauern dies. Zudem hat Japan hohe Zuwachsraten an Produkt- und Prozessinnovationen auf dem Gebiet der Erzeugung differenzierter Qualitätsprodukte zu verzeichnen. In Japan sind hier zwei Punkte wichtig: Massenfertigung und Qualität.

Japan stellt ein korporatistisches Ordnungssystem dar. Es lohnt sich für Unternehmen in Bildung und Ausbildung zu investieren. Das funktioniert in Japan gruppenspezifisch, d.h. einzelne Unternehmensgruppen organisieren derartige Leistungen in vertikalen Beziehungen. Dabei sind drei Besonderheiten der Stärke der japanischen Wirtschaft wichtig: die Kultur innerhalb eines Unternehmens, die Arbeitsteilung zwischen den Unternehmen sowie die enge Zusammenarbeit zwischen Wirtschaft, Politik und Verwaltung.

Die Unternehmensphilosophie japanischer Unternehmen zielt darauf ab, die Mitarbeiter an das Unternehmen zu binden: Sie werden in großem Umfang an Entscheidungsprozessen beteiligt um ihre Identifikation mit dem Unternehmen und damit die Effizienz des Unternehmens zu fördern. Der Karriereverlauf sowie die Entlohnung im Unternehmen ist eng an das Alter und die Betriebszugehörigkeit gekoppelt.

Die Hauptakteure im Innovationssystem sind die Industriepolitiker und -politikerinnen und die horizontal und vertikal miteinander verbundenen Unternehmensgruppen. Der Innovationsprozess in Japan ist demnach stark marktorientiert. Wissenschaft und Nachfrageseite tragen gleichermaßen dazu bei, dass in Japan ein innovationsfreundliches Klima herrscht.

Auch werden in Japan Innovationen erst für das eigene Volk gemacht, dann für den Export. Japan ist Testmarkt. Die Wirtschaft ist einem ständigen Wandel unterworfen, es gibt fast ununterbrochene Neuerungen, es wird alles sofort auf den Markt gebracht.

Der Staat hat durch die geringe Beteiligung an F&E mehr Lenkungs- und Koordinierungsaufgaben. „Die Wirtschaftspolitik Japans ist schon vom Ansatz her auf Kooperation bedacht. (...) Insbesondere das MITI betrachtet die Initiierung verschiedenster Arten von Kartellen als legitimes Instrument zur Erreichung industriepolitischer Ziele. Die Wettbewerbspolitik ist der Industriepolitik letztlich untergeordnet." (Holzkämper 1995: 90)

4   Das ökologische Innovationssystem?

Grundlage für ein funktionierendes ökologisches Innovationssystem bildet „(...) die Bereitschaft der Beteiligten, zu einer gemeinsamen Problemlösung zu kommen" (Blättel-Mink in diesem Band: 19). Dies erfordert auch einen Übergang von der Tausch- zur Verhandlungslogik (vgl. Mayntz 1996, Scharpf 1996). Wenn sich Staaten mit unterschiedlichen Vorstellungen und Zielen an einen Verhandlungstisch setzen, wie beispielsweise beim Weltklimagipfel von Kyoto, zeigt sich, dass es fast unmöglich ist, einen gemeinsamen Konsens zu finden. Bei verschiedenen Weltklimakonferenzen wurden jedoch gemeinsame Ziele erarbeitet. Zunächst soll hier aufgezeigt werden, inwiefern die Umsetzung in Japan erfolgt und was für die Zukunft möglich ist. Voraussetzungen für ein ökologisches Innovationssystem, wie staatliche Verordnungen und damit verbunden eine starke Kontrollfunktion der Regierung, die horizontal und vertikal differenzierte Wirtschaft, eine enge Kopplung von Wirtschaft und Privatleben – corporate identity und das Senioritätsprinzip im sozialen Bereich, sind in Japan gegeben.

Wie eingangs bereits erwähnt, soll Japan hier im Hinblick auf Leitbilder untersucht werden. Hubers Leitbilder Effizienz, Suffizienz und Konsistenz sollen dabei mit Sachs' Perspektiven (Heimat-, Wettkampf- und Astronautenperspektive) verknüpft werden.

Ökologische Betroffenheit/Nachhaltigkeitsprobleme

Zunächst einmal wird untersucht, ob es in Japan überhaupt so etwas wie ökologische Betroffenheit gibt, ob in Japan Nachhaltigkeit generell wichtig ist. Dabei ist festzustellen, dass die Notwendigkeit zu nachhaltigem Wirtschaften erst dann erkannt wird, wenn es schon zu Umweltkatastrophen gekommen ist. Um das nachvollziehen zu können, ist es zunächst notwendig einen Blick auf die japanische Denkweise generell zu werfen: Japaner leben in der Gegenwart und denken nicht viel an die ferne Zukunft. Katastrophen werden als Teil der Lebensbedingungen betrachtet, vor denen man nicht fliehen kann.

Japan hat 1967 Umweltpolitik als eigenständiges Politikfeld etabliert, weil vermehrt Umweltprobleme auftraten: in den fünfziger Jahren kam es in verschiedenen Regionen zu neuartigen Krankheiten, wie z.B. speziellen Formen von Quecksilbervergiftung oder Arsenvergiftungen, akuten Atemwegserkrankungen. Auslöser hierfür waren toxische Abwässer und extreme Luftverschmutzung. Für die Politik ging es zunächst vorrangig um die Regulierung von industrieller Umweltbelastung und um Schadensbegrenzung (vgl. Foljanty-Jost 1995: 25). Was im Einzelnen getan wurde, wird unter dem Abschnitt Umweltpolitik behandelt. Abgesehen von Reaktionen auf Umweltkatastrophen steht in Japan aufgrund der Ressourcenarmut die Drosselung nationaler Energieimporte im Zentrum des Interesses.

Strukturdaten – Umweltverschmutzung

Im Kyoto-Protokoll von 1997 wurde festgelegt, dass Japan seine Treibhausgasemissionen in den Jahren 2008-2012 um 6% gegenüber dem Niveau von 1990 reduziert. Im Bereich des CO_2-Ausstoßes, der entscheidend ist für die globale Klimaproblematik lässt sich folgende Entwicklung beobachten: Seit 1980 gibt es einen Rückgang des Pro-Kopf-Ausstoßes von CO_2 um fast 25%, aber eine Zunahme des Ausstoßes pro Einheit BSP (Tonne/1000 US-Dollar) um ca. 10%. Die tatsächlichen Emissionen liegen noch unter dem OECD-Durchschnitt: Der CO_2-Pro-Kopf-Ausstoß beträgt 7,5 Tonnen (OECD-Durchschnitt 11 Tonnen), der Ausstoß pro Einheit BSP beträgt ca. 0,4 Tonnen pro 1000 US-Dollar (OECD-Durchschnitt 0,55 Tonnen). Im Ländervergleich bei der Messung pro Einheit BSP steht Japan an neunter Stelle, während die USA erst an 23. Stelle zu finden sind. Im Bereich des Pro-Kopf-Ausstoßes steht Japan an 17. Stelle, die USA sind an Stelle 29 angesiedelt (vgl. OECD 2001: 13). Die verschiedenen Wirtschaftssektoren haben unterschiedliche Anteile am CO_2-Ausstoß: Der Industriesektor hat hier einen Anteil von 50%, der Transportsektor 25%. Im Bereich der Energieformen lässt sich folgendes feststellen: Für den Gesamt-CO_2-Ausstoß ist der Ölverbrauch zu 60,4% verantwortlich, der Kohleverbrauch zu 26,6% und der Erdgasverbrauch zu 13%. Bei der Betrachtung aller Treibhausgase ist für Japan für die Jahre 1990 bis 1999 ein Anstieg von 6,8% zu verzeichnen (Energy Information Administration 2001: 2).

Für die beiden anderen wichtigen Schadstoffgase SOx (Sulfuroxide) und NO_X (Nitrogenoxide) liegen für Japan keine aktuellen Zahlen vor.[2] Was hierzu gesagt werden kann, ist, dass seit Mitte der siebziger Jahre, wie auch zwischen 1980 und ca. 1990, die Ausstöße stark reduziert worden sind. Die Gesamtemissionen (in 1000 Tonnen) liegen für SOx 1980 bei 1,277 und 1990 bei 876. Für NO_X liegen folgende Zahlen vor: 1980: 1,622, 1987: 1,284, Tendenz sinkend (vgl. Yearbook of International Co-operation on Environment and Development 2001/2002). Laut EIA (Energy Information Administration) gehört hier Japan im Weltvergleich zu den Ländern mit den geringsten Emissionen im Bereich geothermischer Energie. Auf die Entwicklung der Energiegewinnungsformen in Japan und den Bezug zu umweltfreundlichen Energien werde ich im Abschnitt *Wirtschaft und Umweltschutz* näher eingehen.

Bei der Müllproduktion liegt Japan bei ca. 400 kg pro Kopf (OECD-Durchschnitt 500 kg), und per Einheit PFC[3] liegt das Müllaufkommen bei ca. 38 kg pro 1000 US-Dollar (OECD-Durchschnitt 44 kg). Für den Zeitraum seit 1980 ist nur ein Pro-Kopf-Anstieg von unter 10% zu verzeichnen (OECD-Durchschnitt 20%). Beim Pro-Kopf-Frischwasserverbrauch liegt Japan ebenfalls unter dem OECD-Durchschnitt (OECD: 900 m³ pro Jahr, Japan: 750 m³ pro Jahr). Bei der Stärke der Abholzung von Wald liegt Japan bei ca. 32% des jährlichen Wachstums (OECD-Durchschnitt 54%).

Auffällig ist weiterhin, dass im Bereich Infrastruktur, was die Versorgung der Bevölkerung mit Abwasserreinigungsanlagen angeht, Japan noch 1998 auf Platz 23 zu finden ist. Bei der Papier- und Recyclingrate liegt Japan jedoch deutlich weiter vorne, auf Platz 7 (vgl. IMD 1998).

Umwelt, Ökologie, nachhaltige Entwicklung in der Außendarstellung

Japans ökologisches Profil bleibt im Ausland etwas diffus, obwohl auf der operativen Ebene einiges getan wird, das Einblicke in die japanische Wirtschaft ermöglicht. Eine besondere Rolle spielt hierbei das MITI (Ministry of International Trade and Industry). Das MITI ging nach dem Ende des 2. Weltkrieges aus dem Ministery of Commerce and Industry (MCI) und dem Board of Trade (BOT) hervor. Es wurde 1949 mit dem in Kraft tretenden MITI-Gesetz gegründet. Im MITI werden die Zuständigkeiten für Außenhandel, Forschung/Technologie und Industriepolitik gebündelt. Eine der wichtigsten Aufgaben ist hierbei die Kontrolle des Außenhandels. Zuträger von Informationen ist die dem MITI unterstellte Außenhandelsorganisation JETRO (Japan External Trade

---

2 Trotz umfangreicher Internet-Recherche sind hier keine aktuellen Zahlen verfügbar; weder bei OECD noch auf englischsprachigen Regierungs-/Statistikseiten aus Japan. Oft werden aktuelle Messmethoden vorgestellt, auf Zielvereinbarungen zur Senkung von Schadstoffen verwiesen, aber keine konkreten aktuellen Zahlenwerte geliefert.
3 PFC: private final consumption

Organization). JETRO beobachtet technologische und industrielle Trends im Ausland und erforscht die jeweiligen Märkte auf Potenzial für mögliche japanische Exporte. Die Prioritäten der JETRO liegen in der Förderung der internationalen Wettbewerbsfähigkeit der japanischen Wirtschaft. JETRO vermittelt Kontakte und Kooperationsmöglichkeiten im Ausland, koordiniert und organisiert die Präsenz auf Auslandsmessen und wirkt positiv auf den Meinungsbildungsprozess im Ausland in Bezug auf Japan. Dazu gehört auch das Kümmern um Transparenz japanischer Unternehmen im Ausland.

Das MITI hat außerdem noch die Verantwortung für die Gestaltung der Industriestruktur. Dies umfasst die rechtliche Zuständigkeit für die Fertigungsindustrie, den Bergbau und den Zwischenhandel. Das MITI hat die Aufgabe die Entwicklung dieser Branchen zu fördern, zu regeln und ihre Aktivitäten zu lenken. In diesem Bereich bringt das MITI Unternehmen zusammen für gemeinsame Forschungsaktivitäten und hierbei bietet sich auch für ausländische Firmen die Chance, Einblick in die japanische Wirtschaftsstruktur und den Aufbau des MITI zu erhalten, da solche Projekte grundsätzlich offen sind für die Beteiligung ausländischer Unternehmen.

Für den Bereich Ökologie gibt es vor allem vom JETRO Informationen. Abgesehen von täglich oder monatlich erscheinenden Zeitschriften gibt es JETRO auch im Internet unter http://www.jetro.go.jp. Hier kann man sich über die Aktivitäten und das was in Japan getan wird – auch im nachhaltigen Bereich – informieren.

Akteure des ökologischen/nachhaltigen Innovationssystems

Die Akteure des ökologischen Innovationssystem sind in Japan die Akteure des nationalen Innovationssystems und zusätzliche, spezielle Institutionen bzw. Organisationen, die Daten erheben und Informationen liefern, die für die Umsetzung im ökologischen Bereich nützlich sind. Dies sind Organisationen wie die New Energy and Industrial Technology Development Organization oder das National Institute of Health Sciences.

Nach Busch-Lüty (1995) sollen Merkmale einer sinnvollen nachhaltigen nationalen Politik folgende sein: „Langfristorientierung und zeitgerechtes Handeln der Politik; Folgenbewusstsein und Verantwortungsfähigkeit; prinzipielle Zukunftsoffenheit; vorsorgendes Vermeidungsdenken und -handeln; gelebte Subsidiarität (größtmögliche ‚Lebensnähe' der Entscheidungsprozesse); Expertise im Suchprozess durch Partizipation der Betroffenen; Verständigungs- und Lernprozesse in kooperativen Diskursen. (...)" (Blättel-Mink in diesem Band: 26).

Die Forschungs- und Technologiepolitik im Hinblick auf das Leitbild nachhaltig zukunftsverträglicher Entwicklung enthält als Grundbestandteile insbesondere die F&T-Bereiche ‚Bereitstellung von Energie' und ‚Erhöhung der Energieeffizienz' sowie die Entwicklung von additiven und sanierenden sowie integrierten Umwelttechniken. Diese sind in Japan Teil der staatlichen Politik.

Kerninhalte der ökologischen Politik sind:

- die Erarbeitung ökologischen Grundlagenwissens sowie einer wissenschaftlichen Basis für die Ermittlung der Auswirkungen menschlichen Handelns, für verbesserte Frühwarnsysteme bei Umweltproblemen und als Grundlage für Regulierungen und umweltökonomische Instrumente
- die Entwicklung technischer Lösungen zur Vermeidung, Verminderung und Sanierung von Umweltbelastungen
- die Erhöhung der Ressourceneffizienz, einschließlich der Schließung von Stoffkreisläufen
- die Substitution nicht erneuerbarer Stoffe
- die Erforschung der sozialen, ökonomischen und politischen Bedingungen, die Umweltprobleme verursachen (sowie deren Lösungen) bestimmen, und der gesellschaftlichen Rahmenbedingungen des Übergangs zu einer nachhaltigen Lebens- und Wirtschaftsweise
- die Berücksichtigung der internationalen Dimension, einschließlich der Entwicklung angepasster Technologien und Maßnahmen des Technologietransfers
- die Definition von Nachhaltigkeits-Zielen als Kriterium für die Förderung von Forschungs- und Entwicklungsvorhaben

(vgl. Kuntze/Pfister 1996: 5).

„Die japanische Regierung sieht ihre Rolle primär in der Steuerung und Koordinierung privater F&E-Aktivitäten, weniger in der direkten Förderung von Projekten." (ebd.: 40) F&E hat in nahezu alle Politikbereiche Eingang gefunden. Politische Maßnahmen werden stets auf ihre Verträglichkeit mit den Zielen der ökologischen Politik überprüft. Dies gilt in den letzten Jahren insbesondere für die Ziele der Umweltpolitik (vgl. ebd.: 5). Das heißt, dass für die japanische Politik Ökologie an oberster Stelle steht.

Um bessere Zusammenarbeit zu gewährleisten, wurde die japanische Regierung im Januar 2001 umstrukturiert: zuvor wurden 23 Ministerien und Agenturen umstrukturiert in 12 neue Ministerien und Agenturen und ein Koordinationsbüro wurde gebildet. Dadurch sollte vor allem mehr Transparenz geschaffen werden (vgl. OECD 2002).

Der Bereich Bildung ist laut Busch-Lüty (1995) eine wichtige Grundlage für ein ökologisch funktionierendes Innovationssystem: „Wenn Individuen wissen, welche sozialen, ökologischen und ökonomischen Konsequenzen ihre Handlungen haben, können sie ihr Handeln daran orientieren (...). Wissen (...) ermöglicht jedoch verantwortungsvolleres Handeln und soziale Kontrolle." (Blättel-Mink in diesem Band: 26)

Anfang 1997 legte das Japanische Erziehungsministerium auf 75 Seiten ein Bildungsmodell für das 21. Jahrhundert vor. Diese Studie sollte Veränderungen analysieren, um ein zukunftsfähiges Bildungskonzept entwerfen zu können. Dabei sind folgende Fragestellungen relevant:

- das Bildungsmodell als Antwort auf soziale Veränderungen,
- Internationalisierung und Bildung,
- Bildung und das Anwachsen der Informationsgesellschaft,
- Bildung und die Entwicklung von Naturwissenschaften und Technologie,
- Bildung und Umweltprobleme.

Hier geht es auch um Globalität, das Bewusstsein globaler Solidarität, Gemeinsamkeiten müssen gesucht werden, die Frage nach der Tragfähigkeit der Erde wird erörtert.

In Japan sind damit gute Voraussetzungen für eine ökologisch gelenkte Strukturpolitik vorhanden:

1. Eine institutionelle Verklammerung von Strukturpolitik und Ressourcenschutz ist durch bereits bestehende Referate für Industriestrukturpolitik und industriellen Umweltschutz möglich.

2. Die Tradition der langfristigen Perspektivenplanung und der Konsensbildung existiert sowohl im wirtschaftspolitischen wie auch im umweltpolitischen Bereich.

3. Die akzeptierte, historisch gewachsene Führungsrolle des Staates bei der Richtlinienformulierung für die industrielle Entwicklung erleichtert eine Integration von Umweltpolitik in die Strukturpolitik.

4. Eine institutionelle horizontale Vernetzung von Industrieministerium, pluralistisch besetzten Beratungsgremien und Industriebranchen ermöglicht eine branchendifferenzierte politische Feinsteuerung. Sie findet ihre Verlängerung in einer engen Kooperation zwischen den Forschungseinrichtungen des MITI und der Industrie, die an der technologischen Umsetzung der Entwicklungsperspektiven teilhaben. Sowohl konventionelle nachsorgende Umweltschutztechnologie als auch zukunftsweisende Innovationen, beispielsweise im Bereich neuer Werkstoffe und Energieeinsparungen, lassen sich kooperativ entwickeln.

5. Strukturpolitik kann mit Hilfe der langfristigen Perspektivplanungen koordiniert und informiert verlaufen.

6. Die konsultative, wenn auch situative, Integration von Gewerkschaften und Umweltverbänden in die von Bürokratie und Industrie dominierten politischen Aushandlungsprozesse kann Widerstandspotenzial bei Umstrukturierungen reduzieren.

7. Das System hat historisch wiederholt Flexibilität und Innovationsfähigkeit bewiesen, die für eine ökologische Umdefinition von wirtschaftlichen und gesellschaftlichen Zielen nutzbar erscheinen" (Foljanty-Jost 1995: 42).

Hieraus folgt: „Japan ist keine Konsensgesellschaft, sondern eher ein System, das sich auf wenige machtvolle Akteure stützt, die den Modernisierungsprozess vorantreiben sollen." (Blättel-Mink 2001: 119) Die Loyalität der Bevölkerung ist ebenfalls vorhanden.

Umweltpolitik

„Ausgangspunkt der japanischen Politik ist die schlechte Ressourcenlage und damit die Notwendigkeit hoher Energieimporte. Das zu verringern ist wesentliches Ziel der japanischen Umweltpolitik, und hierhin fließen auch die meisten staatlichen Fördermittel." (Blättel-Mink 2001: 103) „Das Leitbild ‚Sustainable Growth' soll hohes Wirtschaftswachstum mit möglichst geringem Energieeinsatz verbinden." (Kuntze/Pfister 1996: 40) Wie bereits erwähnt, ist der Bereich Umwelt schon sehr früh Bestandteil der japanischen Politik geworden: *Rahmengesetz über Maßnahmen gegen Umweltzerstörung* von 1967. Es wurde gesetzlich festgeschrieben, dass es Aufgabe der Regierung sei, regelmäßig über den Stand der Umweltbelastung und Umweltpolitik in einem Umweltweißbuch zu berichten. Zusätzlich gab es eine ‚Harmonieklausel', die eine harmonische Entwicklung von Wirtschaft und Umwelt propagierte. 1970 wurde dieser Passus anlässlich der ersten Novellierung jedoch wieder gestrichen. Durch die Ölkrise 1973 stand das Wirtschaftswachstum und die Importunabhängigkeit im Vordergrund, ab 1974 war die Umweltfrage zunehmend in den Hintergrund getreten. In den achtziger Jahren gab es eine Enttthematisierung von Umweltschutzaspekten in der Industriepolitik. Energieeinsparung und Diversifizierung der Energieträger wurden als Strategien zur Sicherung der Rohstoffgrundlagen für die Industrie zwar behandelt, eine Verknüpfung mit Umwelt- und Ressourcenschutz fehlte aber vollständig. „Umweltpolitisch war der industrielle Strukturwandel zwischen 1974 und 1985 durch ein differenziertes und strenges Grenzwertsystem flankiert. Darüber hinaus lag die Bedeutung der Umweltpolitik während der Jahre der auffallendsten Entkopplungen von Ressourcenverbrauch und industrieller Wertschöpfung vor allem in der Erschließung und Verarbeitung umweltrelevanter Daten und Entwicklungstendenzen. Das Nationale Umweltamt wirkte mit seiner Umweltberichterstattung als Trendsetter für umweltpolitische Themenkonjunkturen." (Foljanty-Jost 1995: 150)

1988 kam die Wende[4]: das neue Thema hieß nun globale Umweltzerstörung und der Anteil der japanischen Wirtschaft an dieser Entwicklung. 1991 wurden dann Expertengremien beauftragt, es wurden Gutachten erstellt mit einer ersten Kernforderung: eine Umweltverträglichkeitsprüfung sollte bei privaten und öffentlichen Vorhaben generell verpflichtend gemacht werden. Als zweites wurde die Einführung einer Umweltschutzabgabe gefordert, von der eine Steigerung der Motivation für den Umweltschutz erwartet wurde. Das MITI war gegen die Empfehlung ökonomische Steuerungsinstrumente in Zukunft in die Umweltpolitik aufzunehmen, um eine wirksame Lösung globaler Umweltprobleme zu unterstützen. Seit der UN-Konferenz über Umwelt und Entwicklung in

---

4 Über die Gründe, die zu diesem Umdenken geführt haben, wird leider nichts gesagt. Es stellt sich so dar, als wäre die Wende plötzlich gekommen.

Rio de Janeiro 1992 werden in Japan umweltpolitische Ziele nach und nach in alle Politikbereiche integriert. 1993 wurde ein neues *Umweltrahmengesetz* verabschiedet, das eine Erweiterung des Gesetzes von 1967 darstellt. Es wurde ein Kompromiss erzielt: Umwelt- und Ressourcenschutz, das Hauptanliegen des Nationalen Umweltamtes, wurden als Leitlinie für wirtschaftliches Handeln aufgenommen. In der Konkretisierung setzte sich jedoch das MITI durch. Die Gunst der Stunde nach der Klimakonferenz wurde nicht genutzt.

Folgende Maßnahmen werden im neuen *Umweltrahmengesetz* ergänzend zum Gesetz von 1967 genannt:

- Umweltverträglichkeitsprüfungen,

- wirtschaftliche Maßnahmen,

- Förderung von Einrichtungen und Projekten zur Umwelterhaltung,

- Förderung der Nutzung umweltschonender Produkte,

- Umweltaufklärung,

- Förderung freiwilliger privater Aktivitäten,

- F&E-Förderung,

- Internationale Kooperation,

- Technologietransfer zu den Entwicklungsländern

(vgl. Kuntze/Pfister 1996: 33f).

Obwohl das Gesetz nur eine Kompromisslösung war, hat die Umweltpolitik mit diesem Gesetz dennoch einen entscheidenden Paradigmenwechsel erfahren: das Prinzip der Nachhaltigkeit wurde explizit als Ziel politischen und wirtschaftlichen Handelns festgeschrieben. Die Rolle des Staates ist dabei geprägt durch ‚weiche' Instrumente der Information, Empfehlung und Schaffung von Anreizen.

Im Bereich alternativer und erneuerbarer Energien und Energieeffizienz wird vom MITI seit 1993 vor allem das New Sunshine Programm unterstützt, das vor allem zwei ältere Rahmenprogramme umfasst: den Sonnenscheinplan aus dem Jahre 1974, der vor allem die Entwicklung von alternativen Energien fördern sollte – hier lag der Schwerpunkt auf Verfahren zur Verflüssigung von Kohle sowie der Nutzung von Sonne, Erdwärme und Wasser als Energieträger, außerdem den Mondscheinplan aus dem Jahre 1978, der eine Ergänzung darstellt. Dieser enthält Grundlinien für die Konzipierung von Energieeinsparmaßnahmen der Industrie, er bildet die Grundlage der staatlichen Förderung von Kooperationsprojekten zwischen Privatunternehmen und staatlichen Forschungseinrichtungen. Im New Sunshine Programm sollen vor allem Energieknappheit und Umweltbelastung überwunden werden.

Im weiteren Verlauf hat sich in Japan noch einiges getan: Es gab diverse Recycling-Gesetze, die ISO 14001 Norm wurde standardisiert. Es gab hier eine enorme Steigerung der Teilnahme der Unternehmen am Zertifizierungsverfahren, das ja sehr kostspielig ist. Im Dezember 1996 waren nur 146 Unternehmen zertifiziert, bis September 2000 erhöhte sich die Zahl auf 4.471 zertifizierte Unternehmen.

Tabelle 2: The change in number of registration for the examination for ISO 14001

Dec 1996	Dec 1997	Dec 1998	Dec 1999	Jun 2000	Sep 2000
146	615	1.542	3.083	4.010	4.471

Quelle: JETRO-Bericht 2001: 43

Weiterhin nimmt Japan aktiv an internationalen Umweltkonferenzen wie dem Kyoto-Gipfel 1997 teil. Inwiefern die Umsetzung im Bereich Recycling, der mehrere Gesetze umfasst, funktioniert, werde ich später noch beschreiben.

In Japan verfügt das politische System politikfeldübergreifend über Institutionen und Verfahren, die eine beträchtliche Steuerungskapazität erwarten lassen. Insofern ist die Frage naheliegend, ob die positiven ökologischen Effekte strukturellen Wandels nicht gerade deshalb in Japan ausgeprägter als anderswo waren. Als Querschnittsaufgabe ist Umweltpolitik das Ergebnis von Aushandlungsprozessen einer ganzen Reihe von Ministerien, die für Teilbereiche der Umweltpolitik zuständig sind. Die zentrale Rolle spielt hierbei wie schon erwähnt das MITI.

Wirtschaft und Umweltschutz

Meyer-Krahmer (1997) nennt drei industrielle Leitbilder in Bezug auf Schonung von Ressourcen: Verstärkter Einsatz von umweltfreundlicher Technologie, Schließung von Stoffkreisläufen, Ganzheitliche Produktpolitik und -nutzung (vgl. Blättel-Mink – Theoretischer Rahmen, in diesem Band).

Japan ist eines der letzten energieintensiven Länder der Welt, ist aber auf dem Weg, energieintensive Industriezweige abzubauen und hat Energieeffizienzprogramme entwickelt. Was den Einsatz von umweltfreundlichen Technologien angeht, plant Japan, die Erdgasproduktion innerhalb der nächsten zehn Jahre zu erhöhen. Bei Erdgas handelt es sich um eine weniger umweltbelastende Energiequelle als fossile Brennstoffe. Im Jahr 1999 importierte Japan noch ca. 97% seines Erdgasbedarfs (vgl. EIA 2001: 3). Im Bereich erneuerbarer Energien gibt es vom METI (Ministry of Economy, Trade and Industry) einen Plan aus dem Jahre 1998, der Zuschüsse für die Nutzung alternativer Energien wie Solar- und Windenergie in Aussicht stellt. Was den Konsumenten betrifft, so gilt für Japan, was in den meisten Ländern gilt: wenn die Preise günstiger sind, dann ist der Konsument gerne bereit, alternative Energien zu nutzen und auch effizientere Haushaltsgeräte zu kaufen. Durch die niedrigen Energiepreise werden jedoch wenig Anreize für Energiesparmaßnahmen geschaffen. Auch schadstoffärmere Kraftfahrzeuge sollen produziert werden. Jedoch sind die Anschaffungskosten oftmals sehr hoch, sodass eine derartige Anschaffung für die breite Masse nicht in Frage kommt. Was den

Energieverbrauch betrifft, so lassen sich folgende Veränderungen seit 1980 beobachten: 10% Abnahme pro Einheit BSP, jedoch Zunahme pro Kopf um 40% (vgl. OECD 2001: 29).

Zur Schließung von Stoffkreisläufen tut sich im Recyclingbereich einiges in der Wirtschaft: im JETRO-Bericht 2001 wird von einer Recycling-Rate von 41% von Industrie-Abfällen berichtet, während die Rate für Haushalte nur bei 11% liegt. Schon 1995 konnte man sehen, dass die Recycling-Raten bei Papier, Stahl und Aluminium kontinuierlich ansteigen. Im Bereich der PET-Flaschen war laut JETRO 2001 das ‚Law for the Recycling of Containers and Packaging' von besonderer Wichtigkeit. 1996, vor Einführung des Gesetzes, betrug die Recycling-Rate im PET-Bereich noch 2,9%, danach stieg sie auf 9,8% im Jahre 1997 und 16,9% im Jahre 1998, Tendenz steigend (vgl. JETRO-Bericht 2001: 21).

Was die ganzheitliche Produktpolitik und -nutzung angeht, stellt sich die Situation schwieriger dar: Von Verhaltensänderungen in der Bevölkerung ist, wie man z.B. am steigenden Pro-Kopf-CO_2-Ausstoß erkennen kann, nichts zu bemerken. Die Bevölkerung braucht Anreize für die Nutzung alternativer umweltschonender Energien.

Es werden mehr als 70% der F&E-Aktivitäten von der privaten Wirtschaft finanziert und durchgeführt; sie sind überwiegend anwendungsorientiert. Dies gilt auch für umweltorientierte F&E. Die japanische Regierung sieht ihre Rolle weniger in der direkten Förderung von Projekten, sondern primär als Moderatorin, die private Forschungsaktivitäten nach Maßgabe gemeinsam definierter langfristiger Ziele anregt und koordiniert. Auffällig ist hier, dass die Maßnahmen innerhalb der Wirtschaft erst stattfinden, wenn Gesetze herauskommen, die dies festlegen. Es hat den Anschein, als würde die Wirtschaft von sich aus keine derartigen Maßnahmen ergreifen.

Einstellung gegenüber Umweltschutz und Umweltschutzpolitik

Laut Blättel-Mink (2001) ist das politische System Japans nicht in der Lage, den aktuellen ökonomischen Anforderungen zu entsprechen. Die japanische Handelspolitik wird eher als hemmend denn als fördernd betrachtet. Aus dem World Competitiveness Yearbook ergeben sich folgende Daten für 2001: Bei der Frage inwiefern die Regierungspolitik förderlich für den Wettbewerb ist, steht Japan auf Platz 29 (Vorjahr Platz 28). Was die Haushaltswirtschaft angeht, steht Japan auf Platz 5 (Vorjahr 3), bei der Makroökonomischen Beurteilung jedoch nur noch auf Platz 16 (Vorjahr 17). Bei der Beurteilung, inwiefern Unternehmen sich innovativ, profitabel und verantwortungsvoll verhalten, steht Japan auf Platz 30 (Vorjahr Platz 26) während bei der Frage, inwiefern technologische, wissenschaftliche und menschliche Ressourcen sinnvoll für die Wirtschaft eingesetzt werden, Japan auf Platz 19 kommt (Vorjahr 15). (Vgl. http://www01.imd.ch/ documents/wcy/content/breakdown.pdf)

Ziele – Erfolge – Misserfolge der Umweltpolitik

Japans vorrangiges Ziel ist die Einhaltung von auf Umweltgipfeln getroffenen Vereinbarungen wie z.B. des Kyoto-Protokolls. Mindestens sollen die Vorgaben erfüllt werden, am besten ist es jedoch für Japan, wenn die Vorgaben früher als erwartet erfüllt werden und dann sogar noch besser als vertraglich festgelegt. Im Bereich des Recycling kann man in Japan von großem Erfolg sprechen: Recycling-Gesetze werden eingehalten, die Wirtschaft und auch die Bevölkerung unterstützen dies. Da im Bereich der Schadstoffemissionen wenige bzw. gar keine aktuellen Daten veröffentlicht werden (außer CO_2), liegt es nahe, dass Japan hier seine Zielvorgaben nicht erreicht hat, denn wenn hier gute Zahlen vorlägen, hätte die japanische Regierung ein großes Interesse an der Veröffentlichung dieser Daten und auch an deren Verbreitung. In OECD-Veröffentlichungen würden diese Daten dann ebenfalls zur Verfügung stehen – schon wegen der guten Außendarstellung, die damit verbunden wäre. Das Einzige, was gesagt wird, ist, dass die Emissionen kontinuierlich zurückgehen, in welchem Ausmaß wird jedoch nirgends erwähnt.

Nach Huber (1995) stellen Konsistenz vor Effizienz vor Suffizienz die wichtigsten Leitbilder für nachhaltiges Wirtschaften dar. Konsistenz meint die naturangepasste Beschaffenheit von Stoffströmen und Energiegewinnung, die Natur soll als Vorbild dienen. Effizienz bedeutet eine Relativierung des Ressourcenverbrauchs und der Umweltbelastung, absolute Minimierung ist hier das Ziel. Suffizienz meint Genügsamkeit und Bescheidenheit, Verzicht wird als Bereicherung gesehen. Letztlich würde das in seiner Konsequenz die Rückkehr zur regionalen und gemeinschaftlichen Selbstversorgung bedeuten. Wenn man hier die Aktivitäten Japans betrachtet, kann man Folgendes sagen: Die Umstellung im Bereich der Energieformen wird schon lange erfolgreich betrieben (Konsistenz), der verstärkte Einsatz von Umwelttechnologien und Recycling werden, wie bereits erwähnt, ebenfalls betrieben (Effizienz). Über Suffizienz, was Genügsamkeit und Bescheidenheit mehr im persönlichen Bereich meint, können leider keine Aussagen getroffen werden, da keine Daten zur Verfügung stehen. Dass bei der Bevölkerung Umdenken notwendig ist, wird jedoch durch die gestiegenen Pro-Kopf-Emissionen deutlich.

Wo geht es hin?

Außerhalb Japans ist seit der zweiten Jahreshälfte 1995 ein dramatischer Rückgang der Anzahl japanisch-ausländischer Joint Ventures zu verzeichnen. Nach der Asienkrise haben vor allem Unternehmenskooperationen im Bereich des asiatischen Wirtschaftsraumes an Bedeutung verloren. Oberste Priorität für japanische Unternehmen hat nun die Sicherung der eigenen Existenz.

Wenn überhaupt Unternehmenskooperationen, dann geht der Trend deutlich in Richtung USA und Europa und in Richtung Technologiekooperationen. Japans Kooperationen mit der Region Südostasien sind vor allem Kooperationen zur Markterschließung und -durchdringung. Hierbei stellt im Wesentlichen die japanische Seite das Know-how und auch die Technologie, insbesondere die Produktionstechnologie, bereit. Die asiatische Seite bietet häufig das ganz Asien überspannende Beziehungs- und Informationsnetzwerk der Überseechinesen, die notwendigen Arbeitskräfte und in einigen Fällen auch zusätzliches Risikokapital. Wie schon erwähnt, orientiert sich Japan inzwischen stärker in Richtung USA und Westeuropa. Während die USA im Jahre 1996 nur einen Anteil von 36% an allen technologischen Kooperationsaktivitäten japanischer Unternehmen hatten, so waren es im ersten Halbjahr 1999 schon 57%. Für Europa gab es noch gravierendere Veränderungen: Zwischen 1996 und dem ersten Halbjahr 1999 haben sich die technologieorientierten Kooperationen japanischer Unternehmen in dieser Region mehr als verdreifacht. Auf Europa entfielen im ersten Halbjahr 1999 etwa 25%, auf Asien dagegen nur 15% aller technologischen Kooperationsaktivitäten japanischer Unternehmen. Laut einer JETRO-Umfrage gilt die Technologiestärke des ausländischen Partners bei japanischen Unternehmen als wichtigstes Kooperationsmotiv. Der Trend zur technologieorientierten Kooperation wird sich auch in den nächsten Jahren fortsetzen. Ob sich dieser Trend in Richtung Westen stabilisieren wird, bleibt abzuwarten. Sollte der gegenwärtige Aufschwung Südostasiens weiter an Kraft gewinnen, so wäre eine Rückkehr japanischer Unternehmen auf dem Gebiet der internationalen Kooperationen zur erweiterten Markterschließung und -durchdringung eine denkbare Folge. Diese erneute Konzentration würde dann zu Lasten der technologieorientierten Kooperationen mit dem Westen gehen.

Um die Position Asiens zu stärken und einen Beitrag zur globalen Umweltproblematik zu leisten, unterstützt Japan andere Teile Asiens bei Umweltprojekten. Japan pflegt besonders Kooperationen mit China, Korea und Thailand. Diese Länder haben Entwicklungsland-Status und bedürfen aufgrund der immer weiter wachsenden Bevölkerung und der damit verbundenen Umweltzerstörung der Unterstützung im Bereich Ökologie. Zwischen China und Japan gibt es z.B. das ,Water Environment Restoration Pilot Project in Tai Hu Lake' (vgl. NIES Annual Report 2001: 33).

5 Zusammenfassung und Ausblick

Obwohl die japanische Denkweise besagt, dass Katastrophen hingenommen werden müssen (also auch Umweltkatastrophen) und Denken an die Zukunft völlig fremd ist, ist in Japan schon seit den sechziger Jahren Ökologie Bestandteil der Politik. Das liegt daran, dass auch Japan erkannt hat, dass es ohne Globalisierung nicht geht. Dazu gehört auch ein schonenderer Umgang mit der Umwelt.

Wenn wir zunächst die Situation Japans allgemein betrachten ohne speziell auf das Thema Ökologie einzugehen, steht fest, dass Japan, wie bereits eingangs erwähnt, zu den bedeutendsten industriellen und wirtschaftlichen Großmächten gehört. Es gibt mehrere Gründe dafür, dass Japan dies erreichen konnte:

- „Eine Gesellschaft ohne trennende Klassenunterschiede und Neidkomplexe, die zwar Hierarchie kennt, aber jedem die Chance bietet aufzusteigen.

- Die große Lernbereitschaft und der Wille, alle als nützlich erkannten fremden Ideen und Verfahren zu übernehmen, ohne die eigene Identität aufzugeben.

- Damit japanische Firmen auf den Weltmärkten konkurrenzfähig sind, wird den exportintensiven Firmen durch steuerliche Vorteile ein besonderer Rückhalt zugesprochen.

- Eine soziale Struktur im Unternehmen, die alle Beteiligten die Firma als ‚mein Haus' empfinden lässt und zu großer Loyalität und Einsatzbereitschaft führt.

- Die enge Zusammenarbeit zwischen der Industrie und einer ganz auf wirtschaftliches Wachstum programmierten Ministerialbürokratie, die sich ihren Nachwuchs unter der Elite der Universitätsabsolventen auswählen kann.

- Eine Bevölkerung, die sich bisher ganz dem nationalen Ziel verpflichtet fühlte, gemeinsam den wirtschaftlichen Aufstieg zu schaffen, dafür hart zu arbeiten und zu sparen." (vgl. Stüdemann 2000)

Busch-Lüty (1995) wirft dem deutschen Staat vor, sich zu sehr an der Wirtschaft zu orientieren – das trifft auf Japan nicht zu, hier hat der Staat die Lenkungsaufgabe. Seit den siebziger Jahren wurden die einzelnen Unternehmen stärker – zum Beispiel durch internationale Verflechtungen – und die beteiligten Branchen wurden zahlreicher, so dass die kontrollierende Gestaltung der Industriepolitik schwieriger wurde. Heute gilt das MITI vorrangig als Koordinator von unterschiedlichen Interessen und als Gestalter der Rahmenbedingungen. Diese Anweisungen sind zwar nicht rechtsverbindlich, dennoch meistens äußerst wirksam, da nur wenige Unternehmen es wagen, den Unmut der Verwaltung auf sich zu ziehen.

Wie im vorliegenden Beitrag aufgezeigt wurde, gibt es jedoch in Japan auch Probleme, Japan wurde immer wieder durch Krisen stark gebeutelt. Bis heute ist es Japan jedoch immer wieder gelungen, einen Weg aus der Krise zu finden. Japan setzt seinen Schwerpunkt auf Wettbewerb, es geht darum auf dem Weltmarkt die Konkurrenz auszustechen. Für den Bereich Ökologie spricht Sachs in diesem Zusammenhang von ‚Wettkampfperspektive' (vgl. Sachs 1997: 100). Hier geht es um Sicherung der Wettbewerbsfähigkeit des Standorts. Ineffizienter Ressourceneinsatz und das ständige Bevölkerungswachstum sind Ursachen für die vorhandenen Umweltprobleme.

Der Norden, also die starken Industrienationen, nehmen für sich in Anspruch, effizient zu wirtschaften und erwarten vom Süden, also den weniger entwickelten Ländern, sich ihnen anzupassen. In Japan zeichnet sich eine Tendenz in Richtung Astronautenperspektive ab. Die Astronautenperspektive dreht sich um globale Lösungen der Probleme. Hier zeigt Japan sein Engagement in Richtung ökologischer Kooperationen mit asiatischen Entwicklungsländern. Laut Sachs stellt dies jedoch auch keine zufriedenstellende Alternative dar. Die einzige Möglichkeit für nachhaltige Entwicklung ist für ihn die ‚Heimatperspektive'. Dabei geht es um die Lebensverhältnisse vor Ort, letztendlich also um eine suffizientere Lebensweise, die wiederum von Huber kritisiert wird (vgl. Huber 1995: 130).

Sei es, dass man Effizienz oder Suffizienz für wichtiger hält, Tatsache ist, dass alle Nationen nach nachhaltiger Entwicklung streben müssen, um unsere Erde langfristig als Lebensraum zu erhalten. Wichtig ist, dass es Vorbildnationen gibt, die anderen vorleben, dass es durchaus möglich ist ökologisches Wirtschaften als prioritäres Ziel zu haben und trotzdem nicht seine Wettbewerbsfähigkeit einbüßen zu müssen. Das Gegenteil kann sogar der Fall sein. Das Streben nach Ökologie kann Anreize für die Wirtschaft bieten, die langfristig mit Gewinnen verbunden sind. Es ist sicher nicht realistisch zu glauben, dass eine Nation auf dieser Welt auf wirtschaftlichen Erfolg zugunsten von Nachhaltigkeit verzichten wird. Japan leistet, wie in diesem Beitrag aufgezeigt wurde, seinen Teil, sollte aber im Bereich der fortschrittlichen Technologiefelder noch aktiver werden. Schritte in diese Richtung wurden bereits unternommen, wie die Zahlen im Bereich der Unternehmenskooperationen zeigen. Auch im Bereich der Umsetzung von Recycling-Gesetzen gibt es teilweise Probleme, die Teilnehmerzahl könnte noch erhöht werden. Das Problem liegt zum Teil sicherlich in der japanischen Lebensanschauung, die meint, dass sich im menschlichen Leben oder in dieser Welt alles ständig verändert. Es gibt keine Permanenz. Diese Haltung gegenüber der Umwelt führt dazu, dass man bereit ist, alle radikalen Änderungen zu akzeptieren – die kann bis hin zur Resignation führen, was sicher die schlechteste Alternative darstellt.

Japan hat im Gesamten sehr gute Voraussetzungen für eine nachhaltige Entwicklung, jedoch blockiert oftmals die Bevölkerung, die zwar bereit ist, Vorgaben zu akzeptieren und umzusetzen, der jedoch der Suffizienzgedanke völlig fremd zu sein scheint. Vielleicht könnte hier im Bereich Aufklärung und Schaffung von Anreizen noch etwas verbessert werden.

Literatur:

Blättel-Mink, B. 2001: Wirtschaft und Umweltschutz. Grenzen der Integration von Ökonomie und Ökologie. Frankfurt am Main: Campus

Busch-Lüty, C. 1995: Welche politische Kultur braucht nachhaltiges Wirtschaften? „Vater Staat" in der Umweltverträglichkeitsprüfung. In: Dürr, H.-P./Gottwald, F. (Hg.): Umweltverträgliches Wirtschaften. Münster: agenda: 177-200

CIA – The World Factbook 2001; http://www.cia.gov/cia/publications/factbook [25.10.2001]

EIA – Energy Information Administration 2001: Japan Environmental Issues; http://www.eia.doe.gov/emeu/cabs/japanenv.html [3.6.2002]

Foljanty-Jost, G. 1995: Ökonomie und Ökologie in Japan: Politik zwischen Wachstum und Umweltschutz. Opladen: Leske & Budrich

Holzkämper, H. 1995: Forschungs- und Technologiepolitik Europas, Japans und der USA: eine ordnungstheoretische und empirische Analyse. Bayreuth: Verlag PCO

Huber, J. 1995: Kontroverse Strategien: Suffizienz, Effizienz und Konsistenz von Produktionsweise und Lebensstil. In: ders.: Nachhaltige Entwicklung: Strategien für eine ökologische und soziale Erdpolitik. Berlin: edition sigma: 123-160

IMD 1998: The World Competitiveness Yearbook 1998. Lausanne: IMD

JETRO-Bericht 2001: JETRO, 2001.2, Trade Fair Department – Japan External Trade Org., Tokyo; http://www.jetro.go.jp/fa/e/environmentjapan/facts.pdf [3.6.2002]

Kuntze, U./Pfister, M. D. 1996: Forschungs- und Technologiepolitik für eine nachhaltige Entwicklung - die Situation in den USA, Japan, Schweden und den Niederlanden. Karlsruhe: Fraunhofer Institut für Systemtechnik und Innovationsforschung (ISI)

Mayntz, R. 1996: Policy-Netzwerke und die Logik von Verhandlungssystemen. In: Kenis, P./Schneider, V. (Hg.): Organisation und Netzwerk. Institutionelle Steuerung in Wirtschaft und Politik. Frankfurt am Main: Campus: 471-496

Meyer-Krahmer, F. 1997: Umweltverträgliches Wirtschaften: Neue industrielle Leitbilder, Grenzen und Konflikte. In: Blättel-Mink, B./Renn, O. (Hg.): Zwischen Akteur und System. Die Organisierung von Innovation. Opladen: Westdeutscher Verlag: 209-233

NIES (National Institute for Environmental Studies) Annual Report 2001; http://www.nies.go.jp/kanko/annual/ae-7/ae-7-2001.pdf [6.6.2002]

OECD 2001: Key Environmental Indicators. Paris: OECD

OECD 2002: Governance for Sustainable Development. Five OECD cases studies. Paris: OECD

Odagiri, H./Goto, A. 1993: The Japanese System of Innovation: Past, Present, and Future. In: Nelson, R. (Hg.): National innovation systems. A comparative analysis. Oxford: Oxford University Press: 76-114

Sachs, W. 1997: Sustainable Development. Zur politischen Anatomie eines Leitbilds. In: Brand, K.-W. (Hg.): Nachhaltige Entwicklung - Eine Herausforderung an die Soziologie. Opladen: Leske & Budrich (Reihe 'Soziologie und Ökologie', Band 1): 93-110

Scharpf, F. W. 1996: Positive und negative Koordination von Verhandlungssystemen. In: Kenis, P./Schneider, V. (Hg.): Organisation und Netzwerk. Institutionelle Steuerung in Wirtschaft und Politik. Frankfurt am Main: Campus: 497-534

Statistical Handbook of JAPAN 2001; http://www.stat.go.jp/english/data/handbook/contents.htm [31.5.2002]

Statistisches Bundesamt Deutschland 2001; http://www.destatis.de/basis/d/ausl/ausl113.htm und http://www.destatis.de/basis/d/ausl/ausl913.htm [28.11.2001]

Stoll, K./Brandes, F. 1995: Das nationale Innovationssystem Japans. In: Blättel-Mink, B. (Hg.): Nationale Innovationssysteme - Vergleichende Fallstudien. Stuttgart: Universität Stuttgart: 27-43

Stüdemann, F. 2000: Japan: Wirtschaft im Wandel; http://www.hausarbeiten.de/faecher/hausarbeit/gog/4979.html

The Patent Cooperation Treaty (PCT) in 2001; http://www.wipo.org/ipstats/en/ index.html [6.6.2002]

WCY - World Competitiveness Yearbook 2001 - Executive Summary; http://www.imd.ch/wcy/esummary [23.11.2001]

WCY - World Competitiveness Yearbook 2001 (Government efficiency, economic performance, infrastructure, business efficiency); http://www01.imd.ch/documents/ wcy/ content/breakdown.pdf [12.10.2001]

Yearbook of International Co-operation on Environment and Development 2001/2002; http://www.greeenyearbook.org/profiles/japan.htm [6.6.2002]

Weitere interessante Internetseiten

EIA - Energy Information Administration (http://www.eia.doe.gov)

Greenyearbook (http://www.greenyearbook.org)

JETRO (http://www.jetro.go.jp)

NIES (http://www.nies.go.jp)

Statistische Daten (http://www.stat.go.jp)

The Ministry of Foreign Affairs of Japan (http://www.mofa.go.jp)

WIPO - World Intellectual Property Organization (http://www.wipo.org)

Kontakt:
Undine Tölke: undine.toelke@gmx.de

Zbigniew Bochniarz

Ökologisierung und Transformation: Lektionen aus Mittel- und Osteuropa

1 Einleitung

Die Universität Minnesota ist schon seit 1987 über ihr Hubert H. Humphrey Institut für Öffentlichkeitsarbeit in Mittel- und Osteuropa (MOE) engagiert, als dieses dort ein kleineres Forschungsprojekt durchführte, das sich mit den wirtschaftlichen Mechanismen befasste, die für den Umweltschutz in Polen und anderen mittel- und osteuropäischen Ländern von Bedeutung sind. Die Ergebnisse dieses Forschungsprojekts sowie die Empfehlungen an die polnische und andere MOE-Regierungen verlangten einen drastischen Richtungswechsel weg von einer regulierenden Politik der Planwirtschaft hin zu einem marktorientierten Ansatz. Als wichtigste Strategie zur Finanzierung des Umweltschutzes legten die Verfasser der Studie den MOE-Ländern nahe, durch Eigenfinanzierung mittels Ökosteuern und Emissionshandel anstelle von Subventionen und Zuschüssen einen effizienteren und liberaleren Ansatz zu entwickeln (Bochniarz 1990).

Das nächste Projekt (‚Der Aufbau von Einrichtungen für eine nachhaltige Entwicklung in Mittel- und Osteuropa'; 1989) konzentrierte sich auf die Umstrukturierung institutioneller Einrichtungen mit dem Ziel der Harmonisierung wirtschaftlicher, umweltbezogener und sozialer Bedürfnisse und Prioritäten. Dieses ehrgeizige und umfassende Projekt befasste sich mit den in MOE-Ländern vorherrschenden, ständig schlechter werdenden Lebensbedingungen: eine stark verschmutzte Umwelt, fehlgeleitete Entwicklungsbemühungen und ein niedriger Lebensstandard.

Seit 1989 stellen Mitarbeiter des Humphrey Instituts Forscherteams zusammen, die in Polen, Ungarn, Tschechien, der Slowakei, Bulgarien und Rumänien arbeiten. Diese Gruppe arbeitet an einem multi-disziplinären Vorhaben und hat es sich zur Aufgabe gemacht, einen institutionellen Rahmen zu entwickeln, mit dessen Hilfe eine umweltgerechte Entwicklung und eine angepasste wirtschaftliche Umstrukturierung ermöglicht werden soll. Die Arbeit dieser Gruppe konzentriert sich auf vergleichende Forschung und Planungsaktivitäten in den seit kurzem demokratisierten Ländern Mittel- und Osteuropas.

Das Programm wurde durch ein dreijähriges Stipendium privater US-amerikanischer Stiftungen gefördert. Hinzu kam die Unterstützung der US-amerikanischen Umweltbehörde und des regionalen Umweltzentrums in Budapest. Die Arbeit, die in Polen ihren Anfang genommen hat, erweiterte in der Folge sowohl ihre Tätigkeitsbereiche als auch ihre finanzielle Basis. Breitgestreute, umfassende und detaillierte Pläne, die Politikempfehlungen für eine nachhaltige Entwicklung enthielten, wurden durch länderspezifische Forschungsteams in Kooperation mit Teams des Humphrey Instituts in Polen (1990), der Tschechoslowakei (1991), Ungarn und Bulgarien (1992) erarbeitet. Drei ‚katalytische' Institutionen – unabhängige gemeinnützige Forschungs- und Aktionszentren – wurden in den MOE-Ländern gegründet und haben ihre Arbeit Anfang der neunziger Jahre aufgenommen. Zur gleichen Zeit wurde auf der amerikanischen Seite ein Partnerinstitut in Form des Center for Nations in Transition (CNT) am Humphrey Institut eingerichtet. Diese Aktivitäten und Einrichtungen haben dazu beigetragen, Arbeitsbeziehungen mit Regierungen der mittel- und osteuropäischen Länder aufzubauen, sie haben nationalen umweltbezogenen Einrichtungen wie dem Eco-Fund und der Bank für Umweltschutz in Polen zur Entstehung verholfen und die Umwelt- und Wirtschaftsgesetzgebung in mehreren Ländern Mittel- und Osteuropas mitgestaltet. Schließlich führte diese Arbeit zur Anfertigung des Entwurfs des UNDP (United Nation Development Programme) Regionalberichts über ‚Capacities and Deficiencies for Implementing Sustainable Development in Central and Eastern Europe' (Bochniarz 1992).

Der Regionalbericht, der auf der Konferenz in Rio de Janeiro 1992 vorgelegt wurde, bewertete nicht nur institutionelle sondern auch bildungsspezifische Gegebenheiten im Hinblick auf nachhaltige Entwicklung in Mittel- und Osteuropa. Der Bericht kam zu dem Ergebnis, dass im Bildungsprozess Prioritäten völlig falsch gesetzt werden und dass diese Tatsache eines der größten Hindernisse ist, die es bei der Kapazitätsentwicklung für eine nachhaltige Entwicklung zu überwinden gilt. Die Gewichtung basierte zu sehr auf der Vermittlung von Wissen und zu wenig auf der Entwicklung angemessener interaktiver Fähigkeiten und Einstellungen. Zum Beispiel erhielten Manager ihr Wissen über die Umwelt durch eine naturwissenschaftliche Ausbildung, es wurden ihnen jedoch keine Kenntnisse vermittelt, wie sie mit den konkreten Problemen, die bei ihren Projekten auftraten, umgehen sollten. Sie waren daher nicht in der Lage, das anzuwenden, was sie gelernt hatten. Darüber hinaus deckte der Bericht gravierende Lücken in den volks- und betriebswirtschaftlichen Studiengängen auf. Aufgrund dieser Mängel waren Entscheidungsträger der Wirtschaft nur unzureichend darauf vorbereitet, effektive nachhaltige Entwicklungsprojekte zu entwerfen und zu implementieren. Diese Bildungsdefizite traten während der Einführung der Marktwirtschaft und der Implementierung neuer Umweltgesetze in Mittel- und Osteuropa in prekärer Weise zutage.

Die Implementierung der Ergebnisse des Forschungsprojekts und die Verbreitung der Politikempfehlungen von Land zu Land gaben den Impuls für weitere Forschungsvorhaben, die sich mit den Auswirkungen dieser Politikempfehlungen beschäftigten, zuerst in Polen (1992-94), später in anderen mittel- und osteuropäischen Ländern. Die ersten Ergebnisse aus Polen waren eindrucksvoll (Bolan/Bochniarz 1994). Sie zeigten nämlich, dass über 65% der Empfehlungen (‚blueprints') während dieser kurzen Zeitspanne implementiert worden waren. Eine aktuelle Einschätzung der erreichten Implementierung der vier Entwicklungspläne gibt an, dass in Polen über 85% der Empfehlungen in vollem Umfang implementiert wurden oder sich gerade im Prozess der Implementierung befinden, während die Implementierungsniveaus in den anderen drei Ländern auf zwischen 60 und 65% geschätzt werden. Eines der wirkungsvollsten Elemente dieser ‚blueprints' war der Hinweis auf die Notwendigkeit einer raschen Einführung von Gesetzen, die im Prozess der Privatisierung die Haftung für Umweltschäden regulierten. Daraus entstand ein neues Forschungsprojekt über die ‚Privatisierung und Haftung für Umweltschäden in Mittel- und Osteuropa' (1991–95), aus dem mehrere Veröffentlichungen und Berichte hervorgingen (vgl Bochniarz 1993; Bellas et al. 1994; Bochniarz et al. 1995).

Nachdem adäquate Institutionen und politische Leitlinien skizziert waren und nachdem, gemeinsam mit den Regierungen mittel- und osteuropäischer Länder, die Implementierung von Politikempfehlungen begonnen hatte, wobei gleichzeitig die Nichtregierungsorganisationen darin bestärkt wurden, ihren Druck aufrechtzuerhalten und die Regierungen bei der Implementierung umweltgerechter und nachhaltiger politischer Entwicklungskonzepte zu kontrollieren, war der Zeitpunkt gekommen, die mächtigsten Akteure in diesem Bereich, nämlich die Entscheidungsträger aus der Wirtschaft zum Gegenstand der Forschung zu machen. Das Forschungsprojekt ‚Stärkung des Wirtschaftsbeitrags zur nachhaltigen Entwicklung in Mittel- und Osteuropa' lief 1995 in sechs mittel- und osteuropäischen Ländern an: in Bulgarien, Tschechien, Ungarn, Polen, Rumänien und der Slowakei. Das Hauptaugenmerk richtete sich dabei auf die Bewertung des Verhaltens eines der entscheidendsten Repräsentanten der Wirtschaft, den strategischen ausländischen Investoren (vgl Bochniarz 1998; Lesniak-Lebkowska 1998). Im Verlauf des Projektes wurde auch der Beitrag finanzieller Institutionen zu nachhaltigen Ökonomien in MOE ausgewertet (Eri 2001). Die allgemeine Schlussfolgerung aus den fast 1.000 Interviews in sechs Ländern ließ erkennen, dass die Mehrheit der strategischen ausländischen Investoren der Einführung höherer Umweltstandards wohlwollend gegenüberstand und eine wesentlich bessere Einstellung gegenüber der Umwelt zeigte als einheimische Firmenvertreter.

Schließlich initiierte das ‚Center for Nations in Transition' (CNT) des Humphrey Instituts im Jahre 1998 den kooperations- und aktionsorientierten Forschungsschwerpunkt ‚Economic, Ecological and Social Sustainability of Transition of the 25 Central and East European Countries and New Independent States' mit noch stärkerer Konzentration auf der Zusammenarbeit. Diese Studien führten zu zwei Arbeiten, die von zwei aufeinanderfolgenden Weltkongressen zum Thema ‚Environmental and Resource Economics' (vgl. Archbald/Bochniarz 1998; Archibald/Bochniarz 2002) angenommen wurden sowie zu weiteren Konferenzvorträgen, Politikempfehlungen und Veröffentlichungen, einschließlich der hier vorliegenden. Diese umfassende wissenschaftliche Arbeit wurde durch eine detaillierte ökonometrische Analyse mit dem Titel ‚Empirical analysis of the environmental Kuznets curve for CEE countries' ergänzt.

All diese Forschungsprojekte legten die Grundlage für die Bewertung der Ökologisierung des Transformationsprozesses in Mittel- und Osteuropa.

2 Treibende Kräfte der Ökologisierung

Es gibt äußere und innere treibende Kräfte der Ökologisierung, die als ein Prozess der Veränderung oder Erneuerung in mehreren Bereichen verstanden wird, von Verbraucherverhalten über Institutionen, Politik und Technik. Einer der impulsgebenden Faktoren der Ökologisierung ist die wachsende Bedrohung durch Umweltdegradation sowie die Knappheit umweltgerechter Güter und Dienstleistungen: auf globaler, nationaler, regionaler und lokaler Ebene. Globale Erwärmung, die zu einer Änderung des Klimas führt, der Abbau der Ozonschicht und die Abnahme der Biodiversität sind nur einige Beispiele der zunehmenden globalen Bedrohungen, die ein neues ökologisches Bewusstsein heranwachsen lassen und Veränderungen im Verbraucherverhalten auf dem Markt bewirken. Diese Veränderungen schreiten sogar noch schneller voran, wenn die Bedrohungen in angemessene institutionelle und politische Reformen ‚übersetzt' werden. Das Montrealer Protokoll von 1987 und zwei zusätzliche Ergänzungen (London 1990 und Kopenhagen 1992) sind ausgezeichnete Beispiele für effektive internationale Übereinkommen, die um 1996 zu einem stufenweisen Abbau der FCKW-Produktion in den entwickelten Ländern führten (mit Ausnahme von Russland) und eine signifikante Reduzierung der FCKW-Produktion in China und Indien nach sich zogen (vgl. Worldwatch Institute 2001). Dieses internationale Gesetz hatte nicht nur auf die Hersteller Auswirkungen, sondern auch auf Verbraucher, Regierungseinrichtungen und Nicht-Regierungsorganisationen. Leider zeigen andere internationale Übereinkommen und Verträge wie das Kyoto Protokoll von 1997 noch keine vergleichbare Wirkung.

Durch ein stetig zunehmendes Wohlstandsniveau der Bevölkerung, besonders in den entwickelten Ländern, wächst die Nachfrage nach umweltfreundlichen Waren und Diensten von hoher Qualität, was wiederum – jedenfalls in den entwickelten Ländern – zu einer schnellen Entwicklung des Umweltmarktes führt. Dieser Markt wächst sogar noch stärker, wenn ein Synergieeffekt aus Wohlstand und Bedrohung zugrunde liegt. Mit einem jährlichen Wachstum von 25-30% in mehreren Ländern der EU ist der Markt für Lebensmittel aus biologisch-dynamischem Anbau ein gutes Beispiel für die Wirkung von von BSE oder auch der Maul- und Klauen-Seuche auf das Verbraucherverhalten. Über das letzte Jahrzehnt des zwanzigsten Jahrhunderts weist dieser Markt ein Wachstum von über 500% auf. (vgl. Renner 2000; OECD 1997; Canadian Environment Industry Virtual Office 1999).

Durch den Beitrittsprozess erfolgte in den Ländern Mittel- und Osteuropas eine zügige Implementierung von umweltbezogenen Vorschriften und Standards, die aus Ländern der EU, aber auch aus anderen Ländern der Welt kamen. Inspiriert durch die Aussicht auf volle EU-Mitgliedschaft schlossen die Länder Mittel- und Osteuropas innerhalb von nur wenigen Jahren eine institutionelle Lücke. Dieser Institutionenbildungsprozess wurde von immer stärker werdenden Umweltbewegungen und Umweltorganisationen in diesen Ländern begleitet. All diese Faktoren tragen zu einer weiteren Ökologisierung des täglichen Lebens bei.

Des Weiteren bieten Fortschritte in der Technik neue Gelegenheiten für Umweltschutz, vorbeugende Maßnahmen und Qualitätsverbesserungen, aber auch neue Bedrohungen. Durch Ersatzstoffe für FCKW zum Beispiel können zwar diejenigen Gase verringert werden, die die Ozonschicht abbauen, es werden dadurch aber neue Substanzen eingeführt, die zur globalen Erwärmung beitragen.

Trotz aller Rückschläge schreitet die Globalisierung von umweltfreundlichem Verhalten weiter voran – angefangen mit Nicht-Regierungsorganisation als Vorreiter, über die Haushalte bis zu ‚grüner werdenden' Industrien und Gesellschaften. Die Aktivitäten des 'World Business Council for Sustainable Development' (WBCSD) nehmen weltweit zu. Darüber hinaus fungiert dieser Rat als gutes Vorbild für den öffentlichen Sektor, wie zum Beispiel für die Gemeinden, die ein Netz nachhaltiger Städte organisieren.

Trotz der relativen Rückständigkeit ihrer wirtschaftlichen Entwicklung nehmen auch die Länder Mittel- und Osteuropas gemeinsam mit ihren reicheren Partnern an der Ökologisierung teil. Gewaltige Umweltverschmutzung durch die Industrie, Umweltschäden und negative soziale Auswirkungen in den Gesellschaften Mittel- und Osteuropas bereiteten den Boden für eine noch stärkere Sensibilität gegenüber der Umwelt. Wirtschaftssysteme, die über vier Jahrzehnte der Planwirtschaft unterworfen waren, hinterließen in den Ländern Mittel- und Osteuropas schwere Umweltschäden. Die Umweltverschmutzung in diesen Ländern betrifft in hohem Maße Luft, Wasser und Boden. Als Folge davon entstehen schwerwiegende Probleme sowohl für die Gesundheit der dort lebenden Menschen als auch für das wirtschaftliche Wohlergehen der ganzen Region. Anfang der neunziger Jahre zeigten unsere Studien, dass die Luftverschmutzung in dieser Region eine besorgniserregende Höhe erreicht hatte (Bochniarz 1992). Verglichen mit Westeuropa verursachte die Produktion von $1.000 BSP eine ca. 60 mal höhere Partikelluftverschmutzung. Emissionen von SO_2 und NO_x waren in MOE-Ländern 30 bzw. 8 mal höher als in den Ländern der EU. Auch die Qualität des Wassers (Oberflächen- und Grundwasser) hat sich in den meisten MOE-Ländern von den sechziger Jahren bis zum Ende der achtziger Jahre verschlechtert. In Polen zum Beispiel waren zu Beginn dieses Jahrzehnts 88,5% aller großen Flüsse für jegliche Art der Verwendung ungeeignet, 9,7% eigneten sich für industrielle Zwecke, nur 1,8% waren geeignet für die Landwirtschaft, und keiner der überwachten Flüsse führte trinkbares Wasser. Die Qualität des Bodens sah auch nicht viel besser aus. In den industrialisierten Ländern von MOE sind ca. 35% der anbaufähigen Böden gefährdet. In manchen Gebieten wurde es sogar schon nötig, die Kultivierung der Böden zur Produktion von Lebensmitteln zu verbieten (vgl. Bochniarz/Toft 1995).

Es ist evident, dass die schlechte Luft-, Wasser- und Bodenqualität in Mittel- und Osteuropa schwerwiegende Folgen für die Gesundheit der dort lebenden Menschen hat, desgleichen für das wirtschaftliche Wohlergehen der Länder innerhalb dieser Region sowie der umliegenden Länder. Verglichen mit dem Westen hat Mittel- und Osteuropa eine signifikant höhere Kindersterblichkeit, ein höheres Vorkommen von Krebserkrankungen und Erkrankungen der Atemwege sowie eine niedrigere Lebenserwartung. Die Umweltverschmutzung stellt auch eine ernsthafte Bedrohung für die Biodiversität dieser Länder dar, im Besonderen für die Gesundheit der Wälder. Ca. die Hälfte aller Wälder MOEs sind durch sauren Regen in unterschiedlichem Ausmaß geschädigt, die Erträge aus der Holzproduktion sind rückläufig. In Tschechien, in Ungarn und in Polen erreichte der Rückgang der Produktivität von menschlicher Arbeit und von natürlichen Ressourcen, ausgelöst durch Umweltschäden, zwischen 10 und 15% des Bruttosozialprodukts. Somit stellten Anfang der neunziger Jahre die schlechten Umweltbedingungen in MOE ein ernsthaftes Hindernis für die Entwicklung in dieser Region dar.

Für die Länder Mittel- und Osteuropas war das Füllen institutioneller und politischer Lücken nach dem Ende des Kommunismus eher eine Frage des Überlebens als lediglich der höheren Lebensqualität. Sie fingen an, neue Institutionen aufzubauen und ihre Politik von Grund auf zu erneuern. Dieser Prozess wurde durch die Anforderungen des EU-Beitritts verstärkt. Die Mitwirkung in internationalen Organisationen (UN, OECD, EBRD, WB usw.) schaffte die Voraussetzung für verschiedene Arten der technischen Unterstützung oder Investitionen für MOE, was den Prozess der Ökologisierung erheblich beschleunigte.

3   Die Hauptakteure der Ökologisierung

Internationale Organisationen und Bewegungen

Internationale Organisationen (Zwischenstaatliche und Nicht-Regierungsorganisationen) üben Druck auf die Länder Mittel- und Osteuropas aus, neue Institutionen und politische Richtlinien einzuführen, die zur Umsetzung neuer Modelle umweltgerechteren Verhaltens führen und Impulse für eine neue Art von wirtschaftlicher und technologischer Entwicklung geben werden. Diejenigen Organisationen, die sich in der Lage zeigten, signifikante Anreize zur Implementierung bestimmter Reformen zu bieten – kombiniert mit einem guten Verständnis der spezifischen örtlichen Verhältnisse und Traditionen – erwiesen sich als effektive Akteure.

Nationale, regionale, Provinz- und örtliche Regierungen

Diese sind die Schlüsselakteure der bürgerlichen Gesellschaft, denn sie agieren im Auftrag ihrer Wählerschaft, wenn sie in das Marktgeschehen eingreifen, um Misserfolge zu korrigieren. Trotz vieler Vorteile des Marktmechanismus gibt es leider Fälle, in denen sie nicht in Übereinstimmung mit den Regeln der Nachhaltigkeit funktionieren.

Nicht-Regierungsorganisationen (NGOs)

Nichtregierungsorganisationen sind hinsichtlich der Umwelt die sensibelste ‚Zelle' jeder Gesellschaft. Sie sind unverzichtbar, wenn es darum geht, Umweltbedrohungen für die Gesellschaft und für die Ökosysteme zu identifizieren. In den MOEL trat eine nie zuvor da gewesene Entwicklung der NGOs auf, besonders im Umweltsektor nach 1990. Nichtregierungsorganisationen sollten zur Verbesserung ihrer Effektivität und somit zur Steigerung ihrer Professionalität kontinuierlich Unterstützung erfahren, damit sie bei der Einflussnahme auf politische Entscheidungsträger und auf das Bildungssystem ihrer jeweiligen Gesellschaft effizienter agieren können.

Die akademische Welt

Die akademische Welt kann in MOE-Gesellschaften auf eine lange Tradition intellektueller Führerschaft zurückblicken. Leider hindert die schlechte wirtschaftliche Lage diesen Teil der Gesellschaft in vielen mittel- und osteuropäischen Ländern daran, einen umweltpädagogischen Einfluss auf ihre Gesellschaft auszuüben, der die Ökologisierung weiter vorantreiben würde.

Massenmedien

Unabhängige Medien haben erheblichen Einfluss auf politische Entscheidungsträger und auf die Gesellschaft. Besonders zu Anfang der Transformation waren sie sehr aktiv, ihr Interesse für Umweltprobleme ließ dann aber mit voranschreitender Transformation allmählich nach.

Verbraucher / Haushalte

Es gibt erste Anzeichen für ein ‚grünes' Konsumentenverhalten in den MOEL, verursacht durch zwei Hauptfaktoren: das Bewusstsein von und die Furcht vor schlechter Qualität. Zum Teil finden sich durch Umweltverschmutzung vergiftete Nahrungsmittel. Immer mehr Angehörige der Mittelschicht wollen Qualitätsprodukte kaufen.

Die Geschäftswelt

Aufgrund ihrer wirtschaftlichen Macht spielt die Geschäftswelt die wichtigste Rolle bei der Implementierung neuer Umwelttechnologien und der Produktion nachhaltiger Produkte. Im Gegensatz zu den anderen Akteuren predigen Entscheidungsträger der Geschäftswelt nicht mehr Umweltschutz, sondern investieren in nachhaltige Projekte, wobei sie häufig ihr eigenes Kapital und/oder ihre berufliche Laufbahn riskieren. Im Verlauf der letzten 12 Jahre gab es signifikante Neuorientierungen in den Einstellungen vieler wirtschaftlicher Entscheidungsträger in den MOE-Ländern. Es müssen jedoch noch weitere Veränderungen stattfinden, damit das Niveau der ‚Besten' in den hochentwickelten Ländern erreicht werden kann.

4 Die Institutionalisierung des ‚Polluter Pays Principle'

Eine der wichtigsten Errungenschaften bei der Ökologisierung der mittel- und osteuropäischen Länder ist die Institutionalisierung des ‚*Polluter Pays Principle'* (PPP) in der nationalen, sektoralen, regionalen und/oder lokalen Politik. Eines der besten Beispiele einer solchen Politik ist die nationale Umweltrichtlinie, die vom polnischen Parlament im Mai 1991 als offizielles und strategisches Dokument erlassen wurde. Trotz der vielen Regierungswechsel in Polen während der letzten zwölf Jahre unterstützten alle Regierungen diese Richtlinie, die zu Beginn der Transformation erlassen worden war. Ebenso wichtig wie die Institutionalisierung des PPP war die Institutionalisierung der Partizipation als politische Methode. Dieser Prozess ist wahrscheinlich einer der Hauptfaktoren, durch den die Nachhaltigkeit der nationalen Umweltrichtlinie Polens erklärt werden kann. Die endgültige Zustimmung zum partizipatorischen Prozess war die Implementierung des ‚Right-to-Know' nach der Aarhus Konferenz der europäischen Umweltminister 1998, das Nicht-Regierungsorganisationen und die Öffentlichkeit im Allgemeinen in die Lage versetzt, Veränderungen ihrer Umwelt sowie Schadstoffverursacherverhalten effektiv zu überwachen.

Die Implementierung des PPP führte zu einer signifikanten Änderung in der Umweltpolitik in Mittel- und Osteuropa weg von einem vorherrschenden ‚command-control' Ansatz hin zu marktorientierten Mechanismen und weiter zu freiwilligen und anderen pädagogischen Maßnahmen. Im Gegensatz zu vielen Ländern der EU entledigten sich die MOE-Länder schnell der Preissubventionen, die Umweltschäden verursachen. Des Weiteren führten sie eine Vielzahl ökonomischer Instrumente ein, von Anwender- und Verschmutzungsgebühren bis hin zu Emissionshandelssystemen. Dies führte zu signifikanten Änderungen in der Erschließung von Quellen für Umweltinvestitionen. Im Falle Polens reduzierten der Staatshaushalt sowie die regionalen und kommunalen Haushalte ihren Anteil von über 20% Anfang der neunziger Jahre auf kaum 7% im Jahr 2000 und überließen den Rest Selbstfinanzierungsprogrammen (86%) und ausländischer Unterstützung (7%). Die MOE-Länder zeigten sich außerdem kreativ, sie wandelten nämlich ihre Verbindlichkeiten (Auslandsschulden) in Aktiva (Umweltfonds) um, wie das Beispiel des polnischen (1991) und des bulgarischen (1994) Öko-Fonds zeigt.

Die Herausforderung besteht nun darin, diesen marktorientierten Ansatz der Umweltpolitik in den mittel- und osteuropäischen Staaten über den Beitrittsprozesses zur überregulierten EU hinüberzuretten.

5 Ökologisierung und Marktreformen in Mittel und Osteuropa und in den ‚Neuen Unabhängigen Staaten' (NUS)

Frühere Studien, die wir unter Verwendung von Daten von 1997 durchführten, deuteten darauf hin, dass die sechs ausgewählten Transformationsländer (Bulgarien, Tschechien, Ungarn, Polen, Rumänien und die Slowakei) einen Wendepunkt erreicht hatten, nachdem die Umweltverschmutzung zurückging. Dieser Wendepunkt wurde wesentlich früher erreicht als zuvor angenommen. Je nach Modelltyp und Schadstoff trat dieser Wendepunkt zwischen einem pro Kopf Einkommen von $2.800 und $4.500 ein, während konventionelle Daten von einer Abnahme der Umweltverschmutzung erst ab einem pro Kopf Einkommen von $5.000 bis $8.000 ausgingen. Unsere Analyse deutete darauf hin, dass es bei der Untersuchung des Prozesses des ökonomischen Übergangs äußerst wichtig war, Messungen struktureller Veränderungen in der Wirtschaft, zunehmenden persönlichen Konsums und schneller Liberalisierung – gemessen an der Offenheit im Handel und bei Investitionen – zu berücksichtigen. Die Einschätzung der Wirkung von Umweltpolitik und anderen politischen Aktivitäten mit dem Ziel, eine umweltgerechte Umstrukturierung zu fördern sowie die Bewertung institutioneller Reformen stellte sich für das Verständnis, warum Schadstoffemissionen in den MOE-Ländern abnahmen, als gleichermaßen wichtig heraus. Unsere Analyse zeigte, dass diese Reformen einen deutlich positiven Effekt auf die Umwelt hatten und einen hohen Anteil der beobachteten Abnahme an Emissionen über diesen Zeitraum erklären konnten. Die Notwendigkeit für ein kontinuierliches Fortschreiten in Richtung Privatisierung, Offenheit des Handels und Verbesserungen der regulativen Infrastruktur und Investitionen für Umweltschutz wurde deutlich.

Ermutigt durch unsere vorläufigen Ergebnisse, führten wir unsere Untersuchung der Nachhaltigkeit von Wirtschaftssystemen im Transitionsprozess fort, indem wir ein neues Set von Indikatoren einführten und die Analyse auf 25 Länder von Mittel- und Osteuropas sowie der Neuen Unabhängigen Staaten (NUS) ausdehnten.[1]

Bewertung des Fortschritts der Marktliberalisierung von Wirtschaftssystemen im Übergang

Zur Messung der Geschwindigkeit des Übergangs- bzw. Transitionsprozesses entschieden wir uns dafür, Länder nach ihrem Stand der Marktliberalisierung, der Preisstabilität, der Privatisierung und der Reformen finanzieller Institutionen zu charakterisieren (vgl. Bochniarz 2002). Wir bewerteten den Fortschritt in der Marktliberalisierung in jedem der ausgewählten 25 Länder und gaben ihnen eine Rangfolge basierend auf der Metho-

---

1 Albanien, Armenien, Aserbeidschan, Bulgarien, Estland, Georgien, Kasachstan, Kirgisien, Kroatien, Lettland, Litauen, Mazedonien, Moldawien, Polen, Rumänien, Russland, Slowakei, Slowenien, Tadschikistan, Tschechien, Turkmenistan, Ukraine, Ungarn, Usbekistan, Weißrussland.

de, die von der European Bank for Restructuring and Development (EBRD) entwickelt
wurde.

Die folgenden Faktoren wurden berücksichtigt:

- Völlige Preisliberalisierung;

- Volle Konvertierbarkeit der Leistungsbilanz;

- Beinahe vollständige Privatisierung in kleinen Schritten

(vgl. EBRD 1999).

Diese Faktoren bestimmen den Grad der Offenheit der Märkte dieser Länder gegenüber
globalem Handel und grundlegenden Marktinstitutionen, wie z. B. privates Unternehm-
ertum. Unter Berücksichtigung der EBRD-Kriterien für Marktliberalisierung wurden
alle 25 Länder in drei Gruppen eingeordnet:

- *Frühe Liberalisierer:* Tschechien, Estland, Ungarn, Polen, die Slowakei und Slowenien.

- *Späte Liberalisierer:* Albanien, Armenien, Bulgarien, Georgien, Kasachstan, Kirgisien, Kroatien, Lettland, Litauen, Mazedonien, Moldawien, Rumänien und Russland.

- *Nicht-Liberalisierer:* Aserbaidschan, Tadschikistan, Turkmenistan, die Ukraine,
  Usbekistan und Weißrussland.

Bewertung des Stabilisierungsprozesses von Wirtschaftssystemen im Übergang

Das Hauptkriterium für Fortschritt in der Stabilisierung war die Senkung der in den
Transformationsländern normalerweise hohen Inflationsrate. Ein Land wird als *früher
Stabilisierer* eingeordnet, wenn seine Inflationsrate zu Beginn des Übergangs auf einen
Wert unter 50% bis zum Dezember 1994 abnahm und in den darauffolgenden Jahren
gehalten wurde (vgl Dabrowski/Gomulka/Rostowski 2001). Dies ist ein strengeres Kriterium verglichen mit dem der EBRD, das nicht die Stabilisierung über einen bestimmten Zeitraum verlangt (vgl. EBRD 1999). Die Ergebnisse sind wie folgt:

- *Frühe Stabilisierer:* Albanien, Estland, Lettland, Litauen, Kroatien, Polen, die Slowakei, Slowenien, Tschechien und Ungarn.

- *Späte Stabilisierer:* Armenien, Aserbaidschan, Bulgarien, Georgien, Kasachstan,
  Kirgisien, Mazedonien, Moldawien, Rumänien, Russland, Tadschikistan, Turkmenistan, die Ukraine, Usbekistan und Weißrussland.

Bewertung des Fortschritts in der Reformierung finanzieller Institutionen

Die Auswertung des Fortschritts bei der Reformierung von Finanzinstitutionen in den MOEL und den NUS gründet sich auf ein Bewertungssystem, das von der EBRD entwickelt wurde. Es ergab die folgenden Ergebnisse:

- *Fortgeschrittene Reformer*: Estland, Kroatien, Litauen, Polen, Slowenien, Tschechien und Ungarn.
- *Fortschreitende Reformer*: die restlichen MOEL und NUS.
- *Mit den Reformen im Rückstand*: Russland, Usbekistan und Weißrussland.

Bewertung der Auswirkungen des Übergangs auf die Nachhaltigkeit in der Wirtschaft

Zur Messung der Trends wirtschaftlicher Nachhaltigkeit wurde das pro Kopf Einkommen in Dollar des Bezugsjahrs 1995 herangezogen. Unter Berücksichtigung der drei Faktoren, die den größten Einfluss auf wirtschaftliche Nachhaltigkeit (Liberalisierung, Stabilisierung und Reformen des Finanzsektors) haben, stellte sich heraus, dass alle zu einem erheblichen Anstieg des pro Kopf Einkommens beitrugen und damit zur ökonomischen Nachhaltigkeit. Trotz einer Abnahme in einem Jahr und eines ca. drei Jahre andauernden Stillstandes bei ca. $3.000, erlebten *frühe Liberalisierer, frühe Stabilisierer und fortgeschrittene Reformer* nachhaltige jährliche Anstiege des pro Kopf Einkommens. Diese Länder erreichten im Jahr 1999 über $4.000 bei einem jährlichen Wachstum des BSP ab 1993, das höher lag als in den EU-Ländern und höher als in der OECD insgesamt und beinahe doppelt so hoch wie das von Frankreich und Deutschland.

Es besteht eine eindrucksvolle Einkommenslücke zwischen den vier fortgeschrittensten Ländern – Polen, der Slowakei, Tschechien und Ungarn (Visegrad Gruppe - VG4) und der Nicht-Visegrad Gruppe. Im Gegensatz zu den VG4, nahm das Einkommen der restlichen Länder zwischen 1990 und 1996 von ca. $2.500 auf ca. $1.600 ab und stagnierte dann auf diesem Niveau bis zum Ende des Analysezeitraums. Ähnliche Ergebnisse wurden von den *späten Stabilisierern* erzielt.

Im Fall der *späten Liberalisierer* waren die absoluten Verluste im pro Kopf Einkommen über den gleichen Zeitraum (von ca. $3.000 auf ca. $1.800) sogar größer als bei den *Nicht-Liberalisierern* (von $1.800 auf $900). Ähnliche Schlussfolgerungen liegen nahe, wenn man die Entwicklung in den *fortschreitenden Reformländern* und bei denen, die im *Rückstand sind,* darstellt.

Allgemein gesagt machte die ganze Gruppe der *späten Liberalisierer*, der *Nicht-Liberalisierer*, der *späten Stabilisierer*, der *fortschreitenden Reformer* und derer, die im *Rückstand* sind, bis 1999 keinen Fortschritt in Richtung des Erreichens wirtschaftlicher Nachhaltigkeit (Reduzierung der Inflation). Sie hatten also keinen signifikanten Gewinn aus dem Übergangsprozess, außer dass der wirtschaftliche Abstieg in den meisten Fällen gestoppt wurde.

Bewertung der Auswirkungen des Übergangs auf soziale Nachhaltigkeitsindikatoren

Bei der Betrachtung sozialer Nachhaltigkeitsindikatoren ist es wichtig, einige der grundlegenden Indikatoren sozialen Wohlergehens wie Lebenserwartung und Kindersterblichkeit zu vergleichen. Diese beiden Indikatoren sind zum Verständnis der Lebensqualität aber auch der Nachhaltigkeit des erreichten Entwicklungsniveaus von entscheidender Bedeutung.

Die Analyse der Daten, aufgeschlüsselt in die Hauptfaktoren des Übergangs, Liberalisierung, Stabilisierung und Reformierung von Finanzinstitutionen, deutet darauf hin, dass diese Prozesse die Lebenserwartung in den mittel- und osteuropäischen Ländern positiv beeinflussten. Für die VG4-Länder lässt sich ein deutlicher Anstieg der Lebenserwartung von 70,8 Jahren im Jahr 1990 auf 73 Jahre im Jahr 1999 beobachten, mit einer kontinuierlichen Tendenz nach oben. Ähnliche Ergebnisse treten bei den *frühen Liberalisierern* und *fortgeschrittenen Reformern* auf. Zum Vergleich, *späte Liberalisierer* und *Stabilisierer, fortschreitende Reformer* und die, die im *Rückstand* sind, mussten im gleichen Zeitraum einen Rückgang der Lebenserwartung zwischen zwei und drei Jahren hinnehmen.

Einer der wichtigsten Indikatoren sozialer Nachhaltigkeit ist die Kindersterblichkeitsrate. Der Rückgang der Kindersterblichkeit belegt Verbesserungen in der Lebensqualität als auch in der sozialen Nachhaltigkeit einer Gesellschaft. In unserer Analyse beobachteten wir signifikanten Fortschritt bei den VG4-Ländern. Zwischen 1990 (17 Sterbefälle auf 100.000 Lebendgeburten) und 1999 (8 Sterbefälle auf 100.000 Lebendgeburten) nimmt die Kindersterblichkeitsrate in den VG4-Ländern deutlich ab. Trotz einem geringem Fortschritt vor 1999 erreichten die Nicht-VG4-Länder nach zehn Jahren des Übergangs das Niveau der Kindersterblichkeitsrate der VG4-Länder von 1990.

Bewertung der Auswirkungen des Übergangs auf die Nachhaltigkeit der Umwelt

Obwohl es in weitgefassten Kategorien viele ideale Indikatoren für die Nachhaltigkeit in der Umwelt gibt sowie Indikatoren, die den Druck auf die Umwelt, den Zustand oder die Qualität der Umwelt und die erfolgten Reaktionsstrategien (pressure-state-response: PSR) angeben, haben wir lediglich eine kleine Untergruppe ausgewählt (vgl. Bochniarz 2000). Aufgrund mangelnder zusammenhängender zeitlicher Daten in den meisten der 25 Länder beschränkten wir den Umfang der Studie auf drei Hauptindikatoren der ersten Gruppe (,pressure indicators'): *industrielle CO_2 Emissionen pro Kopf, SO_2* und *NO_2* (letztere nur für die *frühen* und für die *späten* Liberalisierer unter den 10 MOE-Länder, die der EU beitreten sollen). In den beiden anderen Gruppen wählten wir die *jährliche Durchschnittsrodung* während des letzten Jahrzehnts (,state indicator') und die *Umweltausgaben als Anteil am BSP* (,response indicator').

Die MOE-Länder und insbesondere die VG4-Länder haben während der letzten zehn Jahre einen deutlichen Fortschritt in allen PSR-Bereichen gemacht, einschließlich des Erreichens signifikanter Senkungen der Emissionen in Luft und Wasser. Leider trifft das nicht auch auf die NUS-Länder zu (vgl. EMEP/CCC-Report 9/2001; http://www.nilu.no/projects/ccc/reports/cccr9-2001.pdf).

Die Gruppe der *frühen Liberalisierer* begann die Jahre mit dem höchsten CO_2-Emissionsniveau. Innerhalb eines Zeitraums von zehn Jahren bauten diese Länder ihre Emissionen um ca 10% ab, trotz eines bemerkenswerten Wachstums der Wirtschaft. Das weist auf einen Effizienzanstieg im Hinblick auf den Energieverbrauch hin und auf einen strukturellen Wandel in Richtung einer niedrigeren Emissionsrate pro Dollar BSP. Obwohl die *späten Liberalisierer* ihre CO_2-Emissionen senkten, mussten sie eine Senkung des pro Kopf Einkommens hinnehmen. Im Verlauf der letzten drei Jahre verzeichnen diese Länder ein positives Wachstum, mit einer Spitze von $2.500 pro Kopf Einkommen. Im Fall der *Nicht-Liberalisierer* hingegen verlief die Reduktion der CO_2-Emissionen wesentlich langsamer als die Abnahme des pro Kopf Einkommens.

Die durchschnittlichen jährlichen Rodungswerte sind, bis auf wenige Länder, negativ. Das sind Indizien für eine sich verbessernde Biodiversität in den Übergangsländern. Die höchsten Werte werden von *Nicht-Liberalisierern* (-0,95) erreicht, die niedrigsten von *frühen Liberalisierern* (-0,27) (vgl. Worldbank 2001). Wenn man jedoch berücksichtigt, dass die *frühen Liberalisierer* deutliche Zuwachsraten für die wirtschaftliche und die soziale Nachhaltigkeit aufweisen konnten, sollte die nur begrenzte Verbesserung des Zustandes der Umweltqualität als Erfolg gewertet werden. Gleichermaßen widerspricht es der Hypothese, die von einigen Nicht-Regierungsumweltorganisationen oder linken Parteien vertreten wird, dass nämlich der Prozess des Übergangs zur Marktwirtschaft die ökologische und soziale Nachhaltigkeit der MOE-Länder und der NUS untergräbt.

Schließlich zeigt Tabelle 1, dass die *frühen Liberalisierer* im Hinblick auf den Anteil der Umweltschutzausgaben am Bruttosozialprodukt beinahe den OECD Standard erreicht haben. Während der Anteil der Umweltschutzausgaben zu Beginn der Jahre bei den *frühen Liberalisierern* bei 0,3 bis 0,5% des BSP lag, betrug er am Ende der neunziger Jahre 1,5 bis 2% des BSP. Auch hier bewirkte die frühe Liberalisierung ein positives Ergebnis. Es ist davon auszugehen, dass die EU-Mitgliedschaft diese positiven Effekte verstärkt und erhält.

Tabelle 1: Ausgaben für Umweltschutz (in % BSP) – Ende der neunziger Jahre

Land	Umweltschutzausgaben % BSP
Bulgarien	1,2
Tschechische Republik	1,5
Estland	1,2
Ungarn	1,7
Lettland	0,9
Litauen	0,5
Polen	2,4
Rumänien	1,8
Slowakische Republik	0,9*
Slowenien	1,3
US	1,6
EU-15	1,0

Quelle: Eigene Berechnungen
*1994 - nur der öffentliche Sektor

6   Schlussbemerkung

Die Ökologisierung, die auf globaler und regionaler Ebene stattfindet, ging nicht an den mittel- und osteuropäischen Ländern vorbei. Die Analyse der Entwicklung während der Jahre zeigt deutlich, dass die Ökologisierung weltweit, einschließlich den mittel- und osteuropäischen Ländern, Impulse für institutionelle und technologische Erneuerungen gibt. Die Institutionalisierung des ‚Polluter-Pays-Principle', die Umwandlung also von Schulden in Umweltfonds stellen lediglich eines der Beispiele kreativer Inspiration in den MOEL dar.

Die Ökologisierung verursacht deutliche Veränderungen im Verbraucherverhalten und im Verhalten der Wirtschaft und trägt so zur globalen Nachhaltigkeit bei. Die Dynamik des Umweltmarktes, ein Wachstum von 10 bis 15% pro Jahr, ist der beste Beweis für diese Veränderungen.

Die Ökologisierung ist ein wichtiger Aspekt der Systemtransformation in den mittel- und osteuropäischen Ländern. Sie trug während des letzten Jahrzehnts der Transformation zu einem Umsatz der Umwelttechnologien und Umweltdienstleistungen von über 10 Milliarden US-Dollar bei, wodurch über 12.000 neue Unternehmen entstanden, die wiederum mehrere hunderttausende neue Arbeitsplätze schufen. Dies ist auch ein Beispiel einer nachhaltigen Strategie, die sich auf die Umwandlung von Verbindlichkeiten in Aktiva stützt – von den Gebieten Europas mit der höchsten Umweltverschmutzung zu einer umweltgerechten Wirtschaft mit der höchsten Entwicklungsdynamik.

Zweifellos hat die Ökologisierung Mittel- und Osteuropas eine Eigendynamik, die im Beitrittsprozess zur EU noch weiter gestärkt werden sollte. Auf diese Weise kann die neue Dynamik der Ökologisierung die Veränderungen, die in der EU und global bereits initiiert wurden, positiv beeinflussen.

Literatur:

Archibald, S. O./Bochniarz, Z. 1998: An empirical analysis of trends in sustainable development in Central and Eastern Europe. In: Poskrobko, B. (ed.): Sterowanie ekorozwojem: regionalne i gospodarcze aspekty ekorozwoju. Bialystok: BTU: 28-49

Archibald, S. O./Bochniarz, Z. 1998: Environmental outcomes assessment: using sustainability indicators for Central and Eastern Europe to estimate effects of transition on the environment. Electronic publication in the World Congress of Environmental and Resource Economics. Venedig: AERE

Archibald, S. O./Bochniarz, Z. 2002a: Evaluating sustainability of economies in transition: a comparative study. Web publication on the 2nd World Congress of Environmental and Resource Economics. Monterey Kalifornien: AERE

Archibald, S. O./Bochniarz, Z. 2002b: Sustainability of economics in transition in visegrad countries: a comparative perspective. In: Trebricky, V./Novak, J. (eds.): Visegrad Agenda 21 - Transition from centrally planned economy to a sustainable society? Prag: IEP: 7-14

Barta, J./Eri, V. 2001: Environmental attitudes of banks and financial institutions. In: Bouma, J. J. et al. (eds.): Sustainable banking: the greening of finance. Sheffield: Greenleaf Publishing: 120-132

Bellas, C. J./Bochniarz, Z./Jermakowicz, W. W./Meller. M./Toft, D. 1994: Foreign privatization in Poland. In: Studies & Analyses, Nr. 30, Warschau: CASE: 1-75

Bochniarz, Z. (ed.) 1992: In our hands: United Nations Earth Summit '92: capacities and deficiencies for implementing sustainable development in Central and Eastern Europe - A United Nations development programme regional assessment report. Genf; Minneapolis: UNDP: 68

Bochniarz, Z. 1993: Environmental aspects of privatization in Central Europe. In: Kaynak, E./Nieminen, J. (eds.): Managing East-West business in turbulent times. Tuku – Finland: TSEBA: 277-284

Bochniarz, Z. 2000: The research methodology of the project on assessing environmental and social sustainability of transitional economies. University Minnasota/Waseda: Mimeo

Bochniarz, Z./Bolan, R. S./Ciborowski, P./Kassenberg, A./von Witzke, H. (eds.) 1990: Environment and development for Poland: declaration of sustainable development: Bialystok & Minneapolis: BTU Press

Bochniarz, Z./Bolan, R. S./Fiutak, T./Georgieva, K./Popov, E./von Witzke, H. (eds.) 1992: Environment and Development in Bulgaria: a blueprint for transformation. Minneapolis/Sofia: ETP

Bochniarz, Z./Bolan, R. S./Kassenberg, A./Kruzikova, E./von Witzke, H. (eds.) 1991: Sustainable development in Czechoslovakia: a blueprint for transformation. Minneapolis/Lipno: MZPCR

Bochniarz, Z./Bolan, R. S./Kerekes, S./Kindler, J./Vargha, J./von Witzke, H. (eds.) 1992: Environment and development in Hungary: a blueprint for transformation. Budapest; Minneapolis: BKE

Bochniarz, Z./Bolan, R. S. 1991: Designing institutions for sustainable development: a new challenge for poland, Bialystok: BTU Press

Bochniarz, Z./Jermakowicz, W. W./Toft, D. 1995: Strategic foreign investors and the environment. In: Kaynak, E./Erem, T. (eds.): Central Europe in innovation, technology and information management for global development and competitiveness. Istanbul: University Marmara: IMDA:200-207

Bochniarz, Z./Toft, D. 1995: Free trade and the environment in Central Europe. In: European Environment, Vol. 5 (2): 52.57

Bolan, R.S./Bochniarz, Z. 1994: Poland's path to sustainable development: 1989-1993. Minneapolis: BTU: 385

Canadian Environment Industry Virtual Office 1999: Environmental business international1999; http://www.VirtualOffice.ic.gc.ca

Dabrowski, M./Gomulka, St./Rostowski, J. 2001: Whence reform? A critique of the Stiglitz perspective. In: Journal of Policy Reform, Vol. 4

EBRD (European Bank of Restructuring and Development) 1999: Transition Report

Lesniak-Lebkowska, G. 1998: Strengthening business contributions to sustainable development in Central and Eastern Europe. In: Poskrobko, B. (ed.): Sterowanie ekorozwojem: regionalne i gospodarcze aspekty ekorozwoju. Bialystok: BTU: 50-76

OECD 1997: Environmental policies and employment. Paris: OECD

Renner, M. 2000: Working for the environment: a growing source of jobs. Worldwatch paper Nr. 152. Washington DC

Schmidheiny, St. 1992: Changing course: a global business perspective on development and the environment. Cambridge, Massachusetts: MIT Press

Worldbank 2001: Development Indicators 2001 (CD-Rom)

Worldwatch Institute 2002: Vital signs 2002. New York/London: Norton & Co: 54-55

Kontakt:
Prof. Dr. Zbigniew Bochniarz: zbig@hhh.umn.edu

Diana Brukmajster, Claudia Neigert und Julia Ortleb

Das ökologische Innovationssystem Baden-Württembergs

1 Einleitung

Im Zusammenhang mit dem Konzept der ‚regionalen Nachhaltigkeit' (vgl. Blättel-Mink – Theoretischer Rahmen, in diesem Band) zeigt sich, dass die Betrachtung von Innovationssystemen auch im regionalen Kontext sinnvoll ist. Dies trifft besonders zu, wenn Regionen unterschiedlicher Nationen im Hinblick auf die Innovativität und die bestimmenden Faktoren mehr Ähnlichkeit aufweisen als die verschiedenen Regionen innerhalb einer Nation.

Anders als bei der Betrachtung von Nationen als ökologische Innovationssysteme muss für die Betrachtung eines regionalen Innovationssystems zuerst die Frage nach der Definition einer Region gestellt werden. ‚Die Region' an sich gibt es nicht, sie „(...) existiert nur, weil sie als solche definiert wird". (Blättel-Mink 2001: 48) Sie ist also als ‚intellektuelles Konzept' (ebd.) zu verstehen, wobei dieses Konzept von den Faktoren abhängt, die das jeweilige Erkenntnisinteresse ausmachen. Im Fall regionaler Innovationssysteme sind dies Faktoren, die die Rahmenbedingungen für Innovativität darstellen. Die Definition einer Region nach solchen pragmatischen Faktoren dient besonders „ (...) dem Anspruch der Vergleichbarkeit von Regionen (...)" (ebd.) und stellt somit einen Vorteil gegenüber der Betrachtung nationaler Innovationssysteme dar, da gezielt ähnliche Strukturen verglichen werden können, die so innerhalb einer Nation vielleicht nicht zu finden sind.

Das Bundesland Baden-Württemberg scheint in diesem Sinne als Region zur Betrachtung geeignet, da die funktionale Einheit mehrerer industrieller Cluster (vgl. ebd.) durch die spezifische Branchenzusammensetzung (Dominanz der Branchen Automobilindustrie, Maschinenbau und auch Chemieindustrie) gegeben ist. Dabei muss jedoch im Auge behalten werden, dass die Region Baden-Württemberg immer auch als Teil des nationalen Innovationssystems Deutschlands zu betrachten ist und damit auch dessen Eigenschaften beinhaltet, d.h., denselben Einschränkungen unterliegt und von denselben Vorteilen profitiert wie die Bundesrepublik. Somit ist Baden-Württemberg als Bundesland an nationale Gesetze und Vereinbarungen gebunden, seien es umweltrelevante Richtwerte, Tarifverträge oder Haushaltsbestimmungen. Es existieren dennoch große Spielräume zur Entfaltung eines eigenen Innovationssystems, dessen Zusammensetzung im Folgenden beschrieben wird. Dazu sollen zuerst die Rahmenbedingungen für das Entstehen eines Innovationssystems beschrieben werden (Abschnitt 2), also die zentralen Strukturdaten der Region Baden-Württemberg. Um ein ökologisches Innovationssystem beschreiben zu können bedarf es vorab der Analyse des allgemeinen Innovationssystems (Abschnitt 3), um dieses dann in Hinsicht auf die Ökologisierung zu durchleuchten. Am Ende dieser Bestandsaufnahme soll schließlich die Frage beantwortet werden, inwieweit sich in Baden-Württemberg bereits ein ökologisches Innovationssystem entwickelt hat (Abschnitt 5).

2 Die Region Baden-Württemberg

Zu den elementaren Bestandteilen eines Innovationssystems gehören die grundlegenden Strukturdaten einer Region. Durch diese Gegebenheiten wird den innovativen Möglichkeiten ein Rahmen gesetzt, der fördernde oder auch hemmende Wirkungen haben kann. Wie für ganz Deutschland gilt auch für Baden-Württemberg, dass die Ausstattung mit eigenen natürlichen Ressourcen sehr gering und damit ein Zwang in Richtung einer starken Exportorientierung gegeben ist. Wie bereits im theoretischen Teil (vgl. Blättel-Mink - Theoretischer Rahmen, in diesem Band) dargelegt ist, steigt damit auch die Anforderung an die eigenen Humanressourcen.

Das Bundesland Baden-Württemberg entstand 1952 aus einem Zusammenschluss Badens mit Württemberg und Württemberg-Hohenzollern. Unter allen deutschen Bundesländern nimmt es bezüglich der Fläche (10% der Gesamtfläche Deutschlands), der Bevölkerungszahl (12,6% der deutschen Bevölkerung) und auch bei der Höhe des Bruttoinlandsprodukts (BIP; 14,4% des gesamtdeutschen BIP) den dritten Rang ein (vgl. Statistisches Bundesamt 1998). Auch was das Wachstum des BIP betrifft, liegt Baden-Württemberg vorne: So legte das BIP 1998 im Vergleich zum Vorjahr um 5% zu (nur Niedersachsen wies ein ebenso großes Wachstum auf), während das Wachstum in der Bundesrepublik insgesamt lediglich 3,7% betrug (vgl. IHK 1999: 37). Baden-Württemberg beansprucht als eines der reicheren südlichen Bundesländer in seiner Außendarstellung, eine Vorreiterrolle unter den deutschen Bundesländern. So wurde zum Beispiel ein Werbefilm produziert, der, in ganz Deutschland ausgestrahlt, mit der Wirtschaftskraft und dem Erfindungsreichtum Baden-Württembergs werben sollte.

Die Bevölkerungsdichte, die für die ökologische sowie die ökonomische Entwicklung einer Region eine große Rolle spielt, ist mit etwa 292 Einwohnern je Quadratkilometer in Baden-Württemberg recht hoch. Dichter besiedelt sind außer den freien Hansestädten (die naturgemäß eine sehr hohe Besiedlungsdichte aufweisen) nur Nordrhein-Westfalen (527 Einwohner je km²) und das Saarland (418 Einwohner je km²). Baden-Württemberg liegt damit über der durchschnittlichen Bevölkerungsdichte Deutschlands (230 Einwohner je km²), das im Vergleich zu anderen Industriestaaten wie Frankreich mit 108 Einwohnern je Quadratkilometer zu den dicht besiedelten Ländern zählt. (vgl. Baratta 2000: 163f, 281). Die dichte Besiedlung einer Region trägt zur Verschärfung von Umweltproblemen und zu einem hohen Ressourcenverbrauch bei, sodass der Zwang zu mehr Effektivität und damit zu mehr Innovativität in Baden-Württemberg durch diese Gegebenheiten gefördert wird.

Trotz des nachlassenden Erfolges der Kernbranchen der baden-württembergischen Wirtschaft, der Automobilindustrie, dem Maschinenbau und der Chemieindustrie, seit den neunziger Jahren, lag die Arbeitslosenquote im Jahr 2001 mit einem Monatsdurchschnitt von 5,5% (vgl. http://www.statistik.baden-wuerttemberg.de/ArbeitsmErwerb/Landesdaten/LRt0511.asp) im Vergleich der deutschen Bundesländer am niedrigsten. Der bundesdeutsche Durchschnitt lag im Jahr 2000 bei 9,4% (vgl. http://www.destatis.de/jahrbuch/jahrtab13.htm [24.3.2003]).

Dies zeigt, dass trotz der Krisen der Kernbranchen die Region Baden-Württemberg im Hinblick auf die Beschäftigung noch immer einen deutlichen Vorsprung vor den anderen Bundesländern besitzt und sich als relativ krisensicher erweist. Der Anteil der Beschäftigten in den verschiedenen Sparten belegt, dass der produzierende Sektor im Vergleich zum Dienstleistungssektor noch sehr stark ausgeprägt ist, Baden-Württemberg also noch einen großen Schritt von einer Dienstleistungsgesellschaft entfernt liegt. Dies mag an der noch immer vorherrschenden Orientierung an den traditionellen Kernbranchen liegen. So waren 1999 2,4% aller Beschäftigten in der Land- und Forstwirtschaft tätig, 40,8% im produzierenden Gewerbe, 19,4% in der Sparte Handel und Verkehr und 37,4% in den übrigen Bereichen (vgl. http://www.statistik.baden-wuerttemberg.de/ArbeitsmErwerb/Landesdaten/grafiken [4.7. 2001]). Der sich global vollziehende Wandel hin zu einem höheren Anteil an Dienstleistung vollzieht sich in Baden-Württemberg also sehr langsam. Es scheint die Bereitschaft zu einem grundlegenden Wandel zu fehlen und das Festhalten an den einst so erfolgreichen Kernbranchen zeigt Anzeichen einer erstarrten und zu wenig Öffnung bereiten Wirtschaftsstruktur. Man kann dies auch mit einem Schließungseffekt der bisherigen Industriebranchen beschreiben.

Wie bereits angesprochen, ist Baden-Württemberg, wie auch Gesamtdeutschland, als ressourcenschwache Region auf Exporterfolge angewiesen. Baden-Württemberg liegt mit 190,25 Milliarden DM Außenhandelseinnahmen an zweiter Stelle in Deutschland, nach Nordrhein-Westfalen mit 210,47 Milliarden DM. Die Gesamtausfuhr lag im Jahr 2000 in Deutschland bei 1.167,29 Milliarden DM (http://destatis.de/jahrbuch/ jahrtab34.htm).

Die baden-württembergische Exportwirtschaft erweist sich also als Hauptfaktor für die wirtschaftlichen Erfolge des Bundeslandes. Der Hauptanteil der baden-württembergischen Exporte wird durch den Maschinenbau sowie durch Kraft- und Luftfahrzeuge erbracht, wobei der Anteil der Maschinen seit etwa 1980 leicht zurückgeht, während der Anteil durch Kraft- und Luftfahrzeuge zunimmt. Die Textilindustrie, die in der Vergangenheit ebenfalls für den Erfolg der Region verantwortlich war, spielt heute fast keine Rolle mehr. Darüber hinaus machen die Kernbranchen (ohne die Textilindustrie) einen Anteil von fast 80% an den Gesamtexporten aus, andere Industriezweige spielen also nur eine geringe Rolle.

Im Bildungssystem Baden-Württembergs wird sehr viel Wert auf eine praxisnahe Ausbildung gelegt, besonders im Hinblick auf die dominierenden Kernbranchen. Daher

kommt den Berufsschulen, Berufsakademien und Fachhochschulen im Land eine hohe
Bedeutung zu.

Allerdings stellen Heidenreich und Krauss (1996) fest „(...) dass von dem dualen
Ausbildungssystem in Baden-Württemberg vor allem die Angestellten überdurchschnittlich profitieren" (Heidenreich/Krauss 1996: 24), die Qualifikation der Beschäftigten im Produktionsbereich jedoch unterdurchschnittlich ist. Eine weitere Schwäche
dieses Ausbildungssystems ist nach Argumentation der Autoren, eine zu beobachtende
Starrheit, die auf eine gegenseitige Stabilisierung des Produktionsmodells und des Ausbildungssystems zurückzuführen ist. Demnach werden Innovationsprozesse in diesem
System erschwert: „Die funktionalen Abgrenzungen zwischen unterschiedlichen Aus-
bildungsgängen und Beschäftigungsgruppen erschweren bereichsübergreifende Koope-
rations- und Innovationsprozesse." (ebd.)

Baden-Württemberg scheint sich auch in anderen Bereichen mit Veränderungen
schwer zu tun. So wird das Bundesland seit seinem Bestehen von der CDU regiert, sei
es mit absoluter Mehrheit oder in unterschiedlichen Koalitionen. Die derzeitige Koalition mit der FDP besteht nun in der zweiten Legislaturperiode. Dies mag ein weiterer
Faktor sein, der die geringe Wandlungsfreudigkeit der baden-württembergischen Wirtschaft bedingt hat und auch beeinflusst. Eine solche Stabilität ist jedoch nicht nur als
Hemmnis zu sehen, ermöglichte sie doch eine kontinuierliche Politik ohne extremen
Richtungswechsel oder gar Kehrtwenden in allen politisch bedeutsamen Bereichen. Da
es sich, anders als bei den betrachteten nationalen Innovationssystemen, hier um eine
Landesregierung handelt, gibt es auch Unterschiede in den Zuständigkeiten des Landtags und der Landesministerien. So besteht die Aufgabe der Landesregierung auch darin, bundesweite Gesetze und Auflagen durchzusetzen und zu kontrollieren, was in einem kleineren System wie einem Bundesland eher überschaubar ist. Die Landespolitik
ist also näher am umweltrelevanten Geschehen als es eine Bundespolitik sein kann.

Die hier aufgeführten allgemeinen Strukturdaten des Landes Baden-Württemberg sollen
in den nun folgenden Kapiteln im Hinblick auf ihren Beitrag zur Innovativität untersucht werden.

3 Das Innovationssystem Baden-Württembergs

Die wirtschaftliche Struktur

Wie bereits im vorherigen Abschnitt erwähnt, schafften nach dem zweiten Weltkrieg
vier heimische Industriezweige das deutsche Wirtschafts- und Exportwunder. Diese
Bereiche waren der Maschinenbau, der Fahrzeugbau, die Elektrotechnik und schließlich
die Chemie. Ihr Erfolg „(...) zeigte sich in einem erheblichen Anstieg der Beschäftigten
und der Bevölkerung, in hohen Exportquoten, in einem überdurchschnittlichem

Wachstum und in einer unterdurchschnittlichen Arbeitslosenquote" (Heidenreich/Krauss 1996: 18).

Die bis heute andauernde Wichtigkeit und das Ansehen dieser Wirtschaftszweige kann z.B. am Maschinenbau dargelegt werden: Der baden-württembergische Maschinenbau war noch bis weit in die achtziger Jahre hinein eines der Paradebeispiele für jegliche Art flexibler Spezialisierung. Lange Zeit galt diese Branche als Beispiel für eine krisenfeste, weil innovative Branche. Ein Kennzeichen des Maschinenbaus ist bis heute die explizite Ausrichtung auf kundenspezifische Einzelfertigungen und besonders hohe Produktqualität geblieben. Folgendes Statement von Kerst und Steffensen scheint den Stellenwert des baden-württembergischen Maschinenbaus gezielt auf den Punkt zu bringen: „(...) eine ausgeprägte Ingenieurtradition, gepaart mit schwäbischem Tüftler- und Erfindergeist haben den baden-württembergischen Maschinenbau zu der ‚Erfinderindustrie schlechthin' werden lassen" (Kerst/Steffensen 1995: 4).

Doch trotz dieser viel gelobten Innovativität kann man dennoch für diesen Bereich festhalten, dass hier nach wie vor konservative, auf den vorhandenen Produkten basierende Marktstrategien, vorherrschen. Das heißt, eine Implementierung neuer und ökologischer Innovationen in der Wirtschaft scheint den schwäbischen Tüftlern schwer zu fallen, da man sich hier zu Lande noch allzu sehr an die einst erfolgreiche Tradition bindet.

Dieses Bild lässt sich in ähnlicher Weise auch für die anderen drei traditionellen Industriezweige zeichnen. Sie spezialisieren sich alle auf qualitative Einzelfertigungen ihrer Produkte, sofern der Kunden es wünscht. Daher dürfte das technische Potenzial der bereits bestehenden Waren zusehends ausgereizt sein. Kennzeichnend für diese Branchen ist die Tatsache, dass neue Innovationen zumeist lediglich in den einmal eingeschlagenen Korridoren als eine Art Verbesserungsinnovation stattfinden, ohne dass man sich frühzeitig um neue Produkte und Märkte bemüht hat.

Die Folgen solch einer Handlungsstrategie lassen sich zunehmend in den Jahren erkennen, denn hier hieß es für den Maschinenbau schon bald „(...) Overengineering und zu hohe Marktpreise (...)" (Kerst/Steffensen 1995: 62). Dies bedeutet, dass es verstärkt zu immer ausgeklügelteren und komplexeren Systemen kam, wobei in erster Linie die Kreativität der Forscher und nicht die Nützlichkeit der Maschinen im Vordergrund zu stehen scheinen. Somit waren die Wege einer schleichenden Rezession in diesen Wirtschaftszweigen bereits vorprogrammiert. Des Weiteren stellten sich nicht nur Absatzflauten in den für Baden-Württemberg typischen Unternehmen ein, sondern auch die gesamten weltweiten Märkte litten unter der zunehmend sinkenden Kaufkraft. Dies war ein zusätzlicher, negativer Faktor für die baden-württembergische Industrie. Als ein traditionell stark exportorientiertes Land traf es die gesunkene Nachfrage besonders hart. Bahnbrechende Innovationen waren also von hoher Dringlichkeit. Die Baden-Württemberger ließen auch nicht lange mit Ideen auf sich warten und machten dem schwäbischen Erfindertum alle Ehre, wie u.a. folgende Aussage beweist: „In keinem anderen Bundesland gibt es mehr Patentanmeldungen als in Baden-Württemberg: von den über 34.000 Anmeldungen, die 1993 beim deutschen Patentamt eingingen, hatten ca. 8.000 - also jeder vierte- einen baden-württembergischen Absender." (Teufel 1995: 17) Dass die heimischen Erfinder nach wie vor sehr aktiv sind, zeigt auch der aktuelle Jahresbericht 2001 des Deutschen Patentamtes in München, in welchem über die Baden-Württemberger die Aussage zu finden ist, dass sie mit ihren 8411 Patentanmeldungen im gesamten Bundesgebiet hinter Nordrhein-Westfahlen mit 8532 Anmeldungen an zweiter Stelle liegen (vgl.: http://www.dpma.de/veroeffentlichungen/jahresbericht01/ jb2001.pdf: 88). „Bei einem Durchschnitt von 64 Patentanmeldungen pro 100.000 Einwohnern liegen Bayern mit 119, Baden-Württemberger mit 113 und Hamburg mit 86 Anmeldungen deutlich über dem Durchschnitt." (http://www.dpma.de/veroeffentlichungen/jahresbericht01/jb 2001.pdf)

Es lässt sich also festhalten, dass es in Baden-Württemberg ein äußerst hohes Patentaufkommen gibt, welches vor allem von den etablierten Unternehmen realisiert wird. Hierbei legen diese den Schwerpunkt ihrer Erfindungen insbesondere auf Verbesserungsstrategien bereits bestehender Produkte (vgl. Heidenreich/Krauss 1996). In erster Linie werden Waren aus den für die Region so wichtigen Industriebranchen Maschinenbau, Fahrzeugbau und Elektrotechnik, auf der Basis vorhandenen technologischen Wissens, optimiert. In diesen traditionellen Wirtschaftszweigen wird daher ein hoher Anteil der für Innovationen verfügbaren materiellen und intellektuellen Ressourcen im Land gebunden und somit ist es auch nicht verwunderlich, dass „(...) im Laufe der Jahre ein relativ geschlossenes und gewachsenes System aus aufeinander abgestimmten Industrie- und institutionellen Strukturen entstanden ist, welches wenig Spielraum für ‚abweichendes' Innovationsverhalten lässt" (Krauss 1997: 19).

Als solch ein ‚abweichendes' Innovationsverhalten werden radikale Innovationen betrachtet, also Erfindungen die völlig neu sind und somit aus dem traditionellen Rahmen der Innovationen herausfallen. Diese werden größtenteils von Anfang an abgelehnt, denn je radikaler solch eine Innovation erscheint, umso eher birgt sie das Risiko, dass sie nicht mit den bereits bestehenden Strukturen verträglich ist und daher keine Chance auf eine Implementierung hat. Hierbei lässt sich noch anfügen, dass Finanzdienstleister und Technologietransfereinrichtungen gegenüber neuen Erfindungen äußerst reserviert eingestellt sind, was deren Einführung in das bestehende System natürlich zusätzlich erheblich erschwert.

Daher besteht zwar eine grundsätzliche Bereitschaft der heimischen Unternehmen im Hinblick auf Innovationen, jedoch nur solange diese sich in dem bereits eingespielten traditionellen System befinden. Skeptisch reagieren die Baden-Württemberger hingegen auf radikale oder revolutionäre Erfindungen, welche erst noch auf dem Markt erprobt werden müssten und somit eventuelle Risiken in sich bergen. Auffällig ist auch, dass sich häufig eine Beschränkung der Innovationstätigkeit auf den Forschungs- und Entwicklungsbereich abzeichnet. Diese Tatsache wird als eine typische Eigenschaft der baden-württembergischen Wirtschaft deklariert - es lässt sich eine immense Wissensbasis feststellen, welche jedoch kaum in der heimischen Industrie umgesetzt wird (vgl.

hierzu auch Clar/Kasemir/Mohr 1995). Somit kann man also „(...) hohe Forschungs- und Entwicklungsaktivitäten bei gleichzeitig niedriger Implementierungsbereitschaft" (Blättel-Mink 1999a: 33) feststellen. Dies legt die Mutmaßung nahe, dass in Baden-Württemberg eine veränderungskonservative Haltung vorherrscht, welcher es in einem hohen Maße an Flexibilität und Agilität fehlt.

An diesem Punkt muss man nun auch ansetzen, wenn man im Lande eine schnellere Umsetzung der Humanressourcen, also des Wissenspotenzials, erreichen möchte. Wie die nachstehenden Kapitel zeigen, ist ein Ineinandergreifen von Politik, Wirtschaft und Wissenschaft, d.h. dreier gesellschaftlicher Instanzen, unerlässlich für eine erfolgreiche und innovative Institutionenlandschaft in Baden-Württemberg. Diese Tatsache gibt auch darüber Aufschluss, dass die Unternehmen künftig sehr stark auf flexible, betriebliche Kooperation sowie auf Zusammenarbeit mit Hochschulen und Forschungseinrichtungen angewiesen sein werden, um weiterhin weltweit konkurrenzfähig zu bleiben. Mittels der Verknüpfung von Forschungsstätten und Industriezweigen kann das verfügbare Wissen und die Maschinen kombiniert bzw. können die Kosten der Produktion gesenkt werden. Regionale Kompetenz- und Innovationszentren unterstützen diese Netzwerkbildung, wie der folgende Abschnitt zeigt.

Transfer- und Technologiezentren

Als ein Technologiezentrum wird eine Einrichtung zur Förderung von technologie- orientierten Unternehmensgründungen bezeichnet (vgl. Krauss 1997). Solch ein Zent- rum zeichnet sich durch die organisierte und räumliche Zusammenfassung einer größe- ren Anzahl von jungen, besonders innovativen Unternehmen aus. Sie siedeln sich insbe- sondere im Einzugsgebiet von Hochschulen und Forschungseinrichtungen an, um somit von den sich hieraus ergebenden Kooperationen und Kontakten zu profitieren. Einen wesentlichen Vorteil solcher Transferzentren bilden die niedrigen Kosten, welche Un- ternehmer für Räumlichkeiten, Infrastruktur sowie weitere Einrichtungen aufwenden müssen, da diese gemeinsam von den Firmen genutzt werden. Darüber hinaus werden die Mieten der Zentren häufig vom Staat subventioniert und somit bewusst gering gehalten. Schließlich ergeben sich durch den Zusammenschluss der Unternehmen auch erhöhte Innovationspotenziale, was der vorrangige Sinn solcher Zentren ist. Die Unter- nehmen können leichter miteinander kooperieren und kommunizieren und rufen auf diese Weise innovative Synergieeffekte hervor. Zu guter Letzt kann der Existenzgrün- der mit dem guten Ruf des Zentrums werben und sich so einen leichteren Kontakt zu Kammern, Banken der Privatwirtschaft oder Kommunen verschaffen (vgl. Krauss 1997).

Wie wichtig solche Transfereinrichtungen und deren kooperative Unternehmen für das baden-württembergische Innovationsverhalten sind, zeigten bereits 1995 Kerst und Steffensen in ihrer Studie zur Krise des baden-württembergischen Maschinenbaus. In dieser Studie kamen die beiden Autoren zu dem Schluss, dass „(...) kooperierende Be- triebe eine höhere Innovativität aufweisen als nicht-kooperierende" (Kerst/Steffensen

1995: 27). Aus diesem Grund fördert die Landesregierung die Inbetriebnahme solcher Zentren massiv. 1996 gab es bereits etwa 20 solcher Technologiezentren in Baden-Württemberg - die Tendenz ist steigend. Besonders bekannt sind die drei überregionalen Zentren Stuttgart-Pfaffenwald, Technologiefabrik Karlsruhe und der Technologiepark Heidelberg (vgl. Krauss 1997).

Als ein sehr wichtiger Akteur im Rahmen des Wissenstransfers zwischen Wirtschaft und Hochschule, erweist sich die Steinbeis-Stiftung für Wirtschaftsförderung. Die Stiftung wurde bereits 1971 gegründet und fungiert seither als ein weltweit tätiges Dienstleistungsunternehmen im Technologie- und Wissenstransfer. Ihr gehören mittlerweile über 500 Transferzentren und Tochterunternehmen sowie Kooperations- und Projektpartner in über 40 Ländern an. Das Ziel der Stiftungstätigkeit wird mit der Förderung neuer Innovation deklariert. Mit dieser Aufgabe vor Augen, entwickelt und implementiert sie Erfindungen auf der Basis eines dezentralen Netzwerks (vgl. http://www.stw.de/ k060/60000/60000_frameset.htm).

Somit kann für den Bereich der Transfer- und Kooperationseinrichtungen folgendes Fazit konstituiert werden: Durch die hohe Anzahl an Transfereinrichtungen und Technologiezentren weist Baden- Württemberg ein intensives Kooperations- und Kommunikationsnetzwerk auf. Das Land verfügt über zahlreiche Beratungs- und Technologietransferinstitutionen sowie über unzählige Forschungseinrichtungen, auf welche die Forscher zurückgreifen können. Es lässt sich also sehr leicht und unverkennbar ein hohes Innovations- und Wissenspotenzial in Baden-Württemberg vorfinden, lediglich die Umsetzung und Implementierung des Wissens, scheint vielen Unternehmen oftmals noch schwer zu fallen. Dies mag unterschiedliche Gründe haben. Zu einem nicht unerheblichen Maß wird dieser Zustand aber sicherlich auch durch die ‚Verschlossenheit' der baden-württembergischen Tüftler hervorgerufen. Es scheint vielen Innovatoren immer noch Sorge zu bereiten, ihren Erfinderreichtum mit anderen Firmen zu teilen, was natürlich zu erheblichen Problemen der Umsetzung führt. Frei nach dem Motto: „(...) die eigenen Forschungs- und Entwicklungsinvestitionen sowie die Fähigkeit und das Wissen der eigenen Belegschaft (...)" (Bechtle 1998: 6) zählt, und sonst nichts. Oftmals mangelt es jedoch auch an Kapital, Infrastruktur oder einfach nur an technischen Fähigkeiten, welche ein einzelnes Unternehmen allein nicht aufzubringen vermag. Dennoch wird einer Zusammenarbeit der Firmen häufig aus dem Weg gegangen.

Betrachtet man schließlich die tatsächlich verwirklichten Kooperationen etwas genauer, so entpuppen diese sich überproportional häufig als eine reine Zweckbeziehungen. Sie ergeben sich, indem die Unternehmen Bindungen auf der Basis eines vertikalen Netzwerkes eingehen, also z.B. reine Zulieferer-Abnehmerakteure, aber keine ‚innovativen' Kooperationspartner sind.

Darüber hinaus ist jedoch auch anzumerken, dass die Institutionenlandschaft in Baden-Württemberg sehr zersplittert ist, und es somit den willigen Innovatoren oftmals auch sehr schwer fällt, einen Partner in ihrer Region zu finden, da nur vereinzelt Ballungsräume für Forschung und Entwicklung existieren. Diesem Defizit will die Landesregierung mit gezielten Maßnahmen zur Innovationsförderung entgegenwirken, wie der folgende Abschnitt zeigt.

Die baden-württembergische Wirtschafts- und Technologiepolitik

Die Regierung erkannte bereits in den achtziger Jahren, dass ein stark exportorientiertes Land wie Baden-Württemberg im Rahmen des Globalisierungswettbewerbs erheblichen Bedarf an Basisinnovationen aufzeigt um den bisherigen Wohlstand des ‚Ländles' halten zu können. Die Politik förderte angesichts der starken Exporteinbußen, „(...) welche vor allem durch eine Nachfrageschwäche auf allen wichtigen Weltmärkten ausgelöst wurde" (Teufel 1995: 17), insbesondere den Aufbau spezialisierter Technologiezentren, von denen man sich erhöhte Forschungsaktivität und Erfindergeist erhoffte. „Die Basis hierfür bildete der im Jahre 1982 vorgelegte Abschlussbericht der Forschungskommission des Landes, der weitreichende Vorschläge zur baden-württembergischen Forschungs- und Technologiepolitik enthielt." (Krauss 1997: 7) Hieraus ergaben sich auch Maßnahmen zur Unterstützung von Existenzgründungen in wachstumsträchtigen Zukunftsbranchen, wie etwa dem Multimediabereich, Softwareentwicklung, Biotechnologie und schließlich auch der Umwelttechnik.

Ein besonderes Augenmerk legte die Regierung mit ihren Förderprogrammen vor allem auf die kleinen und mittelständischen Unternehmen des Landes (vgl. Landtag Baden-Württemberg 2001 im Internet: http://www.landtag-bw.de/aktuelles/pressemitteilungen.de [2.7.2001]). Sie prägen die technologischen Entwicklungen in ihren Wirtschaftszweigen maßgeblich mit und weisen teilweise sehr umfangreiche Innovationsaktivitäten auf. Daher sollen außerordentlich erfinderische Unternehmen einerseits steuerlich entlastet werden und andererseits leichteren Zugang zur Börse finden.

Darüber hinaus fördert die Regierung Betriebsübernahmen und Innovationen in Form von zinsverbilligten Darlehen bzw. Wagniskapitalfonds, Beteiligungen oder mittels qualifizierten Beratungen. Zu guter Letzt sollen Vorschriften für die Gründung von Unternehmen und für die Einbringung neuer Innovationen auf ihre hemmende Wirkung überprüft und gegebenenfalls deren Vereinfachung oder Abschaffung angestrebt werden (vornehmlich im Bereich der Verbrauch- bzw. Objektsteuer und bei Umweltsonderabgaben). Auf diesem Weg gelang es auch „(...) spürbare Verkürzungen der Dauer von immissionsschutzrechtlicher Genehmigungsverfahren (...)" (Ministerium für Umwelt und Verkehr Baden-Württemberg 2000: 15) durchzusetzen.

Aus all diesen Bestrebungen resultiert, dass baden-württembergische Unternehmen mittlerweile auf eine breite Unterstützung in Forschungs- und Entwicklungsprozessen durch die Landesregierung hoffen können. Sie beteiligte sich maßgeblich an Projekten zur Gründung von Beratungs-, Technologie- und Forschungseinrichtungen. So wurde z.B. im Rahmen der Existenzgründeroffensive des Landes unter anderem beim Landesgewerbeamt ein Informationszentrum für Existenzgründungen (ifex) eingerichtet. „Es hat den Auftrag in Kooperationen mit den Wirtschaftsorganisationen und mit anderen

Behörden die Existenzgründungsinitiative durchzuführen, neue Fördermaßnahmen zu konzipieren und sie dann umzusetzen." (Krauss 1997: 24)

Auch ein Landesentwicklungsplan sowie ein Beirat für nachhaltige Entwicklung, wurden ins Leben gerufen. Die Aufgabe des Beirats bezieht sich darauf, die Landesregierung bei der Umsetzung des Grundsatzes der Nachhaltigkeit zu unterstützen und kritisch zu begleiten. Auf diesem Weg sollen ökologische Effektivität, ökonomische Effizienz und dynamische Innovationsanreize erfolgreich miteinander verknüpft werden (vgl. Ministerium für Umwelt und Verkehr Baden-Württemberg 2001).

Im Bereich der innovativen Forschung setzt die heimische Politik insbesondere auf die ‚PUSH!'-Initiative. Diese zielt auf die Bündelung der in der Region Stuttgart vorhandenen Angebote zur Förderung von Existenzgründungen aus dem Hochschul- und Forschungsbereich ab und bietet darüber hinaus Beratungsangebote an. Ferner bemüht sich PUSH! um die Schaffung einer größeren Transparenz hinsichtlich der Leistungen, welche die zahlreichen Netzwerkpartner landesweit anbieten, um eine erhöhte Offenheit und Kommunikationsbereitschaft zu erzeugen.

Die Landesregierung hat vor allem im Hochschulbereich ihre Defizite erkannt und bekennt daher: „(...) als rohstoffarmes Land ist Baden-Württemberg in besonderer Weise auf hochqualifizierte Forschung und international wettbewerbsfähige wissenschaftliche Ausbildung angewiesen. Es stützt seine Zukunftsfähigkeit daher auf eine leistungsfähige Infrastruktur aus Universitäten, Fachhochschulen und Forschungsstätten mit vielfältigen Kompetenzen in Grundlagenforschung und angewandter Forschung" (Ministerium für Wissenschaft, Forschung und Kunst Baden-Württemberg 2000: 3). Dies erklärt warum insbesondere dem Wissenspotenzial des Landes Beachtung geschenkt wird.

Abschließend soll an dieser Stelle noch der Innovationsbeirat der Landesregierung erläutert werden. Der Innovationsbeirat des Landes Baden-Württemberg wurde auf Empfehlung der ‚Zukunftskommission 2000' 1994 als ein unabhängiges Beratergremium für die Landesregierung in den Bereichen Wirtschaft, Wissenschaft, Forschung und Bildung eingerichtet. Einberufen wurden führende Persönlichkeiten aus Wirtschaft und Wissenschaft, welche die Politiker bei ihren Maßnahmen beraten sollen. Als Ziel des Beirats wird ausgewiesen, Empfehlungen für die Landesregierung und somit einen Handlungsrahmen für politische Entscheidungen zu geben (vgl. Innovationsbeirat Baden-Württemberg). Die Zielempfehlungen werden jeweils für einen Zeitraum von fünf bis zehn Jahren festgelegt und zeigen den Handlungsbedarf in der Region auf. Der Aufgabenbereich des Innovationsbeirats erstreckt sich unter anderem auf die Sammlung von Vorschlägen zur strategischen Ausrichtung der Forschungs-, Technologie- und Wirtschaftspolitik sowie zur Weiterentwicklung der staatlichen Förderpolitik. Des weiteren gilt es Empfehlungen zur Verbesserung der innovationsrelevanten Rahmenbedingungen bzw. Methoden zur schnellen Umsetzung der Forschungsergebnisse in neue Produkte und Verfahren vorzulegen. Schließlich erachtet der Beirat es auch noch als wichtig, den Koordinierungsbedarf in der Forschungs-, Technologie- und Wirtschaftspolitik aufzuzeigen um auf diesem Weg zu einer Verbesserung des Innovationsklimas beizutragen.

Darüber hinaus weist das Gremium auf die zunehmende Bedeutung von Umwelttechnologien für den Exportmarkt hin. Daher initiierte der Beirat einen Themenschwerpunkt ‚Umweltforschung' was zur Gründung neuer, umweltwissenschaftlicher Institute, Studiengänge und Studienvertiefungen an Hochschulen führte.

All diese Strategien zusammengenommen belegen, dass die Landesregierung in Baden-Württemberg durchaus die Zeichen der Zeit erkannt zu haben scheint und daher bemüht ist, entsprechende Maßnahmen in die Wege zu leiten. Dennoch scheint dieser Prozess – Erfindung und Umsetzung – keinesfalls reibungslos und unkompliziert zu verlaufen.

So mahnen zum Beispiel einheimische Unternehmen oftmals an, dass die Bereitstellung von Risikokapital für Innovationen durch Investoren in Deutschland nur selten gelingt. Banken seien viel zu zögerlich mit der Kreditvergabe für Wagniskapital und andere innovationsorientierte Finanzierungsmöglichkeiten gäbe es kaum (vgl. Krauss 1997). Lediglich Prozessinnovationen in den eingefahrenen traditionellen Wirtschaftszweigen Baden-Württembergs, die nicht ein völlig neues Produkt hervorrufen, sondern ausschließlich zur Optimierung bereits existierender Waren dienen, hätten gute Chancen auf Kapitalunterstützung, da diese mit einem geringem Risiko behaftet sind. Das erschwert die Umorientierung auf neue Produkte und Prozesse erheblich.

Auch scheint immer wieder die Umsetzung von Forschungsergebnissen in marktfähigere Produkte durch entsprechende Behördenregelungen behindert, bzw. herausgezögert zu werden. Stellenweise dauern z.B. Genehmigungsverfahren viel zu lange. Aus all diesen Gründen ist es zwar richtig, dass es in Baden-Württemberg einige Landes- und Bundesinitiativen gibt, welche innovationsanregend wirken können, diese sind jedoch oftmals nicht aufeinander abgestimmt und teilweise völlig unzureichend.

Bezüglich wirtschaftlicher Anreize ist zu sagen, dass die Politik hier insbesondere mit regulativen Instrumenten, d.h. mittels Einführung von Grenzwerten bzw. ordnungsrechtlichen Verboten, und mit planerischen Instrumenten (siehe Umweltpläne, Landschafts-, Luftreinhalte-, und Abfallentsorgungspläne usw.) arbeitet. Aber auch anreizorientierte Instrumente, wie etwa Umweltabgaben und Zertifikate werden von der Regierung zusehends eingefordert. Doch auch in diesem Bereich kristallisiert sich erneut ein Mangel heraus: Partizipative und kooperative Instrumente, wie etwa Runde Tische, freiwillige Selbstverpflichtungen oder kooperative Diskurse werden von der Landesregierung in Baden-Württemberg kaum bzw. gar nicht realisiert.

Abschließend sollte man dem Land dennoch zu Gute halten, dass es im direkten Bundesländervergleich im Jahre 1999 mit 4,5 Milliarden DM Forschungsförderungsgeldern an dritter Stelle nach Bayern und Nordrhein-Westfahlen lag. Betrachtet man die Pro-Kopf-Ausgaben für Forschung, dann liegt Baden-Württemberg sogar an erster Stelle mit ca. 3,7% des Bruttoinlandprodukts. Dies ist im Durchschnitt sogar mehr als in den USA (2,7%) oder in Japan (2,9%) ausgegeben wird (http://www.mwk-bw.de/online_Publikationen/Forschungsland.pdf [23.6.2001]).

Wie die folgenden Abschnitte zeigen werden, sind nicht nur die Wirtschaftsstruktur und die Maßnahmen der Landesregierung entscheidende Faktoren für das Innovationsverhalten einer Region, sondern auch der Zustand ihrer Umwelt.

4 Das ökologische Innovationssystem Baden-Württembergs

Daten zur Umwelt

Der Zustand der Umwelt in einer Region ist vor allem im Hinblick auf ökologische Innovationen eine wichtige Einflussgröße. Je kleiner der Bezugsrahmen ist, desto eher sind Umweltschäden direkt wahrnehmbar und damit steigen die eigene Betroffenheit und auch die Wahrnehmung der eigenen Verantwortung. Wie ist es also um die Umwelt in Baden-Württemberg bestellt? Dies wird in Baden-Württemberg, im Zusammenhang mit dem an anderer Stelle beschriebenen Umweltplan, systematisch untersucht. Dazu wurde die Akademie für Technikfolgenabschätzung in Baden-Württemberg vom Land beauftragt, einen Statusbericht zu erstellen, der umweltrelevante Daten erfasst, deren Entwicklung über einen längeren Zeitraum nachvollzieht und bewertet, inwiefern die Ziele der Nachhaltigkeit in der Region umgesetzt werden können. Bisher sind zwei dieser Statusberichte erschienen, und zwar in den Jahren 1997 und 2000 (vgl. Renn/Pfister/Knaus 1997; vgl. Renn/Leon/Clar 2000b). Hier sollen nun vor allem Daten betrachtet werden, die besonders für die regionalen Umwelteinflüsse eine Rolle spielen.

Ein globales Umweltproblem, welches auch mehr und mehr Regionen gezielt zu spüren bekommen (durch Überschwemmungen, Stürme, Hitzeperioden etc.), ist der drohende Klimawandel. Dieser wird hervorgerufen durch die steigenden Emissionen der Treibhausgase, allen voran Kohlendioxid (CO_2). Im Rahmen des Klimaprotokolls von Kyoto 1997 hat sich die Bundesrepublik Deutschland zum Ziel gesetzt, die Emissionen von CO_2 bis zum Jahr 2005 um 25% (bezogen auf den Wert von 1990) zu senken. In Baden-Württemberg sind die CO_2-Emissionen seit 1990 um ca. 8% gestiegen, sodass das Landesziel, bis zum Jahr 2005 eine Reduzierung auf unter 70 Millionen Tonnen CO_2-Ausstoß zu erreichen, in weite Ferne gerückt ist. Der Handlungsbedarf ist hier also besonders hoch. Als positiv kann jedoch gewertet werden, dass die Pro-Kopf-Emissionen von CO_2 mit ca. 7,7 Tonnen pro Jahr deutlich unter dem deutschen Durchschnitt (10,9 Tonnen pro Kopf) liegen (vgl. Renn/Leon/Clar 2000a: 28).

Ein weiteres Umweltproblem stellt die Emission von Versauerungsgasen, darunter vor allem Stickstoffoxide (NOx) und Schwefeldioxid (SO_2), dar. Diese Gase sind unter anderem verantwortlich für sauren Regen und Reizungen der Atemwege. Hier zeigt sich eine deutlich positive Entwicklung. So wurden die SO_2-Emissionen in Baden-Württemberg seit 1980 von 250.000 Tonnen pro Jahr bis zum Jahr 2000 auf etwa 58.000 Tonnen gesenkt. Dieser Trend trifft allerdings auf ganz Deutschland zu und ist auf die Schwefelreduzierung in Mineralölen und auf Maßnahmen zur Entschwefelung bei Verbrennungsanlagen zurückzuführen. Auch bei den Stickstoffoxiden ist ein deutlicher Rückgang festzustellen, seit 1980 sind die Emissionen von 350.000 Tonnen auf ca. 200.000 Tonnen zurückgegangen, was vor allem auf die Einführung von Katalysatoren in Pkws zurückzuführen ist. Allerdings sind die derzeitigen Emissionen von Stickoxiden insgesamt gesehen noch immer sehr hoch (vgl. Renn/Leon/Clar 2000a: 30f).

Als negativ sind auch die im Land festgestellten Stickstoff-Depositionen zu bewerten, die für die Eutrophierung der Böden verantwortlich sind. Dabei handelt es sich um Nitrat (NO_3) und Ammoniak (NH_3). Hier ist es bisher nicht gelungen, eine Reduzierung der Werte durchzusetzen. So schwanken die Stickstoff-Einträge unter Fichtenbeständen[1] seit 1987 zwischen 22 und 28 kg pro Hektar und Jahr, ohne eine rückläufige Tendenz aufzuweisen. Die Werte übersteigen dabei den ,critical load'-Bereich (10 bis 20 kg/ha), welchen Wälder über längere Zeit verkraften können (vgl. Renn/Leon/Clar 2000a: 34).

Ein weiteres Umweltproblem in Baden-Württemberg ist die hohe Besiedlungsdichte und das damit verbundene Verkehrsaufkommen, welches sich in der Ozonbelastung der Region niederschlägt. Betrachtet wird hierbei das bodennahe oder troposphärische Ozon (O_3). Als Messgröße dient die Zahl der Stunden pro Jahr, in denen die Ozonbelastung über dem Richtwert von 120 $\mu g/m3$ liegt. Seit 1990 mit einem Spitzenwert von beinahe 450 Stunden ist die Tendenz zwar abnehmend (1999: ca. 250 Stunden), schwankt aber stark und ist immer noch sehr kritisch. Ebenfalls als bedenklich sind die Konzentrationen von Schwebstaub, Ruß und Benzol in der Luft zu bewerten, wobei besonders die Rußkonzentration besorgniserregend ist, da sie seit 1996 deutlich ansteigt.

Außer den Luftschadstoffen sind in Baden-Württemberg die Entwicklungen in den Bereichen Lärm, biologische Vielfalt, Boden und Energieeinsatz besonders bedenklich, was sicherlich jedoch auch für ganz Deutschland gilt, also kein regional spezifisches Problem ist (vgl. zu den weiteren Umweltdaten Renn/Leon/Clar 2000a und 2000b).

Die Umweltpolitik Baden-Württembergs - Der Umweltplan

Der baden-württembergische Beitrag zu der auf der Konferenz der Vereinten Nationen für Umwelt und Entwicklung 1992 in Rio de Janeiro beschlossenen Agenda 21 ist der Umweltplan Baden-Württemberg, welcher im Dezember 2000 von der Landesregierung beschlossen wurde. „Darin werden die Leitvorstellungen für eine dauerhaft umweltgerechte Entwicklung des Landes zusammengefasst und erläutert." (Ministerium für Umwelt und Verkehr Baden-Württemberg 2000: 5)[2]

---

1 Hier ist der Wert am höchsten, „(...) da das dicht benadelte Kronendach diese Stoffe aus der Luft auskämmt" (Renn/Leon/Clar 2000b: 29) und stellt eine besonders bedenkliche Einwirkung auf das Ökosystem dar.

2 Dem Umweltplan voraus ging im April des Jahres 1997 die Initiative der Landesregierung ,Umweltdialog - Zukunftsfähiges Baden-Württemberg'. Gemeinsam mit den Organisationen der Wirtschaft, den Bauernverbänden, den Umwelt- und Naturschutzverbänden sowie anderen für den Naturschutz relevanten Gruppen fand über 18 Monate hinweg ein Dialog statt, bei dem mehr als 60 Themenfelder unter die Lupe genommen wurden. Daraus resultierten im Dezember 1998 Empfehlungen und Vereinbarungen (vgl. Ministerium für Umwelt und Verkehr Baden-Württemberg 1999).

Leitbild des Umweltplans ist eine nachhaltige Entwicklung. Nachhaltigkeit wird von Renn folgendermaßen definiert: „Eine nachhaltige, auf Dauer angelegte Entwicklung muss den Kapitalstock an natürlichen Ressourcen so weit erhalten, dass die Lebensqualität zukünftiger Generationen gewährleistet bleibt." (Renn 1996: 24)

Entscheidend ist hierbei, dass erneuerbare Ressourcen nur in dem Umfang genutzt werden, in dem sie sich wieder nachbilden können, der Verbrauch nicht erneuerbarer Ressourcen minimiert wird und nur so viel Stoffe in die Umwelt freigesetzt werden, wie diese auch aufnehmen kann.

Mit dem Umweltplan legt die Landesregierung ein umfassendes Gesamtkonzept für die Umweltpolitik der nächsten zehn Jahre vor, das alle Entscheidungsebenen von der EU über den Bund und das Land bis hin zu den Kommunen erfasst. Angestrebt wird eine kontinuierliche Verbesserung der ökologischen Situation von heute bis ins Jahr 2010 und darüber hinaus. „Mit dem Umweltplan will die Landesregierung einen Orientierungsrahmen für die staatlichen Akteure und die Gesellschaft schaffen, um auf dieser Grundlage die Kräfte zur Sicherung der hohen wirtschaftlichen, sozialen, kulturellen und ökologischen Qualität des Standorts Baden-Württemberg zu bündeln und den Standort langfristig zu sichern." (Ministerium für Umwelt und Verkehr Baden-Württemberg 2000: 5)

Für einzelne Umweltbereiche werden neben qualitativen Zielvorstellungen auch quantifizierte Ziele formuliert. Mit Hilfe von Controlling sollen die Ziele dadurch sichergestellt werden, dass ein Beirat für nachhaltige Entwicklung in Baden-Württemberg tätig ist, regelmäßige Umweltberichterstattung stattfindet und Umwelt- und Nachhaltigkeitsindikatoren festgelegt werden.

Die Zielsetzungen und Maßnahmenvorschläge sind (soweit sie sich an Dritte wenden) nicht verbindlich. Das Land verbindet mit dem Plan jedoch die Erwartung, dass die genannten Akteure die in ihrem Verantwortungs- und Kompetenzbereich liegenden Maßnahmen eigenverantwortlich umsetzen.

Der Umweltplan beruht auf keinem Gesetz, er beinhaltet eine Darstellung der politischen Ziele der Landesregierung im Umweltschutz, er ist damit ein ‚politischer' Plan, von dem keine unmittelbaren rechtlichen Folgen ausgehen und der die kommunalen Zuständigkeiten unberührt lässt. „Die Landesregierung ist überzeugt, dass die Herausforderungen in der Umweltpolitik am besten zu bestehen sind, wenn alle gesellschaftlichen und staatlichen Akteure im Umweltschutz in eigenverantwortlichem Handeln zusammenwirken." (Ministerium für Umwelt und Verkehr Baden-Württemberg 2001: 33)

Für folgende Bereiche wurden Zielsetzungen und Maßnahmenkataloge aufgestellt: Schonung natürlicher Ressourcen, Klimaschutz, Luftreinhaltung, Schutz vor Lärm, Gewässerschutz, Bodenschutz, Schutz der biologischen Vielfalt, Abfallwirtschaft, Technik und Risikovorsorge. Dringender Handlungsbedarf besteht vor allem bei den Bereichen Klimaschutz, Erhalt der biologischen Vielfalt und beim Schutz vor Lärm.

Bewertung des Umweltplans

Positiv am Umweltplan von Baden-Württemberg ist, dass sich die Landesregierung mit den Themen Natur- und Umweltschutz und nachhaltiger Entwicklung beschäftigt. Die ungelösten Umweltprobleme in Baden-Württemberg wurden im Umweltbericht adäquat analysiert. Außerdem gibt es eine umfangreiche Dokumentation an Umweltdaten im Land. Mit dem Umweltplan Baden-Württemberg zeigt die Landesregierung Initiative - ,sie tut etwas'. Der Umweltplan zieht somit eine Image- und Standortverbesserung nach sich.

Allerdings ist der Umweltplan zu ungenau und zu unverbindlich, da die Verantwortlichen nicht konkret benannt werden. Des Weiteren wurden im Umweltplan keine Zeiträume festgelegt und keine Aussagen zur Finanzierung der vorgeschlagenen Maßnahmen gemacht. Dem Plan liegt die Überzeugung zugrunde, dass die Herausforderungen in der Umweltpolitik durch ein Zusammenwirken aller gesellschaftlichen und staatlichen Akteure zu bestehen sind. Wichtig ist hier, den Akteuren klare und verlässliche Strukturen zur Verfügung zu stellen. Die gesellschaftlichen und staatlichen Akteure sollten ihr Handeln nicht nur an der sie umgebenden Rahmenordnung orientieren, sondern sich als Teil eines vernetzten Ganzen begreifen. Daraus resultiert, dass bei eigenen Entscheidungen die Entscheidungen anderer Akteure berücksichtigt werden müssen.

Da der ökologische Innovationsprozess auf sozialen Interaktionen und sozialen Beziehungen beruht, ist die Interaktion und Kooperation der beteiligten Akteure von enormer Bedeutung. Die Bedeutung und Funktion der Akteure des ökologischen / nachhaltigen Innovationssystems werden im Folgenden näher erläutert.

Akteure des ökologischen/nachhaltigen Innovationssystems

Land Baden-Württemberg

Das Land möchte die gesellschaftlichen Gruppen und die Bürgerinnen und Bürger bei der Umsetzung des Umweltplans aktivieren, in dem das Land mit gutem Beispiel vorangeht. Das soll dadurch geschehen, dass Umweltschutzziele in anderen Politikbereichen berücksichtigt und institutionell abgesichert werden. Des Weiteren sollen Umweltschutzziele in den Landesentwicklungsplan integriert werden sowie in Förderprogrammen des Landes und bei Landesvorhaben so weit wie möglich berücksichtigt werden. Außerdem möchte das Land zusätzliche Förderprogramme auflegen bzw. weiterführen. Im Alltag der Landesbehörden soll Umweltschutz dadurch sichergestellt werden, dass mittelfristig die Teilnahme aller Landesbehörden am Öko-Audit vorgesehen ist. Ein weiteres wichtiges Augenmerk soll auf der Umweltbildung an Schule und Hochschule liegen. Eine besondere Förderung soll auch der Umweltforschung zu Teil werden.

Die Länder haben auf die Ausformung der Umweltpolitik verschiedene Einwirkungsmöglichkeiten. Im Bereich des Wasserhaushalts, des Naturschutzes und des Waldes haben sie eigene gesetzliche Gestaltungsspielräume, im übrigen Umweltbereich können sie Regelungslücken füllen und die notwendigen Ausführungsgesetze zur Umsetzung des Umweltrechts erlassen. Von großer Bedeutung für die Umweltsituation ist der Vollzug des Umweltrechts, der Sache der Länder ist. Hinzu kommt die Befugnis der Länder, über die Umweltministerkonferenz politische Initiativen zu starten oder durch den Bundesrat an der Gesetzgebung des Bundes mitzuwirken. Die Bundesländer haben in einem föderativen Staat bei der Umsetzung der künftigen Anforderungen des Umweltschutzes eine wichtige Scharnierfunktion zwischen den für die Standortentwicklung maßgeblichen Akteuren vor Ort auf der einen Seite und den Gremien des Bundes und der Europäischen Union auf der anderen Seite.

Landwirtschaft

Die Landwirtschaft hat nicht nur die ureigene Aufgabe, gesunde und qualitativ hochwertige Nahrung zu erzeugen, sie ist vor allem auch ein wichtiger Wirtschaftsfaktor im ländlichen Raum. „Derzeit werden ca. 48% der Landesfläche landwirtschaftlich genutzt. Dies macht auch die enorme Bedeutung der Landwirtschaft für den Schutz der natürlichen Ressourcen Boden und Wasser sowie für die Sicherung des Naturhaushaltes und die Erhaltung der biologischen Vielfalt deutlich." (Ministerium für Umwelt und Verkehr Baden-Württemberg 2001: 35)

Die Landwirtschaft hat sich durch Mechanisierung und Rationalisierung, Vergrößerung der Einzelbetriebe und der Flächeneinheiten sowie Einsatz chemischer Dünge- und Pflanzenschutzmittel wesentlich geändert. Politische Rahmenbedingungen und ökonomische Gründe haben zu einer Spezialisierung und Intensivierung der Produktion geführt, die teilweise mit Umweltbelastungen verbunden ist. Deutlich wird dies an der teilweise noch hohen Belastung des Grundwassers und der Fließgewässer mit Nitrat aus landwirtschaftlicher Düngung und mit Pflanzenschutzmitteln; der Eutrophierung von Böden und Gewässern durch übermäßige landwirtschaftliche Düngung; der Versauerung der Böden durch Stickstoffeinträge aus der Landwirtschaft; der zunehmende Bodenerosion und der Rückgang der Tier- und Pflanzenarten auf landwirtschaftlich genutzten Flächen.

Um Umweltbelastungen gering zu halten, ist eine dauerhaft umweltgerechte Landbewirtschaftung anzustreben, die hochwertige Produkte erzeugt und dabei die Bodenfruchtbarkeit nachhaltig sichert. Transparenz für die Verbraucherinnen und Verbraucher vermitteln beispielsweise Qualitäts- bzw. Gütesiegel für landwirtschaftliche Produkte.

Verkehr

Das Schlagwort ‚Mobilität' wurde in den letzten Jahren zu einem immer bedeutenderen Faktor - sei es für die freie Entfaltung des Einzelnen oder für die wirtschaftliche Entwicklung. Aus der starken Zunahme des motorisierten Verkehrs ergeben sich jedoch Umweltprobleme wie die Emission gesundheitsgefährdender Luftschadstoffe, die Freisetzung des Treibhausgases CO_2, die Belastung großer Teile der Bevölkerung durch Lärm und der ‚Verbrauch' natürlicher Flächen. „Dabei hat sich die im Generalverkehrsplan 1995 verfolgte Strategie, Umweltbelastungen möglichst an der Quelle, d.h. an den Fahrzeugen zu beseitigen, bewährt. Die geforderten schärferen Grenzwerte der Abgasnormen auf europäischer Ebene haben zu einer deutlichen Reduktion der Schadstoffemissionen geführt." (Ministerium für Umwelt und Verkehr Baden-Württemberg 2000: 236) Dem Land Baden-Württemberg ist es auch gelungen, die Attraktivität des Öffentlichen Personennahverkehrs deutlich zu verbessern. Pilotprojekte wie z.B. ‚Filderstadt fährt Fahrrad' und ‚umweltfreundlich zum Kindergarten' haben die Mobilität zu Fuß und mit dem Fahrrad vorangetrieben. Die Minderung der Lärmentwicklung konnte durch Schallschutzmaßnahmen an Straßen sowie die Einführung lärmarmer Reifen erreicht werden.

Angestrebt werden im Umweltplan vorrangig technische Weiterentwicklungen und Innovationen an Fahrzeugen zur Senkung des Energieverbrauchs und der Emissionen sowie die Begrenzung der technisch unvermeidlichen Immissionen aus dem Verkehr. Ziele sind die weitere Senkung der Schadstoffemissionen, die weitere Senkung des Lärms, die weitere Reduktion des Kraftstoffverbrauchs aller Verkehrsmittel, eine Erhöhung der Energieeffizienz im Verkehr, eine verkehrsmindernde Standortplanung durch die Kommunen, eine Stärkung des öffentlichen Personennahverkehrs, eine Erhöhung des Anteils nicht motorisierter Verkehrsmittel, die Verkehrsberuhigung in Wohngebieten und die Bewusstseinsbildung für intelligente Mobilität (vgl. Ministerium für Umwelt und Verkehr Baden-Württemberg 2001: 35).

Kommunen

Baden-Württemberg besteht aus 1100 Städten und Gemeinden sowie aus 35 Landkreisen, die öffentliche Infrastruktur wie z.B. Versorgungseinrichtungen und Schulen bereitstellen. „Durch optimierte Planungen beim Bau von Gemeindestraßen, Versorgungsleitungen, Kläranlagen und dem Neubau sonstiger kommunaler Einrichtungen können die Kommunen dem Anliegen des Naturschutzes, des schonenden Umgangs mit der Ressource Boden, der Vermeidung von Abfällen und der Ressourcenschonung durch Einsatz nachwachsender Rohstoffe noch besser Rechnung tragen." (Ministerium für Umwelt und Verkehr Baden-Württemberg 2000: 239)

Bedeutsam ist auch die Energieversorgung, da die Kommunen selbst oder kommunale Unternehmen in vielen Fällen Träger bzw. Eigentümer der Versorgungsnetze für Elektrizität und Gas sind. Sie können diese Stellung nutzen, um auf den verstärkten Einsatz von Energieerzeugungsanlagen mit optimiertem Wirkungsgrad hinzuwirken.

Die Kommunen in Baden-Württemberg haben den Aufruf, sich an der lokalen Agenda zu beteiligen, aufgenommen. Gegen Ende des Jahres 2000 gab es in rund 300 Städten, Gemeinden und Landkreisen Beschlüsse, eine lokale Agenda 21 einzuleiten. Das Land unterstützt diese Aktivitäten durch ein Agenda-Büro, das bei der Landesanstalt für Umweltschutz in Karlsruhe angesiedelt ist.

Bürgerinnen und Bürger

Das Verbraucherverhalten der Bürgerinnen und Bürger prägt das Ausmaß der Umweltbelastungen wesentlich mit. Dazu zählen der Verbrauch von Produkten und Dienstleistungen, die Haushaltsführung sowie das Mobilitätsverhalten. Nach einer Studie des
Umweltbundesamtes können 30 bis 40% aller Umweltprobleme direkt oder indirekt auf
das Konsumverhalten zurückgeführt werden. (vgl. Ministerium für Umwelt und Verkehr Baden-Württemberg 2000: 241) Daran werden die Mitverantwortung, die Gestal-
tungsmöglichkeit und die Handlungsoption jedes Individuums an einer nachhaltigen
Gesellschaftsentwicklung deutlich. Das klassische Ordnungsrecht mit seinen Geboten
und Verboten ist nur bedingt geeignet, wenn man eine Änderung des Konsumverhaltens
erreichen möchte. „Änderungen bei den Gewohnheiten und den Gestaltungswünschen
können dauerhaft nur Erfolg haben, wenn sie durch Einsicht jedes Einzelnen getragen
sind." (Ministerium für Umwelt und Verkehr Baden-Württemberg 2000: 241) Notwendig sind in diesem Zusammenhang gezielte Umweltbildung und verbesserte Produktin-
formationen.

Wirtschaft

Eine wichtige Rolle hat der Handel inne, der zwischen den Herstellern von Gütern und
Dienstleistungen und den Verbrauchern steht. Handlungsfelder sind dabei die umweltorientierte Sortimentsgestaltung, die Aus- und Weiterbildung der Beschäftigten, die
Kundenberatung und die umweltorientierte Betriebsführung. Banken und Versicherungen sind ebenso wirtschaftlich relevant. „Banken und Versicherungen werden als Finanzdienstleister in Zukunft einen immer größeren Einfluss auf eine umweltgerechtere
Entwicklung der Wirtschaft ausüben." (Ministerium für Umwelt und Verkehr Baden-
Württemberg 2000: 233) Instrumente nachhaltiger Bank- und Versicherungsgeschäfte
sind beispielsweise die stärkere Einbeziehung von Umweltkriterien und Umweltrisiken
bei der Kreditvergabe oder die Entwicklung von so genannten ‚grünen Anlagefonds'.

Der Tourismus ist im Land Baden-Württemberg, das zahlreiche Heil- und Kurorte
besitzt, ein bedeutsamer Wirtschaftszweig. Ein besonderer Problembereich ist der Rei-
severkehr mit seinen Auswirkungen hinsichtlich Klimaschutz, Luftreinhaltung und
Schutz vor Lärm.

Die Unternehmen orientieren ihr Handeln nicht explizit am Leitbild nachhaltiger
Entwicklung. Allen Unternehmen geht es vielmehr um die Stärkung der Wettbewerbsfähigkeit durch die Erhöhung ihrer Kompetenz, wodurch sie sich Handlungsspielräume
sichern.

Wie die Wirtschaft umweltbewusstes Handeln umsetzt und dennoch wettbewerbsfähig
bleibt, soll im folgenden Kapitel erörtert werden.

Wirtschaft und Umweltschutz

Logik ökologischer Innovationen in Unternehmen

In den letzten Jahren wurde die Wirtschaft verstärkt für die Umweltproblematik sensibilisiert. So sind bei den Unternehmen rationale Strategien feststellbar, die aus der Einsicht resultieren, dass ökologische Innovationen die Wettbewerbsfähigkeit erhöhen. „Immer mehr Unternehmen erkennen die Notwendigkeit einer offensiven Beschäftigung mit Umweltproblemen und die Möglichkeit, durch innovatives ökologisches Verhalten Wettbewerbsvorteile zu erreichen." (Servatius 1993: 150)

Grundlage für ökologische Innovationen ist ein wirtschaftliches Interesse mit dem Motiv, ökologisches Einsparen zu realisieren. Einsparungen erfolgen vor allem durch die Reduktion von Abfall, Wasser- und Energieverbrauch und von Emissionen. Wirtschaftliche Gründe für ökologische Innovationen sind auch die Nachfrage der Kundinnen und Kunden, die Konkurrenz der Mitbewerberinnen und Mitbewerber und die Öffentlichkeit, die ökologische Innovationen einfordert und Unternehmen aktiv werden lässt. Ein Wettbewerbsvorteil lässt sich vor allem erst dann realisieren, wenn die ökologische Leistung eines Unternehmens von Kundinnen und Kunden und der Öffentlichkeit gewürdigt und anerkannt wird. Die Kundenbeziehung ist ökologisch innovativen Unternehmen daher sehr wichtig und geht über die eigentliche Konsumtion hinaus. „Die Sachorientierung der ökologisch innovativen Unternehmen zeigt sich auch darin, dass sie in einem hohen Maß Kundenbetreuung und Kundenbindung pflegen, die deutlich über den erfolgreichen (einmaligen) Verkauf hinausgeht." (Dresel 1997: 55)[3]

Des Weiteren setzen ökologische Innovatoren auf einen Imagegewinn, der bei der Zusammenarbeit zwischen Wirtschaft und Politik verstärkt auftritt. Die Firmen reagieren somit nicht nur auf einen externen Anreiz mit Aussicht auf einen finanziellen Gewinn, sondern sie bringen auch eine intrinsische Motivation auf, die aber nicht auf einem moralischen Wertewandel beruht, sondern auf einer spezifisch unternehmerischen Rationalität (vgl. Dresel 1997: 15).

Außerdem ist bei ökologisch innovativen Unternehmen eine erhöhte Reflexivität, Selbstbeobachtung und Rationalität des unternehmerischen Handelns feststellbar. Bei ihnen sind ökologische Innovationen ein fester Bestandteil der kontinuierlichen Verbesserungs- und Lernprozesse. Ergo „(...) sind keine Anzeichen dafür zu identifizieren, dass eine Internalisierung von Nachhaltigkeitsnormen stattgefunden hätte. Der unternehmerische Lernprozess, der zu ökologischen Innovationen führt, ist nicht als ein moralischer Wertewandel zu verstehen" (Dresel/Blättel-Mink 1997: 245).

Feststellbar ist ein Aufeinanderfolgen der Managementsysteme Qualitätsmanagement und Umweltmanagement. Unternehmen, die mit Qualitätsmanagement arbeiten, besitzen häufig ein Umweltmanagementsystem, d. h., innovative Unternehmen sind oftmals auch ökologisch innovativ. „Der Zusammenhang ökologischer Organisationsin-

---

3 Die Erkenntnisse von Dresel basieren auf Fallstudien in Baden-Württemberg.

novationen mit anderen Maßnahmen, die im gleichen Sinne die Unternehmenskompetenz erhöhen, ist offensichtlich." (Dresel 1997: 44)

Die ökologisch innovativen Unternehmen besitzen eine Unternehmensführung, die strategisch auf Innovation und Effizienz ausgerichtet ist. Das Leitbild der Suffizienz ist bei den Unternehmen kaum vorzufinden. Darüber hinaus betonen die Unternehmen verstärkt die Freiwilligkeit ihres Handelns. „Denn im Bereich der Integration von Ökonomie und Ökologie wird immer wieder deutlich, wie wichtig es den Unternehmen ist, sich als pro-aktive Akteure darzustellen, die aus sich heraus, freiwillig, ökologische Innovationen durchführen." (Blättel-Mink 1999b: 8)

Dass Unternehmen heutzutage vermehrt auf Selbstverantwortung und Selbstverpflichtung setzen, zeigt sich im nächsten Abschnitt.

Umweltmanagementsysteme

Unternehmen führen in immer größerer Zahl Umweltmanagementsysteme ein, mit denen sie freiwillig den betrieblichen Umweltschutz verbessern und ihre grundsätzliche Bereitschaft zur Integration von Ökonomie und Ökologie zeigen. Zu den Aufgaben von Umweltmanagementsystemen zählen Planung, Steuerung und Kontrolle, um alle Umweltaktivitäten eines Unternehmens zu organisieren. Zu den wichtigsten Umweltmanagementinstrumenten gehören Umweltberichte, Umweltbilanzen, Umwelt-Controlling und Öko-Audits. „In der Folge häufen sich die Meldungen von Unternehmen, die bereit sind, ein Öko-Audit durchzuführen und sich zertifizieren zu lassen, aber auch die öffentliche Verwaltung, ja ganze Gemeinden und Städte streben nach einer Plakette." (Blättel-Mink 1997: 114)

Die Europäische Kommission verabschiedete im Juni 1993 die EG-Öko-Audit-Verordnung ‚Verordnung (EWG) Nr. 1836/93 des Rates vom 29. Juni 1993 über die freiwillige Beteiligung gewerblicher Unternehmen an einem Gemeinschaftssystem für das Umweltmanagement und die Umweltbetriebsprüfung' (EMAS - Environmental Management and Audit Scheme), die 1995 in Deutschland umgesetzt wurde. Im Mittelpunkt der Verordnung steht das Verursacherprinzip, das die Umweltbelastungen an ihrem betrieblichen Ursprung beseitigen möchte. Das Unternehmen bewertet und kontrolliert mittels regelmäßiger Audits die Leistungsfähigkeit des eingeführten Umweltmanagementsystems. Bei dem Umweltbetriebsprüfungssystem auf freiwilliger Basis halten sich die Unternehmen nicht nur an die bis dahin geltenden Umweltvorschriften, sondern sie verpflichten sich darüber hinaus, an einer angemessenen kontinuierlichen Verbesserung des betrieblichen Umweltschutzes zu arbeiten. Die ermittelten Ergebnisse und getroffenen Maßnahmen werden nicht nur intern kommuniziert, sondern in Form einer zu veröffentlichenden Umwelterklärung gegenüber dem Staat und der Öffentlichkeit dokumentiert. Die Teilnahme am Öko-Audit wird von zuständiger Stelle registriert und mit dem Recht auf Nutzung des Audit-Logos in der Firmenwerbung honoriert. Ende Dezember 2000 waren in Deutschland 2544 Standorte registriert, von denen 409 Standorte (16,1%) in Baden-Württemberg verzeichnet sind. Baden-Württemberg steht somit hinter Bayern mit 577 Standorten (22,7%) und Nordrhein-Westfalen mit 461 Standorten (18,1%) auf dem dritten Platz (vgl. http://www.emas-logo.de/Teilnehmer/teilnehmer.html [20.6.2001]).

Zusammenfassend lässt sich sagen, dass Umweltmanagementsysteme die Rechtssicherheit erhöhen, das Unternehmensimage verbessern, die Mitarbeitermotivation fördern und interne Potenziale aufdecken, die in vielen Fällen zu Kosteneinsparungen führen. „Daraus wird die primäre Intention der Verordnung deutlich: es geht nicht um die Auszeichnung besonders umweltaktiver Pionierunternehmen, die häufig bereits ein wesentlich differenzierteres Umweltschutzinstrumentarium mit umfassenden ökologischen Erfolgskriterien installiert haben, sondern um das Anstoßen von Ökologisierungsprozessen in einer möglichst großen Zahl von Unternehmen, unabhängig vom bisher erreichten Stand des betrieblichen Umweltschutzes." (Freimann 1995: 177) Der entscheidende Vorteil eines Umweltmanagementsystems ist eine erhöhte Transparenz betrieblicher Vorgänge, da jeder Schritt bewusst gemacht und dokumentiert wird. „Sollten irgendwelche Umstellungen notwendig oder wünschenswert erscheinen, sind diese Unternehmen in der Lage, entsprechend schnell und flexibel zu reagieren, Stoffe oder Verfahren zu substituieren usw., weil ihr Umweltmanagementsystem die Implikationen schon lange vorher erfasst hat." (Dresel 1997: 44)

Exkurs: Unternehmerischer Umweltverbund ‚Modell Hohenlohe'

Der Protest gegen eine geplante Sonderabfallverbrennungsanlage des Landes Baden-Württemberg in Westernach im Hohenlohekreis führte 1991 27 Unternehmen zusammen, die zunächst unter dem Namen ‚Modellversuch Hohenlohe' eine Fördergemeinschaft zur Abfallreduzierung in der gewerblichen Wirtschaft gründeten. Aus dem Versuch wurde ein Verein, der heute ‚Modell Hohenlohe - Netzwerk betrieblicher Umweltschutz und nachhaltiges Wirtschaften' heißt. Der Leitspruch „Gemeinsame Probleme gemeinsam lösen" (http://www.modell-hohenlohe.de/aktuell.htm [29.6.2991]) ist bis heute erhalten geblieben.

Inzwischen besteht der Verein aus fast 300 Mitgliedsunternehmen aller Unternehmensgrößen aus den verschiedensten Branchen. „Zweck des Vereins ist es, durch Vernetzung vorhandener regionaler/überregionaler Kompetenzen das nachhaltige Wirtschaften, d.h. das gleichrangige Beachten ökologischer, ökonomischer und sozialer Belange sowie das Umweltbewusstsein und die Umweltverantwortung in der Wirtschaft zu fördern und den betrieblichen Umweltschutz zu verbessern." (Modell Hohenlohe 2001: 1) In branchen- oder sachspezifischen Arbeitsgruppen, an deren Sitzungen auch Vertreter von Ministerien, Behörden und Institutionen teilnehmen, findet regelmäßiger überbetrieblicher Erfahrungsaustausch statt. Von den Mitgliedsunternehmen werden gemeinschaftlich getragene Projekte zur Verbesserung des betrieblichen Umweltschutzes und zur Erprobung und Bewertung ressourcenschonender, abfallarmer und umweltverträglicher Produktionsverfahren initiiert. Das Modell Hohenlohe führt Seminare und

Informationsveranstaltungen durch und vergibt Diplomarbeiten und Forschungsaufträgen auf dem Gebiet der nachhaltigen Wirtschaftsentwicklung und zur Lösung von umweltrelevanten Problemen.[4] „Ein Netzwerk von miteinander kooperierenden Unternehmen und Experten staatlicher Institutionen hat sich herausgebildet, die das gemeinsame Ziel verfolgen, betrieblichen Umweltschutz zum Wohle ihrer sehr ländlich geprägten Region zu institutionalisieren, indem sie sich im Bereich Umweltmanagement helfen." (Wassermann 1999: 47) Der Wissenstransfer des ‚Modell Hohenlohe' verbindet ökologische Vorteile mit ökonomischem Gewinn. Das Engagement der Firmen in den Arbeitsgruppen macht sich bezahlt, da das Rad nicht von jedem einzelnen neu erfunden werden muss. Der Wissensvorsprung sichert somit Wettbewerbsvorteile und spart Kosten ein.

Umweltbewusstsein der Bevölkerung[5]

In ganz Deutschland, wie auch in Baden-Württemberg fungierten Umweltbelange jahrelang als eines der Topthemen in gesellschaftlichen bzw. öffentlichen Diskussion. Heutzutage rückt die Umweltproblematik jedoch zusehends in den Hintergrund - auf der Tagesordnung stehen in erster Linie Gesprächsstoffe über die gegenwärtige Beschäftigungssituation, die Wirtschaftsentwicklung oder aber über die Sicherung des Sozialbzw. des Rentensystems. Diese Aussage unterstreicht auch das Ergebnis einer Umfrage, welche das Umweltbundesamt im Jahr 2002 in Deutschland durchführte. Die Thematik der Umfrage handelte unter anderem von den als am wichtigsten angesehenen Problemen in Deutschland bei der sich der Umweltschutz lediglich auf Platz 4 wieder finden ließ, wie die nachstehende Tabelle zeigt:

Von Seiten der Bevölkerung in Deutschland wird den wirtschaftlichen und sozialpolitischen Bereichen eindeutig Vorrang eingeräumt, bevor sie an die Belange des Umweltschutzes denkt. Andersherum kann man auch annehmen, dass das Umweltbewusstsein dann als besonders wichtig eingestuft wird, wenn der wirtschaftliche Wohlstand einer Region gesichert ist und der Aufschwung die eigene Angst um den Arbeitsplatz als unbegründet erscheinen lässt. Die Studie des Soziologen Michael M. Zwick zur Wahrnehmung und Bewertung von Technik, belegt bereits 1998 für das Land Baden-Württemberg die hier bundesweit dokumentierten Ergebnisse. Auch regional betrachtet steht die Bekämpfung der Arbeitslosigkeit mit 78,5% an erster Stelle der Sorgenliste, gefolgt von der Problematik der Rentensicherung mit 61%. Als immerhin noch relativ wichtig wird von den Befragten Personen mit 54,7% die Bekämpfung der Um-

---

4 Im Mai 2001 wurde der Ideenwettbewerb ‚Nachhaltige Nutzung regionaler Ressourcen' ausgelobt, bei dem Ideen, Konzepte und innovative Lösungen zur regionalen Nachhaltigkeit gesucht wurden. Angesprochen waren alle Unternehmen aus der gewerblichen Wirtschaft, der Land- und Forstwirtschaft, des Handels und des Dienstleistungsgewerbes, die freien Berufe, Schulen, Schulklassen und alle Bürgerinnen und Bürger aus der Region.
5 Vgl. auch Röttgers und Sellke in diesem Band.

weltverschmutzung betrachtet, was über dem bundesdeutschen Durchschnitt liegt (vgl. Zwick 1998).

Tabelle 1: Die wichtigsten Probleme in Deutschland

Die Top-Ten der häufigsten Nennungen in %: (Maximal zwei Nennungen möglich)	Erhebung 2002 (in Klammern: Rangplatz Ost/West)			
	Gesamt	West		Ost
1. Arbeitsmarkt	67	64	(1)	80	(1)
2. Soziale Aspekte/Gerechtigkeit	20	14	(4)	31	(2)
3. Wirtschaftslage	18	19	(2)	16	(3)
4. Umweltschutz	14	16	(3)	6	(8)
5. Ausländer, Asylanten	11	9	(6)	3	(9)
6. Rentenpolitik	9	10	(5)	8	(5)
7. Sicherheitspolitische Aspekte	8	9	(7)	6	(6*)
8. Kriminalität	6	5	(8)	9	(4)
9. Vertrauensverlust in Politik	5	5	(10)	6	(6*)
10. Steuern	5	5	(9)	3	(10)

Geteilter Rangplatz aufgrund exakt gleicher Anzahl von Nennungen.
Frage: Was, glauben Sie, ist das wichtigste Problem, dem sich unser Land heute gegenübersieht? (Offene Frage mit maximal zwei möglichen Nennungen)

Quelle: http://www.empirische-paedagogik.de/ub2002neu/indexub2002.htm

Darüber hinaus stellt sich als ein weiterer wichtiger Faktor für ein mangelndes Umweltbewusstsein der Bevölkerung die zunehmende ‚Unsichtbarkeit' der Umweltverschmutzung heraus. Umweltprobleme sind heutzutage in einem erhöhten Maße nicht mehr sinnlich wahrnehmbar, wie sie es etwa in den siebziger Jahren noch waren. Damals gehörten Schaumberge auf Flüssen und rauchende Fabrik- bzw. Kraftwerkschlote zum erschreckenden Alltagsbild der Deutschen (vgl. Ministerium für Umwelt und Verkehr Baden-Württemberg 2000). Lediglich der Verkehrslärm scheint unsere Sinne weiterhin Tag für Tag erbarmungslos zu betäuben.

Die Verkehrsnachfrage entwickelte sich im Land in den vergangenen Jahrzehnten geradezu explosionsartig. Die Verkehrsleistung im Personenverkehr hat sich in Baden-Württemberg seit 1960 verdreifacht, das Güteraufkommen im Fernverkehr sogar mehr als verdoppelt. Am stärksten wuchs der Kraftfahrzeugverkehr, dessen Anteil am gesamten Personenverkehr von 66% (1960) auf 83% (2000) anstieg (vgl. Ministerium für Umwelt und Verkehr Baden-Württemberg 2000: 236). Diesem Störfaktor wird heute gezielt mit Schallschutzmaßnahmen bzw. mit Innovationen der Lärmreduktion entgegengewirkt. In vielen Bereichen des Umweltschutzes sind hier also schon wirksame Lösungen gefunden worden, dennoch verliert die Problematik dadurch nicht an ihrer Brisanz. Denn nach wie vor fungiert eine intakte Umwelt als ein wichtiger Wert für die ganze Bevölkerung Deutschlands. Eine ökologische Grundsensibilität kann somit also durchaus in der Gesellschaft festgestellt werden, lediglich an der Umsetzung im Alltag fehlt es.

Nach wie vor gilt hier die ‚low-cost'-Hypothese (vgl. Petersen 1995). Das heißt, die Menschen empfinden Umweltschutz als wichtig und gut, solange sie dafür nicht mehr Geld ausgeben und auch keine Unannehmlichkeiten in Kauf nehmen müssen. Es gilt der Grundsatz der Bequemlichkeit, womit auch klar ist, warum die Deutschen ‚Weltmeister' des Mülltrennens sind: die Aufwendungen etwa an Zeit und Geld sind hier gleich Null. Knaus und Renn fassen diese Thematik in einem Satz zusammen: „(...) im Moment der Entscheidung sind Kosten, Einfluss durch andere, gerade erlebte Engpässe oder persönliche Probleme wesentlich wichtiger als abstrakte Umweltschutzgedanken" (Knaus/Renn 1998: 143). Die deutschen Bürger wissen durchaus die Natur zu schätzen und assoziieren daher überwiegend ‚romantische' Begriffe mit der Umwelt, wie etwa Schönheit, Wiesen, Wälder, Naturliebe, Idylle (vgl. Akademie für Technikfolgenabschätzung in Baden-Württemberg 1997). Dennoch konkurriert das Umweltbewusstsein mit vielen andern Optionen, wie etwa Spaß, Zeit oder Geld und unterliegt daher meistens anderen einflussreichen Handlungsangeboten. Immerhin, ein Grundstock scheint bei der deutschen Bevölkerung für ein Umweltbewusstsein gelegt zu sein, jetzt gilt es nur noch, diesen auszubauen. Positiv können hierbei Anreize wirken, wie etwa handlungsrelevantes Wissen über die Konsequenzen, moralische Wertschätzung und sinnliche Wahrnehmung des Erfolgs bei umweltbewusstem Handeln (vgl. Knaus/Renn 1998).

5   Ziele - Erfolge – Misserfolge: eine Zusammenfassung

Betrachtet man zusammenfassend die Aktivitäten der Politik und der Wirtschaft im Hinblick auf ökologische Innovationen, so stellt sich die Frage nach dem Stellenwert, welchen die Ökologie in Baden-Württemberg hat.

Für die Politik lassen sich durchaus Aktivitäten im Bereich der ökologischen Innovationen feststellen, sei es die Unterstützung von Transfereinrichtungen oder aber die Erarbeitung eines Umweltplans mit strategisch wichtigen Zielsetzungen und ähnlichem. Doch trotz dieser ersten Schritte in Richtung nachhaltige Entwicklung lassen sich unserer Meinung nach auf politischer Ebene immer noch erhebliche Defizite in der Umsetzung von ökologischen Maßnahmen erkennen. So zeichnen sich beispielsweise alle Strategien der Landesregierung durch ein sehr hohes Maß an Unverbindlichkeit aus. Das Stichwort ‚Freiwilligkeit' scheint hierbei ein herausragender Faktor zu sein. Die Landesregierung setzt mit ihren unverbindlichen Maßnahmenkatalogen auf fakultative Taten der heimischen Wirtschaft und der Bürger/innen, welche letztes Endes jedoch auf einer viel beschworenen Einsicht beruhen, die der Wirtschaft weitgehend fehlt. Somit liegt es nahe, dass die ökologischen Handlungsweisen der Landesregierung zu einem erheblichen Teil als eine Form der ‚umweltverträglichen Fassade' betrachtet werden können, da die Politik über die unzureichende Umsetzung ihrer Ratschläge informiert ist. Dennoch plädiert sie nicht für eine konsequentere Realisierung ihrer nachhaltigen Vorschläge um den Standortvorteil Baden-Württembergs mit hohen Auflagen oder schwerwiegenden Maßnahmen nicht zu gefährden. So wird also auf die Strategie des ‚Guten Willens' gesetzt und daher auf einen Imagegewinn im Bereich der Umweltpolitik gehofft.

Bei der Betrachtung des baden-württembergischen Wirtschaftssystems, wird der niedrige Stellenwert, den ökologische Innovationen hierzulande einnehmen, noch deutlicher. Zwar befinden sich auch in diesem Bereich Befürworter von nachhaltigen Strategien und sogar regelrechte ‚Umweltpioniere' lassen sich vorzeigen. Dennoch fährt die Mehrheit der Unternehmen nach wie vor in ihren traditionell eingespielten Gleisen. Es herrscht das routinierte Regime von Elektrotechnik, Chemie, Maschinen- und Fahrzeugbau vor, welches stark zentralisiert ist und auf Verbesserungsinnovationen seiner Produkte setzt. Somit will man an den alten Erfolgen der heimischen Qualitätswaren anknüpfen und versperrt bahnbrechenden radikalen Innovationen den Zugang zur Lobby. Dieser Schließungseffekt ist Produkt einer immens starren und unflexiblen Haltung der baden-württembergischen Industrie, welche es für Umweltpioniere schwer macht, mit ökologischen Erfindungen in der heimischen Wirtschaftsstruktur zu überleben. Solche ‚lock-in'-Effekte bringen daher eine hohe Unfähigkeit der stabilen Strukturen zu Tage auf externe Belange zu reagieren.

Abhilfe bei dieser Problematik könnte schon bald das Projekt ‚Rethinking Regional Innovation' schaffen, welches gegenwärtig von der Akademie für Technikfolgenabschätzung in Baden-Württemberg durchgeführt wird. Das Projekt knüpft gezielt an die Thematik der Kooperationsschwierigkeiten und traditionellen Politikformen an und versucht mittels internationaler Expertenworkshops bzw. aktueller theoretischer Konzepte, Lösungen zur Möglichkeitserweiterung der vorgegebenen Pfadmodelle der Region zu präsentieren. Gezielt wird hierbei anhand von Praxisbeispielen aus verschiedenen anderen Ländern aufgezeigt, wie es einigen Regionen gelingt, aus Pfadabhängigkeiten auszubrechen und beispielsweise Wirtschaftszweige zu etablieren, für die relevante Anknüpfungspunkte in der regionalen Ökonomie auf den ersten Blick kaum ersichtlich sind. Die Situation Baden-Württembergs kann daher also mit Hilfe eines Pfadabhängigkeitskonzepts zunächst theoretisch verortet und im Anschluss etwaigen regionalen Erfolgsmodellen gegenübergestellt werden.

So lange jedoch keine Besserung der innovativen Konzeption des Landes eingetreten ist, lässt sich festhalten, dass von den meisten Unternehmen ökologische Innovationen lediglich dann durchgeführt werden, wenn sie sich innerhalb des eingefahrenen Produktionsprozesses mehr oder weniger selbst vollziehen und daher leicht zu implementieren sind. Hierbei kann man erkennen, dass in erster Linie dann ein ökologisches

Verhalten realisiert wird, wenn mit diesem Wettbewerbsvorteile verbunden sind. Handeln Firmen also ökologisch innovativ, so ist ihr Ziel in der Regel nicht ein umweltverträgliches Verhalten aus Überzeugung, sondern die Einsparung von Energie bzw. die Reduktion von Luft- und Wasserverschmutzung um auf diese Weise eventuelle Umweltstrafen und Auflagen von Seiten der Regierung zu umgehen - mit anderen Worten also um Kosten zu sparen.

Daher kann man der heimischen Wirtschaft vor allem dann ein ökologisches Innovationspotenzial bescheinigen, wenn sie sich aus ihren Handlungen Effizienz und somit Wettbewerbsvorteile auf dem globalen Markt erhofft. Ein ökologisch verträgliches Verhalten der Unternehmen ergibt sich daher zumeist mittels Druck von Seiten der Regierung (z.B. in Form von Subventionen oder Grenzwertfestlegungen) oder aber per Effizienzgedanken der Manager/innen. Blättel-Mink (2001) bringt diesen Tatbestand auf den Punkt, indem sie nachhaltige Entwicklung als ein normatives Konzept betrachtet, welches im Normalfall auf Druck von außen durch ‚ecology pull' oder ‚regulatory pull' durchgeführt wird. Hier wäre also die Forderung nach mehr Flexibilität von Seiten der Wirtschaft und mehr Verbindlichkeitsdruck aus den Reihen der Politik anzubringen.

Nicht minder negativ auf ein nachhaltiges Wirtschaften wirkt sich die schlechte Umsetzung des hohen Wissenspotenzials in konkrete praktische Anwendungen aus. Baden-Württemberg zeichnet sich durch ein immenses Humankapital aus, welches jedoch an Hochschulen und einigen Forschungsstätten gebündelt wird. Hier hat man durchaus das Wissen über nachhaltiges Wirtschaften, lediglich die praktische Implementation scheint nach wie vor in manchen Fällen Probleme zu bereiten.

So bleibt also für die Entwicklungslogik der Region festzuhalten, dass das Land auf dem Weg der Nachhaltigkeit im Wesentlichen vom Aspekt der Effizienz gelenkt wird. Die Strategie der Effizienz ermöglicht es auf Basis der gegebenen Sachverhalte die Erhöhung der Ressourcenproduktivität mittels Verbesserungsinnovationen zu erzielen. Es wird frei nach dem Motto ‚Weiter so!' gehandelt. Der Weg zur nachhaltigen Entwicklung wird daher als ein linearer Prozess im technischem Fortschritt vollzogen oder wie Huber bemerkt: „(...) die systematische Steigerung der Arbeits- und der Kapitalproduktivität wird um die systematische Steigerung der Ressourcenproduktivität ergänzt" (Huber 1995: 133). Das Leitbild der Ressourceneffizienz ist dabei zwar ein wichtiger Schritt zur nachhaltigen Entwicklung, dennoch wird das Ziel des ökologischen Wirtschaftens nicht hinreichend erfüllt. Recyclingeinrichtungen oder Maßnahmen der Energieeinsparung können angesichts der weltweiten Umweltprobleme lediglich ein Tropfen auf den heißen Stein sein. Sinnvoller wäre eine Strategie der Konsistenz, d.h. die Übereinstimmung von Stoffströmen, verbunden mit umweltverträglichen technischen und sozialen Innovationen sowie einer Veränderung des Konsumverhaltens der Verbraucher (vgl. Huber 1995).

Gegenwärtig lässt sich zwar für Baden-Württemberg lediglich eine umweltpolitische Strategie der Effizienz feststellen, doch Maßnahmen wie etwa der Umweltplan oder die Förderung von ökologischen Innovationen erwecken den Eindruck, dass die Region sich auf dem besten Wege zu einem konsistenten, umweltfreundlichen Verhalten befindet. Auch die Astronautenperspektive ist dann nicht mehr weit entfernt. Das spezifische Medium der Astronautenperspektive ist das Wissen, welches sich für ein Land wie Baden-Württemberg mit seinem hohen Humanressourcenpotenzial sehr gut anbietet. Hierbei geht es nicht mehr um möglichst große Gewinne, welche die Unternehmen einfahren sollen, sondern es werden Aussagen über Konsequenzen von Handlungen getroffen, Prognosen aufgestellt, und vor allem eine erhöhte Rationalität im Umgang mit den natürlichen Ressourcen angestrebt. Dies alles vollzieht sich vor dem Hintergrund der globalen Verantwortung (vgl. Sachs 1997).

Daher lässt sich resümieren, dass, falls es Baden-Württemberg also schaffen würde, von seiner gegenwärtigen Wettbewerbsperspektive mit dem Effizienzgedanken zu einer Astronautenperspektive mit dem Ziel der Konsistenz zu wechseln, sich dann sich die Region auf einem sehr guten Weg der Nachhaltigkeit befände.

Hierfür dürfte sich die Landesregierung jedoch nicht weiterhin dem Primat der Ökonomie unterwerfen und sollte erkennen, dass sich Ressourcenverbrauch und Wirtschaftswachstum entkoppeln lassen. Gerade in den neuen Wirtschaftszweigen der Biotechnik und der Umwelttechnik als Querschnittstechnologie findet sich hierzu ein erhöhtes Potenzial vorfinden, welches die heimischen Unternehmen auf dem globalen Markt bestehen lässt.

Literatur:

Akademie für Technikfolgenabschätzung in Baden-Württemberg 1997: Biotech-Survey des Gentechnikverbundprojektes der Akademie für Technikfolgenabschätzung in Baden-Württemberg. Stuttgart: TA-Akademie

Baratta, M. von (Hg.) 2000: Der Fischer Weltalmanach 2000. Frankfurt am Main: Fischer

Bechtle, G. 1998: Das Verhältnis von Organisation und Innovation: Wie reagiert die baden-württembergische Industrie auf die Krise der Jahre? Arbeitsbericht Nr.124 der Akademie für Technikfolgenabschätzung in Baden-Württemberg. Stuttgart: TA-Akademie

Blättel-Mink, B. 1997: Innovationen für Nachhaltige Wirtschaft – Zur Integration von Ökonomie und Ökologie in Wirtschaftsunternehmen. In: Heidenreich, M. (Hg.): Innovationen in Baden-Württemberg. Diskussionsbeiträge der Akademie für Technikfolgenabschätzung in Baden-Württemberg. Baden-Baden: Nomos: 109-122

Blättel-Mink, B. (Hg.) 1999a: Die Bedingungen ökologischer Innovationen in Unternehmen. Fallanalysen Teil II. Arbeitsbericht Nr. 121 der Akademie für Technikfolgenabschätzung in Baden-Württemberg. Stuttgart: TA-Akademie

Blättel-Mink, B. 1999b: Die Bedingungen ökologischer Innovationen in Unternehmen. Teil III. Analyse von Umweltberichten. Arbeitsbericht Nr. 152 der Akademie für Technikfolgenabschätzung in Baden-Württemberg. Stuttgart: TA-Akademie

Blättel-Mink, B. 2001: Wirtschaft und Umweltschutz. Grenzen der Integration von Ö-konomie und Ökologie. Frankfurt am Main: Campus

Clar, G./Kasemir, H./Mohr, H. 1995: Das Potential erneuerbarer Ressourcen in Baden-Württemberg – Humanressourcen (Pilotstudie). Arbeitsbericht Nr. 47 der Akademie für Technikfolgenabschätzung in Baden-Württemberg. Stuttgart: TA-Akademie

Deutsches Patent- und Markenamt 2000: DPMA Jahresbericht 2000. München: DPMA

Dresel, T. 1997: Die Bedingungen ökologischer Innovationen in Unternehmen. Fall-analysen. Arbeitsbericht Nr. 71 der Akademie für Technikfolgenabschätzung in Baden-Württemberg. Stuttgart: TA-Akademie

Dresel, T./Blättel-Mink, B. 1997: Ökologie in Unternehmen. In: Blättel-Mink, B./Renn, O. (Hg.): Zwischen Akteur und System. Die Organisation von Innovation. Opladen: Westdeutscher Verlag: 235-255

Freimann, J. 1995: Ökologisierungsprozesse im Gefolge von Öko-Audits. In: Freimann, J./Hildebrandt, E. (Hg.): Praxis der betrieblichen Umweltpolitik. Wiesbaden: Gabler: 173-197

Heidenreich M./Krauss, G. 1996: Das baden-württembergische Produktions- und Inno-vationsregime: Zwischen vergangenen Erfolgen und neuen Herausforderungen. Ar-beitsbericht Nr. 54 der Akademie für Technikfolgenabschätzung in Baden-Württemberg. Stuttgart: TA-Akademie

Huber, J. 1995: Nachhaltige Entwicklung. Strategien für eine ökologische und soziale Erdpolitik. Berlin: edition sigma

IHK Stuttgart 1999: Statistik 99 der IHK Region Stuttgart. Stuttgart: IHK

Innovationsbeirat Baden-Württemberg: http://www.bw-innovativ.de [28.6.2001]

Kerst C./Steffensen B. 1995: Die Krise des baden-württembergischen Maschinenbaus im Spiegel des NIFA-Panels. Arbeitsbericht Nr. 49 der Akademie für Technikfol-genabschätzung in Baden-Württemberg. Stuttgart: TA-Akademie

Knaus, A./Renn, O. 1998: Den Gipfel vor Augen. Unterwegs in eine nachhaltige Zu-kunft. Marburg (‚Ökologie und Wirtschaftsforschung', Band 29): Metropolis

Krauss, G. 1997: Technologieorientierte Unternehmensgründungen in Baden-Württemberg. Arbeitsbericht Nr. 77 der Akademie für Technikfolgenabschätzung in Baden-Württemberg. Stuttgart: TA-Akademie

Ministerium für Umwelt und Verkehr Baden-Württemberg 1999: Umweltdialog. Zu-kunftsfähiges Baden-Württemberg. Stuttgart: UVM

Ministerium für Umwelt und Verkehr Baden-Württemberg 2000: Umweltplan Baden-Württemberg. Stuttgart: UVM

Ministerium für Umwelt und Verkehr Baden-Württemberg 2001: Umweltplan Baden-Württemberg. Kurzfassung. Stuttgart: UVM

Ministerium für Wissenschaft, Forschung und Kunst Baden-Württemberg 2000: For-schungsland Baden-Württemberg. Stuttgart: MWK

Modell Hohenlohe – Netzwerk betrieblicher Umweltschutz und nachhaltiges Wirt-schaften e.V. 2001: Satzung. Geänderte Fassung vom 9.5.2001. Waldenburg (http://www.modell-hohenlohe.de/Satzung.pdf [29.6.1991])

Petersen, R. 1995: Umweltbewusstsein und Umweltverhalten. Das Beispiel Verkehr. In: Joußen, W./Hessler, A. G. (Hg.): Umwelt und Gesellschaft. Eine Einführung in die sozialwissenschaftliche Umweltforschung. Berlin: Akademie Verlag: 89-104

Renn, O. 1996: Externe Kosten und nachhaltige Entwicklung. In: VDI-Berichte Nr. 1250. Düsseldorf: 23-38

Renn, O./Pfister, G./Knaus, A. 1997: Nachhaltige Entwicklung in Baden-Württemberg. Statusbericht 1997. Stuttgart: TA-Akademie

Renn, O./Leon, C. D./Clar, G. 2000a: Nachhaltige Entwicklung in Baden-Württemberg. Statusbericht 2000 – Kurzfassung. Stuttgart: TA-Akademie

Renn, O./Leon, C./Clar, G. 2000b: Nachhaltige Entwicklung in Baden-Württemberg. Statusbericht 2000 – Langfassung. Arbeitsbericht Nr. 173 der Akademie für Technikfolgenabschätzung in Baden-Württemberg. Stuttgart: TA-Akademie

Sachs, W. 1997: Sustainable Development. Zur politischen Anatomie eines Leitbildes. In: Brand, K.-W. (Hg.): Nachhaltige Entwicklung – Eine Herausforderung an die Soziologie. Opladen: Leske & Budrich (,Soziologie und Ökologie', Band 1): 93-110

Servatius, H.-G. 1993: Ökologische Innovationen als Differenzierungschance im internationalen Wettbewerb. In: Meyer-Krahmer, F. (Hg.): Innovationsökonomie und Technologiepolitik. Forschungsansätze und politische Konsequenzen. Heidelberg: Springer: 150-167

Statistisches Bundesamt 1998: Statistisches Jahrbuch 1998. Wiesbaden: Statistisches Bundesamt

Steinbeis-Stiftung; http://www.stw.de [25.6.2001]

Teufel, Erwin 1995: Innovation in Baden-Württemberg. In: FAW (Forschungsinstitut für anwendungsorientierte Wissensverarbeitung) (Hg.): Zukunftssicherung durch Innovation. Ulmer Forum 94. Ulm: Universitäts-Verlag Ulm

Wassermann, S. 1999: Die Firma Gebhard Ventilatoren. In: Blättel-Mink, B. (Hg.) 1999a: 43-52

Zukunftskommission der Friedrich-Ebert-Stiftung 1999: Wirtschaftliche Leistungsfähigkeit, sozialer Zusammenhalt, ökologische Nachhaltigkeit - drei Ziele, ein Weg. (2. Auflage) Bonn: Dietz

Zwick, M. M. 1998: Wahrnehmung und Bewertung von Technik in Baden-Württemberg. Tabellenband. Arbeitsbericht Nr. 117 der Akademie für Technikfolgenabschätzung in Baden-Württemberg: TA-Akademie

Weitere interessante Internetseiten

Akademie für Technikfolgenabschätzung in Baden-Württemberg: http://www.ta-akademie.de

Dialog Nachhaltigkeit (der Bundesregierung): http://www.dialog-nachhaltigkeit.de

Doktoranden-Netzwerk Nachhaltiges Wirtschaften e.V.: http://www.doktoranden-netzwerk.de

EMAS: http://www.emas-logo.de

Landesanstalt   für   Umweltschutz   Baden-Württemberg;   http://www.lfu.baden-wuerttemberg.de

Ministerium für Umwelt und Verkehr Baden-Württemberg: http://www.uvm.baden-wuerttemberg.de, (v.a. der Umweltplan: http://www.uvm.baden-wuerttemberg.de/umweltplan)

Ministerium   Ländlicher   Raum   Baden-Württemberg: http://www.mlr.baden-wuerttemberg.de

Netzwerk betrieblicher Umweltschutz und nachhaltiges Wirtschaften e.V.: http://www.modell-hohenlohe.de

Statistisches Bundesamt Deutschland: http://www.destatis.de

Statistisches   Landesamt   Baden-Württemberg: http://www.statistik.baden-wuerttemberg.de/

Umweltbundesamt: http://www.umweltbundesamt.de

Kontakt:
Diana Brukmajster: diana_brukmajster@hotmail.com
Claudia Neigert: claudia.neigert@web.de
Julia Ortleb: julia.ortleb@t-online.de

Fred Manske

Mit ökologischer Innovation zur Stärkung der Region: das Beispiel Bremen

1. Einleitung

Dieser Beitrag basiert auf den Ergebnissen eines Forschungsvorhabens, dessen Gegenstand das politische Programm des Bundeslandes Bremen war, mittels ökologischer Innovationen zur Stärkung der Bremer Wirtschaftsstruktur beizutragen (vgl. Manske 2001)[1]. Die längerfristig angelegte Untersuchung bot die Chance sehr genau zu recherchieren, welche Möglichkeiten sich für eine Region ergeben, umwelt- und arbeitsmarktpolitische Ziele miteinander zu verbinden. Zu diesem Zweck wurde zum einen eine Bestandsaufnahme der Bremer Umweltschutzwirtschaft vorgenommen sowie eine Wirkungsanalyse der bremischen Umweltschutzpolitik durchgeführt, also des systematischen Versuchs in Bremen eine Art ökologisches Innovationssystem zu installieren. Die Fragestellung lautete, ob und in welcher Weise die angewandten Politikinstrumente zur Entwicklung eines Umweltschutzsektors in Bremen beigetragen haben. Auf Basis der Untersuchungsergebnisse wurden zum anderen Hinweise für politisches Handeln zur weiteren Entwicklung der Bremer Umweltschutzbranche erarbeitet.

Es ist selbstverständlich, dass regionale Innovationspolitik immer in nationale, wenn nicht europäische, bzw. globale Politik eingebettet ist. Im vorliegenden Fall einer regionalen ökologischen Innovationspolitik, die den Anspruch verfolgt, ökologische Innovation mit der Schaffung von Arbeitsplätzen, bzw. dem Aufbau eines zukunftsorientierten ökologischen Wirtschaftssektors zu verbinden, liegt es auf der Hand, dass sie vor dem Hintergrund des entsprechenden politischen Handelns und des politisch-wissenschaftlichen Diskurses in der Bundesrepublik verstanden werden muss. Und dieser Hintergrund ist im Kern eine in der deutschen Politik und Wissenschaft weitgehend geteilte Überzeugung, dass Umweltschutz Arbeitsplätze schaffen kann. Allerdings gibt es bis heute keine allgemein geteilte Definition des Umweltschutzes. Nicht zuletzt deshalb ist auch die quantitative Bestimmung von Umweltschutzbeschäftigung äußerst schwierig. Untersuchungen zur Umweltschutzbeschäftigung in Deutschland – und nur solche werden hier betrachtet – kommen denn auch zu unterschiedlichen Resultaten (vgl. dazu Manske 2001, Kapitel 2). Gleichwohl gibt es eine Untersuchung, die wohl als die mehr oder minder allgemein anerkannte gilt. Es ist die gemeinsame Studie von DIW, ifo, RWI und IWH (BMU 1996), der zufolge 1994 in Deutschland etwa 956.000 Beschäf-

---

1 Das Forschungsvorhaben wurde im Auftrag und mit finanzieller Förderung des Senators für Bildung, Wissenschaft, Kunst und Sport in Bremen durchgeführt. Michael Rohn und Helmut Spitzley waren an der Untersuchung beteiligt.

tigte im Umweltschutz tätig waren - etwa 2,7% aller Erwerbstätigen.[2] Es ist vor allem diese Studie, die quasi ‚offiziös' als Beleg dafür anerkannt wird, dass Umweltschutz in Deutschland zur Schaffung von Arbeitsplätzen geführt hat.

Dieser Hintergrund, diese Grundüberzeugung hat einzelne Bundesländer und Kommunen seit etwa dem Beginn der achtziger Jahre veranlasst die Entwicklung der eigenen regionalen Umweltschutzwirtschaft zu unterstützen (vgl. z.B. Welsch 1985; Wackerbauer 1992b; Nordhause-Janz/Rehfeld 1995; Lemke 1998; vgl. auch Studien, die in Auftrag gegeben wurden, um Konzepte einer regionalen integrierten Umweltschutz- und Beschäftigungspolitik zu entwickeln: u.a. Blazejczak/Edler/Gornig 1995; Nam u.a. 1992; Gurgsdies/Hickel 1986; Wackerbauer 1992a). Zu den Bundesländern, die frühzeitig mit der Förderung einer eigenständigen Umweltschutzindustrie begonnen haben (und dazu auch Untersuchungen in Auftrag gaben, und zwar die von Gurgsdies/ Hickel und von Nam u.a.), gehört Bremen. 1988 wurde das Programm ‚Arbeit und Umwelt für Bremen und Bremerhaven' aufgelegt (vgl. Senator für Umweltschutz und Stadtentwicklung 1988), dem verschiedene andere umweltschutz- und beschäftigungsorientierte Programme nachfolgten, bzw. aktuell nachfolgen (im Rahmen des so genannten ‚Wirtschaftsstrukturpolitischen Aktionsprogramms' WAP, das wiederum Teil des ‚Investitionssonderprogramms' ist, eines Bestandteils des Bremer Sanierungsprogramms; vgl. Senator für Wirtschaft und Häfen 2002; http://www.bremen.de).

Im Folgenden werden zunächst Daten zur Bremer Umweltschutzwirtschaft präsentiert sowie eine Skizze der Erhebungsmethoden. Daran anschließend werden wichtige Elemente der bremischen Förderpolitik im Bereich Umweltschutz sowie deren Einschätzung durch Unternehmen, bzw. ihre in Interviews befragten Repräsentanten vorgestellt. Hierzu gehört eine Einschätzung der Innovationsfähigkeit der Bremer Umweltschutzbranche sowie Aussagen zum ‚Bremer Innovationsmilieu'. Es folgt ein knappes Resümée.

2. Daten zum Bremer Umweltschutzsektor und Erhebungsmethoden

Erhebungsmethoden

Es gibt einen wichtigen methodischen Unterschied zwischen Makrostudien, wie der oben zitierten, und regionalen Untersuchungen: Makrostudien verzichten i.d.R. auf Primärerhebungen (eine Ausnahme bildet die Studie von Halstrick-Schwenk u.a. 1994),

---

2 Freilich sind die von den Instituten in ihrer Makrostudie ermittelten Beschäftigten Ergebnis einer so genannten Zurechnungsanalyse, durch die nur festgestellt werden kann, wie viele Personen in einem definierten Umweltschutzsektor beschäftigt sind. Es wird nicht berücksichtigt, wie viele Arbeitsplätze eventuell durch den Umweltschutz verloren gehen, denn dazu wären sehr aufwendige Wirkungsanalysen des Umweltschutzes erforderlich.

während die empirische Basis von Regionalstudien ganz überwiegend Primärerhebungen bildet, also Recherchen zur Bestimmung von Unternehmen, die in einer Region im Umweltschutz tätig sind, dann schriftliche Befragungen und, last but not least, auch Interviews. Der Vorteil so angelegter Regionalstudien besteht darin, dass sie ein differenziertes Bild liefern. Makrostudien – zumal wenn sie nachfrageorientiert angelegt sind – sind wesentlich ungenauer, daher als Anleitung zu politischem Handeln deutlich weniger brauchbar, als die freilich aufwendigeren Studien auf Basis von Primärerhebungen. Daraus könnte oder sollte der Schluss gezogen werden: existierende regionale Primärerhebungen seien sozusagen zusammenzuführen. Dadurch könnte es möglich werden die ‚Umweltschutzwirtschaft' Deutschlands sehr viel genauer zu bestimmen, als das bisher der Fall war. Makroökonomische Studien könnten diesen Ansatz unterstützen.

Bei der Ermittlung der Bremer Umweltschutzbetriebe verfuhren wir ähnlich wie andere Regionalstudien. Allerdings haben wir einen eigenen Ansatz zur Definition des Bereichs Umweltschutz entwickelt (vgl- Manske 2001, Anhang 1), der den Hintergrund für die Auswertung diverser Quellen bildete, die zur Ermittlung der ‚Umweltschutzbranche' in Bremen verwendet wurden (freilich mussten Kompromisse eingegangen werden). Zur Ermittlung der Umweltschutzbetriebe in der Bremer Region wurden folgende Quellen verwendet:

- Verzeichnisse von Umweltbetrieben.
- Gelbe Seiten der regionalen Telefonbücher.
- Messekataloge.
- Daten zu Betrieben im Technologiepark Bremen (Gelände um die Universität Bremen, wo sich viele zumeist kleinere Betriebe gebildet, bzw. angesiedelt haben).
- Schneeballverfahren: Das heißt, in den Interviews wurde nach konkurrierenden Unternehmen gefragt und danach, welche davon in der Bremer Region ansässig sind.

Die räumliche Abgrenzung des Untersuchungsgebietes folgt dem Vorgehen des Statistischen Landesamtes Bremen, das die Bremer Region als einen Radius von 30 Kilometern um Bremen herum definiert hat (so genanntes: ‚30-km-Umland', treffend auch als ‚Speckgürtel' bezeichnet, weil die Bewohner dieses Bereichs zum großen Teil in Bremen arbeiten, ihre Steuern aber in den Gemeinden des Speckgürtels zahlen – Bremen hat nicht zuletzt deshalb, weil Arbeitsplätze eher im Speckgürtel als in Bremen entstehen, chronische Finanzprobleme).

Es wurden Adressen von 237 potenziell im Umweltschutz in der Region Bremen tätigen Unternehmen ermittelt. Die Befragung aller dieser Firmen durch Interviews vor Ort wäre zu aufwendig. Andererseits halten wir eine schriftliche Befragung – neben der bekanntlich geringen Rücklaufquote – in diesem spezifischen Fall aus den folgenden Gründen für unangemessen:

- Die Unsicherheiten der Bestimmung von Umweltschutz können sehr leicht dazu führen, dass unter bestimmten Begriffen sehr Verschiedenes verstanden wird. Interviews bieten Chancen zu erörtern, was unter Umweltschutz verstanden werden soll und zu einer gemeinsamen Basis zu gelangen. Dem Forschungsteam bieten Interviews die Möglichkeit, die eigene Konzeptualisierung von Umweltschutz im Forschungsprozess weiter zu präzisieren.

- Durch Interviews wird es möglich, genauer zu bestimmen welche Betriebe dem Umweltschutzbereich zugeordnet werden können.
- Wichtig ist nicht zuletzt Folgendes: Verorten sich Betriebe nicht im Umweltbereich, so würde das bei einer schriftlichen Befragung voraussichtlich in den meisten Fällen dazu führen, dass diese Betriebe nicht antworten würden.

Wir haben uns – aus ökonomischen Gründen – für eine Mischung aus Telefoninterviews und (wenigen) Interviews vor Ort entschieden. Telefonisch erreicht wurden 205 Betriebe (86% der 237 Betriebe), davon waren 167 potenziell dem Umweltschutzsektor zuzuordnen. Von diesen waren 87 (52%) zu Interviews bereit. Die Analyse des regionalen Umweltschutzbereiches Bremens basiert auf diesem Kontingent von 87 Interviews. 8 Interviews wurden – nach dem telefonischen Kontakt – vor Ort durchgeführt. Diese wurden so gestreut, dass (kleine) Dienstleister, (mittlere) Technikhersteller und ,klassische' (große) Entsorger darunter waren.

Strukturdaten der Bremer Umweltschutzbranche: Unternehmen, Beschäftigte und Qualifikation

Anzahl der Unternehmen und ihre räumliche Verteilung

Die Unternehmensanzahl wurde zu zwei Zeitpunkten erhoben: einmal um 1997/8 herum und dann noch einmal im Jahre 2000. Insgesamt wurden 215 Unternehmen ermittelt, die so etwas wie den Kern der Bremer Umweltschutzwirtschaft (im Jahre 2000) bilden (vgl. zum Vorgehen Manske 2001, Kapitel 3). Diese Zahl ergibt sich bei einem Ausschluss einiger Bereiche, die in anderen Studien zum Umweltschutz hinzugerechnet werden. In unserer Studie wurde ganz bewusst eher eine ,konservative' Abgrenzung vorgenommen, um die Zahl der Unternehmen (und damit auch der Beschäftigten) auf jeden Fall nicht zu hoch zu veranschlagen. Von den 87 interviewten Betrieben ist der größte Teil, nämlich 67 oder annähernd 77% in Bremen angesiedelt. Weitere 16 (18%) befinden sich im Speckgürtel des Landes, und nur 4 Unternehmen fanden wir in Bremerhaven, was einem Anteil von lediglich 5% entspricht.

Reine Umweltschutzbetriebe und Hybridunternehmen

Knapp zwei Drittel der interviewten Unternehmen (55) machten die Angabe, einzig und allein im Umweltschutzbereich tätig zu sein. Bei den anderen 37 Betrieben lag der Umweltschutzanteil zwischen 10 und 75 Prozent. Addiert man zu den 55 Firmen mit hundertprozentigem Umweltschutzanteil diejenigen hinzu, die 65 und mehr Prozent ihres

Tätigkeitsfeldes in diesem Arbeitsbereich haben, so ergibt sich ein Anteil von fast 72% derer, die ihren eindeutigen Schwerpunkt im Umweltschutzsektor aufweisen.

Technikbetriebe, Dienstleister und Handelshäuser nach Umweltbereichen

Im Untersuchungssample befinden sich 5 Handelshäuser, was die Tradition Bremens als Handelsstadt widerspiegelt. Wichtiger sind die folgenden Merkmale:

- Fast zwei Drittel der Unternehmen gehören zum Dienstleistungsbereich. Der Dienstleistungsbereich dominiert also im Bremer Umweltschutzsektor.

- 25% der gesamten Betriebe und 42% der Dienstleister haben ihren Tätigkeitsschwerpunkt im Abfall-, Recycling- und Altlastenbereich.

- An zweiter Stelle der Branchenliste liegt der Abwasserbereich. Mit 14 Betrieben ist er nicht so stark vertreten wie der Abfall-, Recycling- und Altlastenbereich, allerdings muss man berücksichtigen, dass mehrere Unternehmen neben ihren anderen Schwerpunktthemen auch im Wasser-/Abwasserbereich tätig sind.

Der Vergleich dieser Ergebnisse mit der oben genannten früheren Studie zu Bremen zeigt, dass die Prognose des ifo-Instituts, wonach in Bremen „ (...) nur geringfügige Potentiale bei den umweltschutzorientierten Dienstleistungen (zu) erwarten (sind)" (Nam u.a. 1992: 83), falsch war.

Gründungsjahre der erfassten Unternehmen

Für 81 der untersuchten Unternehmen konnte das Gründungsjahr ermittelt werden. Wichtigstes Ergebnis ist, dass die Bremer Umweltschutzbranche ab den siebziger Jahren stark gewachsen ist; bis 1970 sind 30 Betriebe gegründet worden, ab 1971 die anderen 51. Die meisten Neugründungen erfolgten mit 41 ab 1981. Auch an dieser Stelle ist ein Vergleich mit der ifo Studie von 1992 angezeigt. Die dort verwendete Bestandsaufnahme von Bremer Umweltbetrieben für 1988 ergab 110 Betriebe. Erstens ist davon auszugehen, dass die damaligen Zahlen zu gering angesetzt waren (auch wenn sie sich auf Bremen allein bezogen). Wichtiger ist aber, dass zweitens die Anzahl der Umweltbetriebe in der Region Bremen und auch in Bremen selbst seit 1988 mit einiger Wahrscheinlichkeit stark zugenommen hat. Wenn man eine gleiche Wachstumsrate wie im Sample der 81 Betriebe, für die Daten der Gründung vorlagen, annimmt, dann könnte die Zahl der Unternehmen seit 1988 um nahezu 20% zugenommen haben.

Größenklassen nach Beschäftigtenzahlen

Der Bremer Umweltschutzsektor wird überwiegend aus kleinen Firmen gebildet. So weisen 19 Betriebe nur 5 oder weniger Beschäftigte auf. Das sind ca. 22% der erfassten Unternehmen. In der nächsten Rubrik mit bis zu 10 Beschäftigten gab es 14 Nennungen, bzw. knapp 17% der Gesamtzahl, und 11 Firmen gaben eine Beschäftigtenzahl zwischen 11 und 15 an, was einem Anteil von etwa 13% entspricht. Allein diese drei untersten Cluster beinhalten also über die Hälfte der Betriebe, und bezieht man die nächste Rubrik mit bis zu 25 Beschäftigten mit ein, in die 10 Betriebe fallen, so gehören fast zwei Drittel der Unternehmen in die Größenklasse von 1–25 Beschäftigten.

Den anderen Pol bilden 3 Betriebe mit mehr als 501 Beschäftigten. Darunter befindet sich ein Unternehmen mit Sitz in Bremen, das weltweit 2.400 Personen beschäftigt, davon im Stammsitz Bremen 800. Dieses Unternehmen hat in den letzten Jahren sehr stark expandiert. Ausgehend von der Bremer Zentrale wurden Chancen auf dem weltweit expandierenden Umweltschutzmarkt offensiv genutzt: 9 der Unternehmen weisen zwischen 101 bis 500 Beschäftigte auf.

Gesamtzahl der Beschäftigten

Insgesamt ermittelten wir für die interviewten Unternehmen 5.535 Beschäftigte. Bei dieser Berechnung wurde berücksichtigt, dass in Hybridbetrieben nur ein Teil der Beschäftigten dem Umweltschutzbereich zugeordnet werden kann. Dieser Anteil wurde ermittelt, indem der gleiche Anteil der Beschäftigten als dem Umweltbereich zugehörig angenommen wurde wie der Anteil des Umsatzes mit Umweltprodukten bzw. -dienstleistungen am Gesamtumsatz des betreffenden Unternehmens. Die durchschnittliche Betriebsgröße wurde mit 39,4 Personen berechnet. Bei der Ermittlung der Durchschnittsbeschäftigung wurden die vier größten Arbeitgeber (Umweltdienstleister) nicht berücksichtigt. Diese zumeist im klassischen Entsorgungsbereich tätigen Firmen würden das Bild zu stark verzerren, die Hochrechnung der Gesamtzahl der Beschäftigten würde zu einem zu hohen Ergebnis führen. Die somit ,bereinigte' Hochrechnung für die insgesamt etwa 215 Unternehmen des Kerns der Bremer Umweltschutzwirtschaft ergibt eine Beschäftigtenzahl von mehr als 10.000 – oder etwa 3% der (1997) in der Bremer Region Beschäftigten. Davon sind mehr als 8.000 in Umweltschutzunternehmen im Lande Bremen tätig.

Beschäftigung und Qualifikationen

In der folgenden Abbildung wird die Verteilung der Beschäftigten nach höchstem Abschluss dargestellt. Basis sind, wie in der Graphik genannt, 3153 Beschäftigte aus 80 Unternehmen, für die entsprechende Daten vorlagen. Ausgenommen sind auch bei dieser Auswertung die vier großen Dienstleister. Für zwei davon waren entsprechende Daten nicht verfügbar. Schließen wir die anderen beiden mit ein, so ergibt sich immer noch ein Anteil von Personen mit Universitäts- oder Fachhochschulabschluss mit fast 28% (bei dann insgesamt etwa 4.380 Beschäftigten).

Abbildung 1: Qualifikation der Beschäftigten in der Bremer Umweltschutzbranche (N=3.153 in 80 Betrieben; in Prozent)

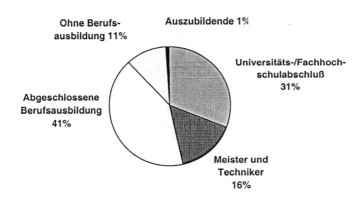

Quelle: Eigene Berechnungen

Die Daten zeigen, dass die bremische Umweltschutzbranche über sehr qualifiziertes Personal verfügt. Fast jeder Dritte hat einen Universitäts- oder Fachhochschulabschluss, nur etwa jeder Zehnte verfügt über keine abgeschlossene Berufsausbildung. Diese Ergebnisse werden nun mit vier anderen Untersuchungen verglichen.

Die Untersuchung von RWI und IWH (vgl. Halstrick-Schwenk u.a. 1994).

Diese Studie verwendet eine Klassifizierung, die sich in zwei Punkten von unserer unterscheidet: Die Personen mit Universitäts- und Fachhochschulabschluss bilden beim RWI/IWH jeweils eine eigene Kategorie, dafür führen sie nicht die Kategorie Auszubildende. Bei der Auswertung der Daten zur Qualifizierung verwendet das IWH/RWI eine Berechnungsformel um den Umweltschutzbereich und seine Teilbereiche einstufen zu können (Halstrick-Schwenk u.a. 1994: 100). Bei einer gleichmäßigen Verteilung der Beschäftigten in allen Kategorien beträgt der Wert des sog. ‚Qualifikationsindex' Q 100. Q ist größer als 100, wenn der Anteil der Hochschulabgänger überwiegt. Und Q fällt um so weiter unter 100, je größer der Anteil der Ungelernten und der Beschäftigten mit abgeschlossener Berufsausbildung ist. In ihrer Untersuchung ermittelten IWH/RWI nun für 1993 einen Wert von 88,6 für die gesamte umwelttechnische Industrie in NRW, einem Vorreiter, wenn es um die Umweltschutzwirtschaft geht. Für die alten Bundesländer insgesamt wurde ein Durchschnittswert von 85,9 berechnet (vgl. Halstrick-Schwenk u.a. 1994: 103, Tabelle 32). Wendet man das Rechenmodell auf die Bremer Studie an, so ergibt sich für Bremen ein Wert von etwa 94. Dieser Wert liegt weit über dem Durchschnittswert der alten Bundesländer und vor dem Wert für NRW; einschränkend ist allerdings festzuhalten, dass RWI/IWH ihre Werte für 1993 ermittelten, während unsere sich auf 1998/99 beziehen.

Erhebung des ifo Instituts (vgl. Wackerbauer 1999)

Das ifo Institut hat 1999 eine schriftliche Befragung von Unternehmen der Umweltschutzwirtschaft in Deutschland durchgeführt. Basis der Umfrage war die UMFIS-Datenbank der Industrie- und Handelskammern, Stand 31. Oktober 1998; angeschrieben wurden die 10.990 seinerzeit im Verzeichnis enthaltenen Betriebe. 1.625 Fragebögen kamen zurück, von diesen antwortenden Unternehmen rechneten sich 1.430 dem Umweltmarkt zu.[3] Für die Umweltschutzbereiche ergab sich die folgende Qualifikationsstruktur (Basis: 21.940 Beschäftigte in den Umweltbereichen von 1.056 Betrieben):

- Ungelernte: 14,8%
- Lehr-, Anlernausbildung: 40,6%
- Meister, Techniker: 12%
- Fachhochschulabschluss: 12,9%
- Universitätsabschluss: 19,7%

Diese Ergebnisse stimmen mit den für die Bremer Umweltschutzwirtschaft ermittelten fast überein.

Zwei neuere Untersuchungen zu Bremen (vgl. Schönert 1999; Willms 2000)

Diese beiden Studien verdeutlichen, dass die Bremer Umweltschutzbranche hinsichtlich der Ausstattung mit qualifiziertem Personal eine Spitzenstellung in der Bremer Region aufweist.

- In einer Analyse zum personellen Innovationspotential in Bremen untersuchte das Institut für Wirtschaftsforschung (Bremer Ausschuss für Wirtschaftsforschung) den Anteil der Arbeitsplätze im Bereich Forschung und Entwicklung und den der hochqualifizierten Stellen am Gesamtbestand der sozialversicherungspflichtig Beschäftigten. Für die Hochqualifizierten (Hochschul- bzw. Fachhochschulabschluss) konnte in dieser Analyse im ‚Verdichtungszentrum Bremen' – dies umfasst die Stadt Bremen plus ihre Umlandgemeinden und entspricht daher unserem Untersuchungsgebiet – ein Anteil von fast 10% bezogen auf das Jahr 1998 eruiert werden. Damit liegt der Anteil im Umweltschutzbereich dreimal so hoch wie im gesamten Durchschnitt in der Region Bremen (vgl. Schönert 1999: 5).
- Willms hat für das Verarbeitende Gewerbe in Bremen Anteile der in Forschung und Entwicklung beschäftigten Personen mit 4,2% für 1993 und 4,5% für 1995 ausgewiesen (Willms 2000: 52). Unsere Untersuchung ergibt in den Umweltschutzunter-

---

3 Die UMFIS-Datenbank ist im Internet zugänglich; sie wurde auch in unserer Untersuchung als eine Quelle neben anderen genutzt; vgl. dazu Manske 2001, Anhang 2.

nehmen, für die entsprechende Daten erhoben werden konnten, einen Anteil von 14%.

Beschäftigungsperspektiven

Das insgesamt positive Fazit lautet, dass 31 Unternehmen eine Aufstockung der Beschäftigung planen und 39 die Beschäftigung konstant halten wollen, während nur sechs Unternehmen Arbeitsplätze abbauen wollen. Von etwa 60 Unternehmen konnte ermittelt werden, wie die Beschäftigtenentwicklung in der näheren Vergangenheit verlaufen ist. Darunter waren 12, die Personal abgebaut haben; unter diesen befinden sich vier derjenigen, die auch zukünftig Personal abbauen wollen, die anderen haben eine ‚Konsolidierungsphase' hinter sich.

3. Staatliche Innovationspolitik und ihre Einschätzung durch die bremische Wirtschaft

Im ersten Teil dieses Abschnitts wird die bremische Förderpolitik im Bereich Umweltschutz skizziert. Vor diesem Hintergrund werden dann die Ergebnisse der Unternehmensbefragung zum Thema staatliche Förderung bzw. staatliche Förderung von Innovationsprojekten im Umweltschutz erörtert. Den Abschluss bildet die Entwicklung des ‚Innovationsmilieus', wie sie von der Bremer Wirtschaft gesehen wird.

Zur bremischen Förderpolitik

Mit dem ‚Strukturplan Unterweserraum' (1980–1983) wird die ökologische Modernisierung zum ersten Mal zu einem freilich noch eher unbedeutenden Bestandteil bremischer Strukturpolitik (vgl. zum folgenden Müller/Peters 2000). Der nächste Schritt ist das erste ‚Wirtschaftspolitische Aktionsprogramm' (WAP 1), das 1984 aufgelegt wurde und bis einschließlich 1987 dauerte. Es beinhaltete im Rahmen eines Modernisierungsfonds auch die Förderung von Umweltschutztechnologien. Dieser Modernisierungsfonds machte mit 10,8 Millionen DM ca. 1,8% des WAP 1 mit insgesamt 580 Millionen DM aus. Des weiteren wurden 17 Millionen DM für den Ausbau der umwelttechnikbezogenen wissenschaftlichen Infrastruktur in Bremen bereitgestellt.

Mit dem WAP 2 (1988–1991) wurde die Förderung von Umwelttechnik zu einem wichtigen und eigenständigen Bestandteil bremischer Innovationsförderung. Diese Förderung ist gleichzeitig Bestandteil des Programms ‚Arbeit und Umwelt für Bremen und Bremerhaven' von 1987 (Der Senator für Umweltschutz und Stadtentwicklung 1988: 163). Seit ca. 1988 ist also die Förderung der Entwicklung einer bremischen Umweltschutzbranche, bestehend aus Technikherstellern und Dienstleistern, zu einem wichtigen Bestandteil bremischer Strukturpolitik geworden.

Das Programm ‚Arbeit und Umwelt für Bremen und Bremerhaven' besteht aus vier
Teilprogrammen: dem Ökologiefonds, d.h. einem Programm zur Förderung von Umwelttechnologien, Umweltschutzinfrastrukturmaßnahmen, Maßnahmen zur Wissenschaftsförderung und Umweltberatung (ein eher zu vernachlässigender Bereich). Für
1988–1991 wurden für den Ökologiefonds 128 Mio. DM bereitgestellt, für die Umweltschutzinfrastrukturmaßnahmen 448 Mio. DM (das Programm wird bis heute weitergeführt; es wird darauf verzichtet weitere Zahlen zum Förderumfang zu nennen). Die Höhe der Wissenschaftsförderung ist – neben direkten Aufwendungen für die Etablierung
von Forschungskapazitäten – nicht so einfach zu bestimmen, u.a. weil die Wissenschaft
auch vom Ökologiefonds profitiert (vgl. dazu weiter unten). Die genauere Analyse des
Programms ‚Arbeit und Umwelt' zeigt, dass der Ökologiefonds und der Auf- und Ausbau von umweltschutzbezogener Forschungskapazität an der Universität Bremen sowie
an Fachhochschulen in Bremen und Bremerhaven die Kernbestandteile des Gesamtpro-
gramms bilden.[4] Die Struktur dieses Programms ist – von ihrer Anlage her – überzeu-
gend, und zwar aus folgenden Gründen:

* Bremen versteht den Aufbau einer umweltbezogenen Wissenschaft an Universität
  und Fachhochschulen des Landes als einen wesentlichen Bestandteil des gesamten
  Entwicklungsansatzes.
* Das Programm sieht des Weiteren eine intensive Kooperation von Wissenschaft und
  Privatunternehmen bei Innovationen vor – so genannte ‚Public Private Partnerships'
  (PPP). Das wird besonders deutlich bei der Ausgestaltung von verschiedenen Pro-
  jekten im Ökologiefonds (vgl. weiter unten)
* Hervorzuheben ist außerdem, dass das Programm auch die Markterschließung för-
  dert. Häufig ist dies eine ‚Achillesferse' von innovativen Unternehmen – auch von
  Unternehmen im Umweltbereich.

Das Programm forciert geradezu die Verbindung von Wissenschaft und Praxis, insbesondere durch die Förderung von PPP. Es legt außerdem Wert auf die Markterschließung, erkennt damit gewissermaßen an, dass die Vermarktung als letzte Phase eines
Innovationsprozesses ein sehr großes Innovationshemmnis darstellen kann – insbesondere für kleine und mittlere Unternehmen. Das Programm folgt geradezu lehrbuchartig
neueren Ergebnissen der Innovationsforschung (vgl. Manske 2002). Der Aufbau umweltbezogener wissenschaftlicher Kapazitäten soll hier nicht näher erörtert werden, wir
konzentrieren uns im Folgenden auf den Ökologiefonds.

Der Ökologiefonds besteht aus verschiedenen Programmelementen: Pilot-, Verbund-
und Markterschließungsprojekte sowie Forschungsvorhaben bilden den Kern des För-

---

4 Nicht zu unterschätzen ist allerdings auch die Einbeziehung der Ausgaben für die Erhaltung und den
  Ausbau der Umweltschutzinfrastruktur in das (erste) Programm. Denn Bremen hat mit der Einrichtung
  des Programms die anfallenden Aufwendungen für Umweltschutz bewusst auch als ein Mittel zur Entwicklung der regionalen Umweltschutzwirtschaft einsetzen wollen.

derprogramms, deshalb werden sie hier näher betrachtet. Die folgende Tabelle enthält Angaben über die Anzahl der Forschungsvorhaben in den vier Bereichen insgesamt und über die im Zeitverlauf von 1988 bis 2000 geförderten Projekte.

Tabelle 1: Förderung von Umweltprojekten (Technologieförderung) im Zeitverlauf

	1988-1991	1992-1996	1997-2000	Summe
Pilotprojekte	70	54	11	135
Neue Märkte	33	24	10	67
Verbundprojekte	20	1	3	24
Forschungsvor-haben	32	34	39	105
Gesamtsumme	*155*	*113*	*63*	*331*

Quelle: Eigene Berechnungen

Erläuterungen zu den Projektarten

PILOTPROJEKTE haben (überwiegend) die Entwicklung von Produkten oder Verfahren zum Gegenstand. An die 60 der geförderten Pilotprojekte wurden, bzw. werden von einem einzelnen Unternehmen durchgeführt; mehr als 10 von zwei privaten Unternehmen. 7 Verbünde mit mehr als 2 privaten Unternehmen wurden gezählt. Etwa 40 Projekte werden in Kooperation zwischen einem Unternehmen und einem Wissenschaftler bzw. einem wissenschaftlichem Institut durchgeführt, sind also kleine PPP. Dazu kommen unter 10 größere PPP. Das Finanzvolumen der ersten geförderten Projekte war mit mehr als einer oder sogar mehr als zwei Millionen DM sehr hoch; in späteren Jahren schwankt das Projektvolumen zumeist zwischen 300.000 und um die 100.000 DM. Die staatliche Förderung dieser Projekte beträgt i.d.R. um die 50%. Die Laufzeiten liegen zumeist bei ein bis zwei Jahren.

NEUE MÄRKTE: Diese Projekte richten sich auf die Markteinführung von Innovationen. Das Volumen der meisten Projekte liegt im Bereich zwischen ca. 35–70.000 DM; es gibt einige wenige Projekte mit mehr als 100.000 DM mit der Spitze bei mehr als 300.000 DM und ebenso einige wenige Projekte mit einem Volumen um oder unter 20.000 DM. Die Förderquote liegt bei Markterschließungsprojekten zwischen 100 und unter 30%. Die Projektlaufzeit beträgt i.d.R. einige wenige Monate, einige Projekte sind aber auch für längere Zeiträume bis zu einem Jahr und ein wenig mehr ausgelegt.

VERBUNDPROJEKTE: Hierbei handelt es sich um Projekte, die explizit als PPP angelegt sind. Alle durchgesehenen Projekte wurden von zwei Partnern durchgeführt. Das Volumen der Projekte liegt zwischen 130.000 und mehr als 700.000 DM. Die Förderquote beträgt im Schwerpunkt zwischen etwa 50 und 70%. Die Projektlaufzeiten liegen im Allgemeinen um die zwei Jahre, es gibt aber auch Projekte, die etwa ein Jahr dauern und einige wenige, deren Laufzeit zwei Jahre überschreitet.

FORSCHUNGSVORHABEN: Der Hauptfokus dieser Projekte ist die Förderung von wissenschaftlichen Projekten (i.d.R. Grundlagenforschung). Bis 1998 handelt es sich um rein wissenschaftliche Projekte ohne Beteiligung von privaten Unternehmen. Ab 1998 gibt es Projekte, an denen auch private Unternehmen beteiligt werden. Das Volumen der meisten Projekte liegt über 200.000 DM, die Förderquote beträgt von einigen Ausnahmen abgesehen 100%, auch bei solchen Projekten, an denen private Unternehmen beteiligt sind. Die Projektlaufzeiten betragen zwischen ein wenig unter einem Jahr bis zu drei Jahren, wobei zwei Jahre dominieren.

Verteilung der Projekte über den Zeitverlauf

In Tabelle 1 werden drei Zeitperioden unterschieden. Diese Dreiteilung ermöglicht einen recht guten Einblick in die Verteilung der Projekte im Zeitverlauf. Was sind nun die hervorstechenden Charakteristika der Verteilung der Projekte über die Zeit?

- Insgesamt nimmt die Zahl der geförderten Projekte über den Zeitverlauf ab. Das kann als die Normalität von Förderprogrammen bezeichnet werden: Eine Förderung ist so lange sinnvoll, bis ihr Ziel zum größten Teil erreicht worden ist.

- Problematisch ist allerdings der Rückgang in der Förderung der Markterschließung, da aus unserer Untersuchung eindeutig hervorgeht, dass viele Bremer Umweltschutzbetriebe diese Art der Förderung dringend benötigen.

Verteilung geförderter Projekte auf Unternehmen

Es wurde ermittelt, wie viele Unternehmen zwischen 1988 und Ende 2000 im Rahmen des Programms gefördert wurden, bzw. aktuell gefördert werden und wie sich die Projekte auf die geförderten Unternehmen verteilen. Zum Vorgehen:

- Erfasst werden nur diejenigen Projekte, an denen private Unternehmen bzw. Organisationen beteiligt waren, bzw. sind (ca. 225 Projekte; ca.140 private Unternehmen).

- Besonders unter den Pilotvorhaben sind viele Projekte, an denen mehrere Unternehmen beteiligt waren bzw. sind. Es musste deshalb zwischen geförderten Projekten und ,Förderfällen' unterschieden werden. Ein Beispiel: Ein bestimmtes Projekt wurde von drei Unternehmen durchgeführt – es handelt sich dann um drei ,Förderfälle'. Die Anzahl der Förderfälle ist größer als diejenige der Projekte (ca. 260 Förderfälle bei 225 Projekten).

Die Anzahl der Förderfälle ist ungleich auf die Unternehmen verteilt. Es können drei große Gruppen von Unternehmen unterschieden werden. Auf alle drei entfällt etwa je ein Drittel der Förderfälle, die Anzahl der Unternehmen je Gruppe ist aber sehr unterschiedlich:

- Die Mehrheit der Unternehmen (63%) wurde, bzw. wird nur ein einziges Mal gefördert. Und auf diese Mehrheit der Unternehmen entfällt etwa ein Drittel (34%) aller Förderfälle. Anders ausgedrückt: auf knapp zwei Drittel der geförderten Unternehmen fällt ein Drittel der Förderfälle.

- Eine in etwa ‚mittlere' Position nehmen die Unternehmen mit zwei und drei Förderfällen ein. Auf dieses rund knappe Drittel aller geförderten Unternehmen (28%) entfällt ein weiteres Drittel der Förderfälle (34%).

- Eine kleine Anzahl von Unternehmen, etwa ein Zehntel aller Unternehmen (9%), die vier und mehr Förderfälle auf sich ziehen, kommt in den Genuss von ebenfalls etwa einem Drittel der Förderfälle (32%).

Mit dem Förderprogramm wurden etwa 140 Unternehmen erreicht. Da nahezu alle der 140 Unternehmen auch zum Sample der von uns ermittelten etwa 215 Umweltschutzunternehmen in Bremen gehören, kann davon ausgegangen werden, dass das Programm etwa zwei Drittel der bremischen Umweltschutzbetriebe erreicht hat. Diese große Zahl spricht erstens dafür, dass das Programm ‚angenommen' worden ist. Auf Basis der Interviews gehen wir außerdem davon aus, dass ein Bedarf nach Förderung im Bereich Umwelttechnik und Umweltdienstleistungen bestand – und vermutlich auch weiterhin besteht. ‚Mitnahmeeffekte' können zwar nicht ausgeschlossen werden, sie dürften sich aber in Grenzen halten. Die Zahlen zum Ökologiefonds sind aus unserer Sicht ein weiterer Beleg dafür, dass das Bremer Förderprogramm sehr erfolgreich gewesen ist. Freilich war zu prüfen, wie das Programm von Unternehmen beurteilt wird. Das ist Thema des nächsten Abschnitts.

Die Förderpolitik aus Sicht der befragten Unternehmen

In diesem Abschnitt werden die Aussagen der interviewten Unternehmensvertreter zu den folgenden Fragen ausgewertet:

- Wurde das Unternehmen schon einmal bei Innovationen von staatlicher Seite gefördert, oder wird es aktuell gefördert? (Eine Förderung kann durch unterschiedliche Stellen erfolgen: z.B. durch das Land Bremen, den Bund oder durch die Europäische Union.)

- Wurde das Unternehmen bei Innovationen im Bereich Umweltprodukte gefördert?

- Sodann sollten die Interviewten Auskunft darüber geben, welche staatlichen Förderprogramme sie im Bereich Umweltschutz kennen.

- Die beiden letzten Fragen richteten sich zum einen auf die Einschätzung der Förderpolitik durch die interviewten Unternehmensvertreter und zum anderen auf ihre Erwartungen hinsichtlich der Förderpolitik.

Geförderte Unternehmen: allgemein und im Umweltschutz

Insgesamt sind etwa 64% der Unternehmen schon einmal gefördert worden. Und diese allgemeine Förderquote ist bei Technikherstellern und Dienstleistern des Samples identisch. Die Förderquote im Bereich Umweltschutz liegt mit 60% der Unternehmen, die also entweder durch Bremen oder durch Instanzen außerhalb Bremens (oder sowohl als auch) bei Umweltprojekten gefördert wurden, nicht sehr viel niedriger als die allgemeine Förderquote. Von Bremen sind etwa 47% der Unternehmen im Bereich Umwelt gefördert worden. Die Förderung von Stellen außerhalb Bremens liegt mit rund 23% deutlich darunter. Das ist die wichtigste Aussage: Offensichtlich hat die bremische Umweltschutzförderung weitaus mehr Unternehmen in Bremen erreicht als ‚auswärtige‘ Programme. Dies unterstreicht, wie wichtig die regionale Förderung in diesem Bereich bisher gewesen ist. Vermutlich kann diese Aussage verallgemeinert werden: Es kann mit einiger Sicherheit davon ausgegangen werden, dass es insbesondere kleineren Firmen viel leichter fällt, eine regional angebotene Förderung zu erlangen als eine überregionale.

Zum Bekanntheitsgrad von umweltbezogenen Förderprogrammen

Es ist zu vermuten, dass Unternehmen, die Programme zur Förderung von Innovationen in den Bereichen umwelttechnische Produkte oder Umweltdienstleistungen kennen, eher gefördert werden als solche Unternehmen, die über keine Kenntnisse verfügen. Wer sich mit Förderprogrammen befasst, wird das i.d.R. nur dann (oder so lange) tun, wenn er sich etwas davon verspricht: eine Förderung. Die wichtigsten Ergebnisse dieser Auswertungen sind:

(1) Unternehmen, die Bremer Förderprogramme kennen, geben i.d.R. an, auch andere Programme zu kennen. Nur drei Unternehmen geben an, zwar andere, aber keine Bremer Programme zu kennen. Das bestätigt die Aussage, dass die regionale Förderung für regionale Unternehmen einen sehr hohen Stellenwert besitzt.

(2) Die Aussage, dass Unternehmen mit Programmkenntnissen eher zu den geförderten gehören als solche ohne Kenntnisse trifft zu:

- Von den 27 Dienstleistern mit Programmkenntnissen gehören 24 zu den geförderten; nur 2 von 12 Unternehmen, die angeben, über keine Programmkenntnisse zu verfügen, werden gefördert.
- Von den 11 Technikherstellern mit Programmkenntnissen gehören 7 zu den geförderten; nur 3 von 10 Unternehmen ohne Angabe von Programmkenntnissen werden gefördert.

Die hohe Korrelation zwischen Programmkenntnissen und Förderung spricht dafür, dass Förderprogramme (unter anderem) im Bereich Umweltschutz noch offensiver bekannt gemacht werden sollten.

Zur Einschätzung von und Erwartungen an Förderpolitik

Die Einschätzung der Förderpolitik durch die befragten Unternehmen fällt recht unterschiedlich aus. Alles in allem werden in etwa ebenso viele positive Urteile abgegeben wie negative. Es gibt außerdem keine Differenzen zwischen Technikherstellern und Dienstleistern.

Die *negativen* Aussagen zur Förderpolitik benennen sehr typische Defizite staatlicher Förderprogramme und ihrer Abwicklung. Es werden u.a. genannt:

- Die Förderung ist zu bürokratisch. (Das ist eine sehr verbreitete Einschätzung.)
- Die Förderung ist zu langsam.
- Die Programme sind zu kompliziert, zu unübersichtlich und damit auch zu teuer, denn man braucht Berater, um sich zurecht zu finden.

Vor allem die negativen Einschätzungen der Förderpolitik sollten im Kontext mit den *Erwartungen* der Unternehmen an die Förderpolitik gesehen werden; denn die Erwartungen sind zum Teil das Spiegelbild der Kritik. Bezogen auf Erwartungen werden hier überwiegend Aussagen zum ‚Procedere' der Förderung zusammengefasst; außerdem geht es um allgemeinere Aspekte von Programmen:

- Weniger Bürokratie (sehr häufige Aussage).
- Schnellere Abwicklung, einfachere Prozedur bei Antragstellung, Bearbeitung und Abwicklung.
- Mehr Flexibilität bei der ganzen Prozedur.
- Die Programme müssten bekannter gemacht werden.
- Es müsste mehr Transparenz hergestellt werden. ‚Übersichtlichkeit im Dschungel'.
- Mehr bundesweite Vereinheitlichung von Förderung und Programmen.
- Bessere Konditionen (z.B. Landesbürgschaften für größere Projekte, die sonst nicht durchführbar sind).
- Förderung weiter forcieren; Bremen sollte mehr in Förderung investieren; Förderung keineswegs herunterfahren, sondern weitermachen.

Erwartungen bzw. Forderungen, die mit der Erschließung von Märkten zu tun haben, wurden besonders häufig und differenziert genannt. Innovationen sind eben erst Innovationen, wenn neue Produkte Käufer finden. Die Vermarktung ist offenkundig für viele der Unternehmen unseres Untersuchungssamples besonders schwierig.

Wichtig ist auch der Hinweis auf eine verstärkte Förderung der Kooperation zwischen kleinen und mittleren Unternehmen und wissenschaftlichen Einrichtungen. Zwar zeigt die vorliegende Untersuchung, dass es solche Kooperationen durchaus gibt, jedoch bleibt es eine wichtige Aufgabe mehr kleinere und mittlere Unternehmen mit Universitäten bzw. generell wissenschaftlichen Einrichtungen zusammenzubringen. (Adressat dieser Aufgabe ist aber nicht unbedingt der Staat oder nicht nur allein der Staat.)

Viele der hier skizzierten Forderungen sind nicht ganz so neu. Die Programme bekannt zu machen, den Wildwuchs von Programmen in geordnete Bahnen zu leiten – dies sind ebenso ständige Aufgaben für Programmträger und Politik wie etwa diejenige, Antragsprozeduren und die gesamte Abwicklung von Projekten zu vereinfachen. Vermutlich wird es nicht möglich sein eine geordnete und übersichtliche Programmlandschaft herzustellen. Dazu gibt es zu viele Initiatoren (mit z.T. unterschiedlichen Interessen) von Programmen: auf der Ebene einzelner Bundesländer, auf Bundesebene, auf der Ebene der Europäischen Union und hinzu kommen noch diverse Institutionen, die in die Förderung von Innovationen im Umweltbereich involviert sind. Der Schluss daraus kann nur sein, dass es private oder öffentliche Instanzen geben muss, die versuchen, einen Überblick über die Programmvielfalt zu bekommen (und zu behalten), und die dann als Vermittler fungieren. Die Industrie- und Handelskammern und Institutionen wie die BIA (Bremer Innovationsagentur) sind solche möglichen Vermittler.

Zur Innovativität der Bremer Umweltschutzbranche
Eine der wichtigsten Teilfragen der Studie betraf die ‚Innovationsfähigkeit' des in Bremen entstehenden Umweltsektors und, darüber hinausgehend, die Frage, wie es um die Entwicklung des Innovationsmilieus in Bremen bestellt ist.

Um die Frage nach der Innovationsfähigkeit beantworten zu können, bedarf es einer stimmigen Innovationstheorie. Eine allgemein akzeptierte Innovationstheorie gibt es freilich nicht, kann es wohl auch nicht geben, weil Erkenntnisinteressen, Fragestellungen und wissenschaftliche Sozialisationsprozesse zu unterschiedlich sind. Daher soll an dieser Stelle unser innovationstheoretischer Ansatz skizziert werden. Er setzt sich aus den folgendenden Basiselementen zusammen (vgl. zum umfassenderen Ansatz Manske/Moon 2002).

(1) Innovationen entstehen durch Interaktionen von (letztlich individuellen) Akteuren (die sich aber zu kollektiven zusammenschließen können bzw. bei ‚kollektiven Akteuren', wie etwa privaten Unternehmen, tätig sind), also in einem kooperativen, sozialen Prozess. Die Handlungen der Akteure werden von Interessen, Ressourcen, Macht und Strategien angetrieben.

(2) Die handelnden Akteure sind in Strukturen eingebunden, die ihr Handeln gleichzeitig sowohl ermöglichen als ihm auch einen Rahmen setzen. Dies bedeutet, dass gehaltvolle theoretische Ansätze zur Analyse von Innovationsprozessen Struktur- und Akteurkonzepte miteinander verbinden müssen. Zu den strukturellen Faktoren gehören z.B. kulturelle Gegebenheiten – etwa von Regionen oder Nationen (oder auch von Organisationen).

(3) Innovationsprozesse sind ‚Netzwerke'. Der Begriff Netzwerk ist nicht zuletzt deshalb aufgekommen, weil in der (empirischen) Innovations- bzw. Technikgeneseforschung immer deutlicher geworden ist, dass Innovationen zumeist in interorganisatio-

naler Kooperation entstehen. Netzwerke werden bekanntlich als eine Koordinationsform ‚zwischen' oder aber unterschieden von den Koordinationsformen Markt und Hierarchie aufgefasst. Der Begriff ist allerdings ausgesprochen unscharf; seine Verwendung erfordert deshalb eine möglichst präzise Definition (vgl. zu Netzwerkansätzen u.a. Sydow/Windeler 1994, Freeman 1991). Netzwerke zeichnen sich – so unsere Definition – durch ein bestimmtes Mindest Set von Bedingungen aus:

- Sie werden von unterschiedlichen, relativ autonomen Akteuren gebildet (von privaten Unternehmen, von – überwiegend staatlichen – Forschungs- und Bildungseinrichtungen, Verbänden, staatlichen Stellen etc., bzw. von individuellen Akteuren in solchen Organisationen).

- Zwischen diesen bestehen informelle und formelle Beziehungen.

- Die Akteure verfolgen unterschiedliche Interessen, folgen unterschiedlichen Handlungslogiken, ihre internen Erfolgsmaßstäbe unterscheiden sich (Unternehmen streben z.B. nach Gewinn; Wissenschaftler werden im ‚System Wissenschaft' danach beurteilt, ob sie Publikationen in hochrangigen wissenschaftlichen Journalen vorweisen können etc.).

- Die Akteure haben aber ein gemeinsames Anliegen und versprechen sich vom Netzwerk einen bestimmten Nutzen.

- Zwischen den Akteuren besteht ein Mindestmaß an Vertrauen.

- Der Steuerungsmechanismus ist Verhandlung.

In den beiden folgenden Punkten wird der ‚*Kernprozess'* von Innovationen thematisiert.

(4) Innovationsprozesse sind ‚*rekursive Kooperationsprozesse'*, sei es, dass es um Kooperationen zwischen Organisationen (korporativen Akteuren) oder (individuellen) Akteuren geht. Innovation als ‚rekursiven Prozess' zu kennzeichnen bedeutet, „(...) dass sich die Entwicklung einer neuen Technik nicht über verschiedene Phasen von der Ideenproduktion bis zur Implementation geradlinig durchsetzt, sondern dass sie von zahlreichen Rückkopplungsschleifen, Iterationen und Überschneidungen in allen Phasen der Innovation charakterisiert ist" (Asdonk et al. 1993: 16). Von dieser Überlegung ausgehend erweisen sich vertrauensbasierte Aushandlungsprozesse und dauerhafte Kooperationsbeziehungen zwischen Akteuren für Innovationen als außerordentlich wichtig. Rekursivität impliziert zudem: jede Teilfunktion einer Technikentwicklung oder einer Innovation ist gleich wichtig. Es ist insbesondere nicht der Fall, dass wissenschaftliche Grundlagenforschung der wichtigste Bestandteil oder gar die notwendige Voraussetzung von Innovation sein muss – historische und aktuelle Forschung haben vielfach belegt, dass Innovationen ihren Ausgangspunkt in irgendwelchen empirischen Problemen oder in empirisch gewonnenen Erkenntnissen haben können und dass die Bedeutung von Grundlagenforschung für einzelne Innovationen sehr unterschiedlich ist. Das spricht allerdings nicht gegen die Bedeutung von Wissenschaft bzw. Grundlagefor-

schung für Innovationen: Wissenschaftliche Erkenntnisse sind vielmehr als Potential für Innovationen unverzichtbar und werden scheinbar auch immer wichtiger.[5]

(5) Mit (4) hängt aufs engste zusammen, dass Innovationsprozesse kollektive Lernprozesse sind. Über den Erfolg von Innovationsprozessen entscheidet nicht zuletzt, ob es gelingt, das Wissen der am Prozess beteiligten Akteure nutzbar zu machen – ob es also gelingt, einen effektiven kollektiven Lernprozess gewissermaßen zu ‚erzeugen'. Die einzelnen Akteure sind ‚Wissensträger', sie müssen dazu gebracht werden, ihr jeweiliges Wissen in den Innovationsprozess einzubringen. Im Einzelnen ist folgendes notwendig bzw. charakteristisch:

Eine Vorbedingung für effiziente Innovationsprozesse ist, dass alle relevanten Akteure in den Innovationsprozess einbezogen werden. Wer relevante Akteure sind, hängt davon ab, welches Wissen für die jeweilige Innovation benötigt wird. Die Akteure müssen sich sozusagen ergänzen, müssen über die einzelnen Wissensbestandteile verfügen, die zusammengeführt die Innovation ermöglichen. Die Akteure verfügen über so genanntes *komplementäres* Wissen.

Eine wichtige Dimension von Komplementarität bezieht sich auf (mehr) ‚wissenschaftliches' und (mehr) ‚praktisches' Wissen, dass also die ‚richtige' Mischung von wissenschaftlichem und praktischem Wissen vorhanden ist (wir wissen, dass diese Unterscheidung aus theoretischer Perspektive nicht unproblematisch ist, sie ist aber für die Innovationspraxis wichtig und auch analytisch handhabbar).

Weitere Dimensionen komplementären Wissens ergeben sich auf den zwei ‚Ebenen' des (mehr) wissenschaftlichen und (mehr) praktischen Wissens.

Es müssen – so die erste These – die richtigen „komplementären Wissensträger" der Ebenen wissenschaftliches und praktisches Wissen in den Innovationsprozessen zusammengebracht werden.

Eine weitere wichtige Dimension ist die Unterscheidung zwischen *explizitem* und *implizitem* Wissen. Implizites Wissen ist personengebunden und es bedarf eines bestimmten Kontextes – einer bestimmten Situation – um es explizit zu machen.

Insgesamt kommt es also darauf an, die richtigen Akteure zusammenzuführen und implizites Wissen nutzbar zu machen. Und dies, so die These, kann nur in kollektiven Lernprozessen erreicht werden (die ein gemeinsames Anliegen und ein Mindestmaß an wechselseitigem Vertrauen voraussetzen bzw. erzeugen müssen; vgl. (3) oben). Der kollektive Lernprozess ist ein Kommunikationsprozess. Der Prozess der Kommunikation ‚erzeugt' durch das Zusammenbringen von komplementärem und implizitem Wissen neues Wissen gleichsam durch die Möglichkeit, etwas durch Probieren zur Sprache zu bringen (vgl. Nonaka/Takeuchi 1995; Nonaka et al. 2001; zu verschiedenen Wissensformen vgl. u.a. Lorenz 1998; Lawson/Lorenz 1999; Rüdiger/Vanini 1998).

---

5 Die soziologisch interessante Frage ist dann, worauf eine Zunahme der Bedeutung von Wissenschaft für (technische) Innovationen zurückzuführen wäre: Folgt dies aus einer zunehmenden Komplexität von Technik selbst, oder drückt sich darin vielleicht eine Stärkung der gesellschaftlichen Machtposition von Wissenschaft aus?

Die Quintessenz dieser Ausführungen lautet:

- Auch die in der Region Bremen im Umweltschutz tätigen Unternehmen sollten über eigenes wissenschaftliches Personal verfügen.
- Sie sind außerdem gut beraten, wenn sie zum Zweck der Innovation verstärkt mit wissenschaftlichen Einrichtungen kooperieren.
- Wichtig ist die Kooperation mit Kunden als den Anwendern ihrer Innovationen.
- Es ist im Allgemeinen von Vorteil, mit anderen Unternehmen bis hin zu potentiellen Konkurrenten zu kooperieren.
- Insgesamt sollten die Unternehmen Partner in Netzwerken sein, also in mehr oder weniger formellen bzw. informellen und dauerhaften Kooperationsbeziehungen stehen, die möglichst wissenschaftliche Einrichtungen, Kunden und andere Unternehmen einschließen. Bei all dem ist zu beachten, dass sich Erfolge in den Kooperationen – insbesondere mit wissenschaftlichen Einrichtungen – eventuell erst nach einer gewissen Phase des gegenseitigen Lernens einstellen. Innovationsprozesse sind soziale Lernprozesse – das ist eine der wesentlichen Botschaften.
- Die Unternehmen sollten staatliche Förderprogramme nutzen und ebenso staatliche Innovationsförderungseinrichtungen. Das ist sinnvoll, um die Kosten der i. d. R. riskanten Entwicklung neuer Produkte wenigstens zum Teil nicht selbst tragen zu müssen, und auch, um Innovation zu ‚lernen'.

Vor diesem Hintergrund werden einige Ergebnisse der Bremer Studie zu Innovativität Bremer Umweltschutzunternehmen und zum Innovationsmilieu in Bremen skizziert.

Zunächst zu ‚harten Faktoren': In der OECD-Studie ‚The knowledge-based economy' werden vier Dimensionen zur Messung von Wissensinputs bzw. des wissenschaftlichen Gehalts von Ökonomien aufgelistet: Ausgaben für Forschung und Entwicklung, Beschäftigung von Ingenieuren und technischem Personal, Patente, internationale Bilanzen von Aufwendungen für bzw. Erträgen von Lizenzen (vgl. OECD 1996: 31). In der vorliegenden Untersuchung knüpfen wir an die Dimension ‚Beschäftigung von Ingenieuren und technischem Personal' an. Die Auswertung der Interviews ergibt in dieser Hinsicht die folgenden Ergebnisse:

(1) Anteil von Beschäftigten mit Universitäts- oder Fachhochschulabschluss an den Gesamtbeschäftigten in den Umweltschutzunternehmen

Das sind fast 28%. Die Daten waren für 82 Unternehmen auswertbar mit zusammen 4.380 Beschäftigten; 1.226 davon hatten die entsprechenden Abschlüsse. Für 2 Unternehmen mit zusammen 792 Beschäftigten konnten keine entsprechenden Daten erhoben werden. Selbst wenn unterstellt wird, dass diese Unternehmen kein einschlägiges Personal beschäftigen, läge die Quote immer noch bei fast 24%. Auch das ist ein außerordentlich hoher Wert.

(2) Anteil des F&E-Personals am gesamten Personal

Berechnet wurde diese Quote nur für diejenigen Unternehmen, die exakte Angaben zum F&E-Personal machten. Das waren letztlich nur 16 Unternehmen; die meisten der Befragten weigerten sich, solche Angaben zu machen, weil ihrer Ansicht nach die Anzahl von Personen, die mit F&E befasst sind, viel höher liege als die für eine eigenständige F&E ausgewiesenen Beschäftigten. Für diese 16 Beschäftigten ergab sich, dass sie zusammen genommen 235 von 1.718 Personen in Forschung und Entwicklung beschäftigen. Das ist die sehr hohe Quote von rund 14%. Willms gibt für Bremen eine Vergleichsgröße für das verarbeitende Gewerbe an; dort lag der Anteil der in F&E Beschäftigten 1993 bei 4,2% und 1995 bei ca. 4,5% (Willms 2000: 52). Die Bremer Umweltschutzwirtschaft verfügt also über ein vergleichsweise hohes innovatives Potential.

(3) Externe Innovationskooperationen

Wie die Untersuchung ergab, gehen fast alle Unternehmen externe Kooperationsbeziehungen ein, im Einzelnen:

- Dienstleister und Technikhersteller kooperieren am meisten mit wissenschaftlichen Einrichtungen. Dieses Ergebnis entspricht dem Lehrbuchwissen der neueren Innovationsforschung, die so genannte ‚public private partnerships' als das Movens schlechthin der Innovation in der ‚knowledge-based society' versteht. Der genauere Blick zeigt, dass die Kontakthäufigkeit der Dienstleister mit wissenschaftlichen Einrichtungen diejenigen der Technikhersteller noch bei Weitem übertrifft. Das dürfte damit zusammenhängen, dass unter den Dienstleistern des Samples eine Reihe von Unternehmen sind, die von ehemaligen Universitätsangehörigen gegründet wurden und/oder im bremischen Technologiepark ansässig sind.

- Dass die Unternehmen ebenfalls intensiv mit ihren Kunden kooperieren, dürfte kaum als große Überraschung empfunden werden: Dies spiegelt den dominanten Innovationstypus (inkremental - demand pull) wider.

- Dagegen ist die ebenfalls sehr ausgeprägte Kooperation bei Innovationen mit anderen Firmen – die ja häufig Konkurrenten sein können oder sich eventuell zu solchen entwickeln könnten – wohl weniger selbstverständlich. Aus unserer Sicht ist dies ein positives Signal; Die Firmen der bremischen Umweltschutzbranche nutzen auch das Wissen anderer Unternehmen, um innovativ zu sein.

Als besonders wichtig werden von einer Mehrheit der antwortenden Unternehmen Kooperationen mit wissenschaftlichen Einrichtungen angesehen. Insgesamt lassen die – hier nur teilweise wiedergegebenen – Ergebnisse der Studie den Schluss zu, dass die Bremer Umweltschutzbranche überdurchschnittlich innovativ ist.

Zur Einschätzung des „Innovationsmilieus" in Bremen

Zum einen wurde nach Einschätzung des Innovationsmilieus in Bremen gefragt, zum anderen sollten die Befragten Bremen mit anderen Regionen Deutschlands vergleichen.

(1) Das Innovationsmilieu in Bremen

Zur ersten Frage äußerten sich 63 der interviewten Unternehmensvertreter. Es überwogen die eher positiven Einschätzungen. Eindeutig negative Urteile gab es von 12 Unternehmen. Die anderen Unternehmen äußerten sich positiv bzw. ‚kritisch-positiv'.

Die negativen Urteile lauten u.a.: Bremen ist nicht risikofreudig genug, alles geht zu langsam, die Politik ist zu inflexibel, die finanzielle Unterstützung ist zu gering, es gibt zu wenig kompetente Leute in der Verwaltung. Bremen spart die Fördermöglichkeiten weg. Zur Beurteilung dieser Einschätzung ist darauf zu verweisen, dass die Kritik mit der Lage der Unternehmen korreliert. Von den ca. 80 hatten 12 die Lage als schwach bis auf der Kippe bezeichnet; vier dieser Unternehmen gehören zu den sich negativ äußernden. Die Korrelation scheint eindeutig: Unternehmen, denen es schlecht geht schätzen auch eher das gesamte Innovationsmilieu Bremens als schlecht ein.

Die positiven Äußerungen konzentrieren sich zu einem guten Teil auf ganz konkrete Institutionen: den Technologiepark, der sich um die Universität herum gebildet hat, die Universität selber und das Bremer Innovations- und Technologiezentrum (BITZ), das sich im Technologiepark befindet. Beim BITZ handelt es sich sozusagen um die Keimzelle des Technologieparks, hier können sich Start-ups in unmittelbarer Nachbarschaft zueinander und zur Universität ansiedeln. Diese schiere räumliche Nähe sowie günstige Mieten bilden die Basis des Erfolgs des BITZ. Genannt wird, wenn auch seltener, das sich um den Bremer Flughafen herum bildende zweite Innovationszentrum. Als positiv bzw. kritisch-positiv herausgestellt wird u.a.: Bremen erscheint vielleicht etwas unspektakulär – eben hanseatisch zurückhaltend – ist aber effizient; Bremen hat sich in den letzten 10 Jahren stark verbessert, das Land hat gut investiert; die Unterstützung bei der Ansiedlung im Technologiepark ist sehr gut; das Uni-Umfeld ist gut: kurze Wege, leicht an Informationen zu kommen; Technologiepark und Uni sind sehr agil; in letzter Zeit eine sehr gute Entwicklung; die Unternehmen können gut miteinander kooperieren, das kommunikative Klima ist eine Bremer Stärke; Bremen bemüht sich sehr; die Investitionen in die Infrastruktur sind gut, ebenso die Mittelstandsförderung.

(2) Das Innovationsmilieu in Bremen im Vergleich mit anderen Regionen

Von den Interviewten äußerten sich nur 39 zu einem Vergleich von Bremen mit anderen Regionen, 26 sahen sich dazu nicht in der Lage. Zehn der Befragten stuften das Innovationsmilieu in Bremen als schlechter als in anderen Regionen ein. Freilich waren das überwiegend Vergleiche mit bestimmten anderen Regionen, so wurde das bekannte ‚Nord-Süd-Gefälle' genannt (vor allem Bayern und Baden-Württemberg als die ökonomisch stärkeren Regionen). Es gab vier pauschale negative Beurteilungen Bremens. Auf der anderen Seite gab es 13 positive und 13 ‚teils-teils'-Einschätzungen. Einige Bei-spiele: Bremen ist insgesamt sehr positiv, Bayern ist aber auch recht aktiv; Bremen ist in vielen Bereichen weit überdurchschnittlich; Bremen ist besser als die meisten ande-ren Regionen; Bremen liegt mit Sicherheit unter den Top Ten; das ist von Branche zu Branche unterschiedlich; es gibt ein leichtes Nord-Süd-Gefälle, Bremen ist im Norden mit an der Spitze.

4. Resümee: Bremen als Beispiel für eine erfolgreiche regionale Strukturpolitik

Das Land Bremen hat innerhalb der recht kurzen Zeitspanne von 1988 bis heute durch eine Kombination aus Förderprogrammen und dem Aufbau von wissenschaftlichen Ka-pazitäten an den Hochschulen im Lande wesentlich dazu beigetragen, dass sich in der Region Bremen ein wettbewerbsfähiger und innovativer Umweltsektor gebildet hat. Mehr als die Hälfte der Unternehmen des Bremer Umweltsektors ist mit großer Wahr-scheinlichkeit nach 1981 entstanden, seit 1988 dürfte die Zahl der Unternehmen um etwa 20% zugenommen haben. Der Umweltsektor bildet heute einen „Zukunftssektor" der bremischen Wirtschaft, eine ‚Säule' neben einigen wenigen anderen, die zu einer positiven Veränderung der bremischen Wirtschaft beitragen.

Flankiert und ermöglicht wurde die Entwicklung einer Bremer Umweltschutzbran-che durch die Umweltpolitik in Deutschland. Die Bildung eines Umweltsektors ist mit-hin Resultat der Verbindung von Umweltpolitik, die den Rahmen für die Entwicklung in einem bestimmten Feld – Umweltschutz – setzt, und gezielter Förderung von Unter-nehmen in diesem Feld. Nach allem, was heute an Fakten vorliegt, hat diese Kombina-tion von politischen Handlungsoptionen, bestehend aus

- Gesetzgebung,
- Aufbau von öffentlicher Forschungskapazität
- und Förderung privater Unternehmen

zum Erfolg geführt.

Die Gesetzgebung sorgt gewissermaßen für die Entwicklung eines Marktes (Nachfrage von Privaten, nicht zuletzt aber auch Nachfrage der öffentlichen Hände). Auf der Ange-botsseite unterstützt der Aufbau von öffentlicher Forschungskapazität die Forschung und Entwicklung für diesen neuen Bereich, die Förderung von privaten Unternehmen stellt die oft dringend notwendige Hilfe bei Innovationen dar. Eine weitere wichtige Bedingung für den Erfolg dieser Politik ist die Verbindung von öffentlichen For-schungseinrichtungen und privater Wirtschaft.

Die Entwicklung einer innovativen und wettbewerbsfähigen Umweltschutzbranche ist aber nur ein Bestandteil der Entwicklung der Wirtschaftstruktur Bremens. Die inter-viewten Unternehmensvertreter sahen – in der großen Mehrheit – nicht nur ihre eigene

Situation und Perspektive positiv, sondern auch das ‚Bremer Innovationsmilieu'. Bremen wird von ihnen als ein innovativer Standort eingeschätzt, der sich vor anderen in Deutschland nicht verstecken muss. Bremen habe sich in den letzten Jahren positiv entwickelt. Universität, Technologiepark und auf weitere Sicht auch das Flughafengebiet werden als die wichtigsten konkreten Belege für diese positive Entwicklung genannt bzw. als Beispiele eines an Fahrt gewinnenden Strukturwandels in Bremen wahrgenommen. Und last but not least wird der bremischen Politik bescheinigt, dass sie wesentlich zum Aufstieg Bremens zu einem innovativen Standort beigetragen habe.

Welche allgemeineren Schlussfolgerungen können aus dieser ‚Erfolgsstory' gezogen werden? Zunächst einmal scheint regionale, kleinräumige Förder- bzw. Innovationspolitik eigene Stärken zu haben. Der theoretisch-empirische Hintergrund dafür ist im Grunde bekannt: eine bestimmte kritische Masse an Innovationspotential in einem sozusagen überschaubaren Raum zusammenzubringen, kann sehr erfolgreich sein. Silicon Valley ist nur ein Beispiel dafür. Dabei muss diese Politik offenkundig auch thematisch fokussiert sein (hier: Umwelttechnik, Umweltdienstleistungen). Sie muss außerdem verschiedene Kompetenzen entwickeln (wissenschaftliche Kapazitäten) und zusammenführen. Die Region muss sich allerdings nach außen öffnen, d.h. sie muss bereit und in der Lage sein, Wissen aufzugreifen, das woanders entsteht. Letzteres gehört genuin zur Arbeit von Universitäten. Heute sind aber auch kleine, innovative Unternehmen in der Lage, weltweit zu kommunizieren und Entwicklungskooperationen einzugehen. Die Öffnung nach außen ist auch und gerade unter dem Aspekt der Gewinnung von Absatzchancen wichtig. Zumal ein so kleines Land wie Bremen muss externe Märkte erschließen (helfen), um die eigene ökonomische Struktur zu stärken. Dies ist ein wichtiges Thema, manchmal scheint nicht recht verstanden zu werden, dass die schönsten Entwicklungen nichts nutzen, wenn sie keinen Kunden finden. Innovationsförderpolitik muss die Markterschließung einschließen.

Am Ende noch eine Mahnung: Die Suche nach Beispielen einer erfolgreichen (regionalen) Innovationspolitik darf nicht den Blick dafür verstellen, dass Erfolge zumeist nicht bedeuten, dass davon alle profitieren: „The irony of the region's success may be that along with increased wealth has come increased inequality with respect to income, access to quality education, and availability of services and amenities" (Greenstein/ Robertson 1999: 131). Ein nicht sozial abgefederter Kapitalismus führt eben nicht zu allgemeiner Wohlfahrt, das sollten auch Innovationstheoretiker gelernt haben und bei ihrer Arbeit vielleicht ein wenig mehr beachten. Wer regionale oder nationale Innovationssysteme untersucht, muss die gesellschaftliche Dimension umfassend einbeziehen, ansonsten bleiben die Ergebnisse höchst selektiv.

Literatur

Asdonk, J./Bredeweg, U./Kowol, U. 1993: Innovation, Organisation und Facharbeit, Bielefeld: Kleine

Blazejczak, J./Edler, D./Gornig, M. 1995: Modellrechnungen zur umweltschutzindu-zierten Industrie in Berlin. Berlin: DIW

BMU – Bundesministerium für Umwelt, Naturschutz und Reaktorsicherheit (Hrsg.) 1996: Umweltpolitik. Aktualisierte Berechnung der umweltschutzinduzierten Be-schäftigung in Deutschland. Bonn

Coenen, R. 1995: TA-Projekt „Umwelttechnik und wirtschaftliche Entwicklung. Integrierte Umwelttechniken – Chancen erkennen und nutzen". Endbericht (TAB-Arbeitsbericht Nr. 30). Bonn: TAB

Freeman, C. 1991: Networks of innovators: synthesis of research issues. In: Research Policy, Vol. 20 (5): 499-514

Greenstein, R,/Robertson, J. 1999: Learning from disequlilibrium – the case of Boston, Massachusetts. In: Nyhan, B./Attwell, G./Deitmer, L. (eds.): Towards the learning region. Thessaloniki: CEDEFOP – European Centre for the Development of Vocational Training

Gurgsdies, M./Hickel, R. 1986: Umwelt und Beschäftigung. Nationale und internationale Studien im Überblick – Anhaltspunkte für ein Programm „Arbeit und Umwelt" im Lande Bremen. Bremen

Halstrick-Schwenk, M./Horbach, J./Lübbe, K./Walter, J. 1994: Die umwelttechnische Industrie in der Bundesrepublik Deutschland. Essen: RWI/IWH

Lawson, C./Lorenz, E. 1999: Collective learning, tacit knowledge and regional innovative capacity. In: Regional Studies; Vol. 33 (4): 305-317

Lemke, M. 1998: Umweltschutzwirtschaft in NRW – Strukturen, Beschäftigungspotentiale und Qualifizierungsbedarfe. (Studie des Klaus Novy Instituts). Bottrop

Lorenz, E. 1998: Shared and complementary knowledge: the foundations for regional innovative capacity. In: Keeble, D./Lawson, C.: (eds.) Collective learning processes and knowledge development in the evolution of regional clusters of high-technology SMEs in Europe. Report on Presentations and Discussions, Goteborg Meeting of the TSER European Network on "Networks, collective learning and RTD in regionally clustered high-technology small and medium-sized enterprises". Univ. of Cambridge UK

Manske, F. 2001: Umweltpolitik und Beschäftigung. Chancen einer Verknüpfung von Umweltschutz- und Beschäftigungspolitik in der Region – das Beispiel Bremen. Forschungsbericht Nr. 15, Universität Bremen: ZWE

Manske, F. 2002: Elements of innovation theory, Arbeitspapier im Rahmen des EU-Projekts PRECEPT

Manske, F./Moon, Y.-G. 2002: Differenz von Technik als Differenz von Kulturen: EDI-Systeme in der koreanischen Automobilindustrie, ITB- Forschungsbericht, Nr. 2, Universität Bremen: ITB

Müller, W./Peters, J. 2000: Chancen und Grenzen regionaler Kooperation – Akteursfigurationen im bremischen PFAU. (Unveröff. Forschungsbericht). Universität Bremen: artec

Nam, Ch.W./Nerb, G./Russ, H./Städtler, A./Wackerbauer, J. 1992: Der Wirtschaftsraum Bremen im Europa der Jahre. ifo-Gutachten. Regionalwirtschaftliche Studien des BAW, Nr. 13. Bremen: BAW Institut für Wirtschaftsforschung

Nonaka, I./Takeuchi, H. 1995 The knowledge-creating company. How Japanese companies create the dynamics of innovation. New York/Oxford: Oxford University Press

Nonaka, I./Toyama, R./Byosiére, Ph. 2001: A theory of organizational knowledge creation: understanding the dynamic process of creating knowledge. In: Dierkes, M./Antal, A. B./Child, J./Nonaka, I. (eds.): Handbook of organizational learning and knowledge. New York/Oxford: Oxford University Press: 491-517.

Nordhause-Janz, J./Rehfeld, D. 1995: „Made in NRW". Eine empirische Untersuchung der Umweltschutzwirtschaft in Nordrhein-Westfalen. München, Mering: Hampp

OECD 1996: The knowlege-based economy. Paris: OECD

Rüdiger, M./Vanini, S. 1998: Das tacit knowledge Phänomen und seine Implikationen für das Innovationsmanagement. In: Die Betriebswirtschaft, Jg. 58: 467- 480

Schönert, M. 1999: Das personelle Innovationspotential in Bremen. Ein regionaler Vergleich der Entwicklung innovationsrelevanter Beschäftigung. BAW-Monatsbericht, Nr. 3. Bremen: BAW Institut für Wirtschaftsforschung

Senator für Wirtschaft und Häfen 2002: Wirtschaftsstandort Bremen. www.bremen.de

Senator für Umweltschutz und Stadtentwicklung 1988: Programm „Arbeit und Umwelt" für Bremen und Bremerhaven. In: BZW, Heft1/2

Sydow, J./Windeler, A. 1994: Management interorganisationaler Beziehungen. Vertrauen, Kontrolle und Informationstechnik, Opladen: Westdeutscher Verlag

Wackerbauer, J. 1992a: Der Umweltschutzmarkt: Zunehmender regionaler Wettbewerb um Marktanteile. In: ifo-Schnelldienst, Nr. 14: 5-13

Wackerbauer, J. 1992b: Entwicklungsperspektiven regionaler Umweltschutzindustrien im Europäischen Binnenmarkt: Wettbewerbssituation und Anpassungsstrategien. In: ifo-Schnelldienst, Nr. 17/18: 25-31

Wackerbauer, J. 1999: Arbeitsplätze durch ökologische Modernisierung – Auswirkungen des Umweltschutzes auf Niveau und Struktur der Beschäftigung, in: WSI-Mitteilungen, Jg. 52 (9): 632-638

Welsch, J. 1985: Umweltschutz und regionale Beschäftigungspolitik – zur Verknüpfung von Arbeit und Umwelt in der Region. In: WSI-Mitteilungen, Jg. 38 (12) : 707-721

Willms, W. 2000: Technologiepark Universität Bremen. Ergebnisse der Unternehmensbefragung 1998/1999. Regionalwirtschaftliche Studien des BAW, Nr. 17. Bremen: BAW Institut für Wirtschaftsforschung

Kontakt:
Prof. Dr. Fred Manske: manske @uni-bremen.de

Werner Kvarda

Ökologisierung des Donauraumes

1 Einleitung

Die Donau als Schicksalsfluss Europas und zugleich der Strom der europäischen Einheit verbindet entlang seiner zehn Anrainerstaaten verschiedene Kulturen, Sprachen und Religionen. Die Donau bot seit der Antike Inspirationen für Dichter und Künstler. Die Donauschule der Malerei, die barocken Muster in der Architektur legen Zeugnis ab von der kulturellen Vielfalt. (Vgl. Medakovic 2001) Der Donauraum ist aber auch eine politische und geographische Bezeichnung, die nicht nur kulturelle sondern auch ökologische Dimensionen mit einschließt. Nach Jahrzehnten der Abgeschlossenheit können wir heute wieder die kulturelle Vielfalt im Donauraum erleben und somit werden die kulturtouristischen Bereiche zu einer positiven Entwicklung der Regionen beitragen (vgl. Stojkov 2000).

Bis in jüngste Vergangenheit hat auf dem Balkan ein Kampf der Kulturen stattgefunden der eine ziemliche Bedrohung für den Frieden war. Diese traurige und komplizierte Auseinandersetzung eines absolut zu missbilligenden Krieges zwischen ethnischen und religiösen Gruppen hat seinen Ursprung in der Geschichte. Aber die Fortsetzung des Konflikts wie sie Samuel P. Huntington in seinem Buch ‚The clash of civilizations' beschreibt, ist absolut nicht zwingend. So schreibt Erhard Busek, „ (...) im Gegenteil! Europa hat eine Chance, in der Akzeptanz der Vielfalt zur Verhinderung des Kampfes beizutragen" (Busek 1997: 162).

Wir haben heute die große Chance unseren alten/neuen Lebensraum wieder zu entdecken. Es ist vor allem die junge Generation, die sich danach sehnt, mit dem ‚alten' Europa verbunden zu werden. „Es gibt nur eine wirklich langfristige Perspektive (...)", schreibt Trautl Brandstaller, „ (...) das ist die Einbeziehung aller Staaten der Region in den EU-Integrationsprozess (...) und wenn die Grenzen ihre Bedeutung verlieren besteht die Chance, dass der ethnisch-nationale Extremismus abnimmt." Somit kann mit dem beginnenden Jahrtausend ein Traum in Erfüllung gehen, der mit den Gründervätern der Europäischen Union begann, nämlich dass " (...) die Wiedervereinigung Europas (...) eine Hoffnung auf Frieden (..)" ist. (Brandstaller 2001: 176)

Die Donau hat eine schiffbare Länge von 2.410 km und in ihrem hydrographischen Einzugsbereich hat die *Donauregion* eine Fläche von mehr als 800.000 km². In der Donauregion zwischen dem Schwarzwald und dem Schwarzen Meer leben rund 200 Millionen Menschen. Dies macht rund ein Drittel der Europäischen Bevölkerung aus.(Vgl. Deußner/Seitz 2000) Zu den Regionen und Staaten in der Donauregion zählen Bayern, Österreich, Slowenien, Slowakei, Ungarn, Kroatien, Jugoslawien, Rumänien, Bulgarien, und die Odessaregion in Moldawien und der Ukraine.

Die wirtschaftliche Situation im Donauraum ist geprägt durch ein hohes *Wohlstandsgefälle* an der östlichen EU-Außengrenze. Das pro Kopf Einkommen in Dollar betrug 1994 in den EU-Regionen Bayern und Österreich mehr als 25.000 Dollar. Stark vergröbert fällt das pro Kopf Einkommen zunächst vom EU-Durchschnitt auf ein Sechstel (Ungarn 3.840 Dollar) und dann noch einmal auf ein Drittel in den Ländern Bulgarien und Rumänien (ca. 1.200 Dollar). „Das Wohlstandsgefälle verläuft nicht nur entlang der derzeitigen Außengrenze, sondern kaskadenförmig im gesamten Donauraum. Dieser Umstand zeigt, dass die mit den Wohlstandsunterschieden zusammenhängenden Probleme noch lange Zeit den Wirtschaftsraum entlang der Donau bestimmen werden." (Schneidewind 1997: 26) Die Verbesserung der ökonomischen Dimension der Donauraumstaaten sollte aber durch eine sukzessive Eingliederung seiner Teile in den europäischen Wirtschaftsraum erfolgen. Die möglichst intensive Verflechtung des wirtschaftlichen Austausches ist sehr zu befürworten, „(...) weil nur durch Integration die überzogenen Erwartungen und Ängste unter Kontrolle zu halten sind" (ebd.).

Das Phänomen des Donauraums ist seine Vielfalt in kultureller, politischer, sozialer, wirtschaftlicher und ökologischer Hinsicht. Die Verbundenheit des Raumes wird in der *Ökologie* unmittelbar wirksam. „(...) die Metaphorik des Donauraumes ist zu allererst eine ökologische (...)", schreibt Friedrich Schindegger und meint, dass als Klammer über diese verschiedenen Dimensionen Raumentwicklung fungieren könnte (Schindegger 1999: 138). Raumentwicklung stützt sich auf Maßnahmen, die unter anderem der ökologischen Entwicklungspolitik zuzurechnen sind. Die Donauanrainerstaaten haben dieses vernetzte Ökosystem erkannt und in ihren Aktionsprogrammen bereits Maßnahmen zur Verbesserung der Umweltstandards vorgesehen (vgl. Nachtnebel 2000). Trotzdem stehen aber noch eine Menge Fragen im Raum, wie innerhalb kurzer Zeit selbst die grenzüberschreitenden Probleme zu lösen sind (vgl. Schremmer 2003).

Als ein *Programm* für die Zukunft soll mit der ,Ökologisierung des Donauraumes' eine nachhaltige Entwicklung einer integrierten Raumentwicklung eingeleitet werden. (Vgl. DJAPA 2003) Dies soll durch Bewusstseinsbildung in allen Bereichen der Politik und gesellschaftlichen Bereichen, durch Einführung neuer rechtlicher und ökonomischer Instrumente und auch durch Neugestaltung technologischer Prozesse erfolgen, die uns von der fossilen Kultur wegführen.

Im Folgenden möchte ich *drei Punkte* diskutieren, die das Programm ,Ökologisierung des Donauraumes' näher beschreiben:

• Was verstehen wir unter Ökologisierung?

• Welche wissenschaftlichen Lösungswege werden bei diesem Programm verfolgt?

• Welche Projekte sollen im Rahmen dieses Programms durchgeführt werden und welche Ergebnisse sind zu erwarten?

2 Was verstehen wir unter Ökologisierung?

Mit dem Programm ‚Ökologisierung des Donauraumes' wird versucht, die Realisierung von ökologischen Prinzipien in sozioökonomische, rechtliche, technologische und humanwissenschaftliche Strukturen und politisch-administrative Systeme einzubinden. Ökologisierung bedeutet, eine nachhaltige Entwicklung als eine fortlaufende Aufgabe innerhalb aller politischen Ebenen zu verankern. „Von einer systemischen Sicht aus betrachtet kann man sagen, dass eine ökologische Politik das ökologische Bewusstsein einer Gesellschaft leiten sollte, ökologische Ideen in Wirtschaft und Gesetzgebung unterstützen sollte und schließlich das strategische Konzept der räumlichen Organisation und der Flächennutzung sowie auf die technologische Entwicklung einwirken sollte." (Miklos 1995: 201) „Auf den Punkt gebracht heißt das, dass Ökologisierung die Wechselwirkung zwischen unserer Umwelt formt, in einer intellektuellen, materiellen, räumlichen, sozialen und emotionalen Weise, um eine dauerhafte nachhaltige Qualität für alles Leben zu erreichen." (Posch 1997: 2)

Ökologisierung als Prozess innerhalb der sozialen Entwicklung basiert auf der Idee zweier Programme von *Österreich* und der *Slowakei*. In der Slowakei wurde bereits 1991 das Programm die ‚Ökologisierung der sozialen Entwicklung' von der slowakischen Umweltkommission festgelegt. In Österreich wurde das Programm ‚Ökologisierung der Schulen' 1996/97 vom Unterrichtsministerium gestartet. Dabei geht es nicht nur darum, den einzelnen Schüler / die einzelne Schülerin zu einem höheren Umweltbewusstsein anzuregen, sondern es soll auch die ganze Schulgemeinschaft in diesen Prozess miteinbezogen werden (vgl. Schlatter-Schober 2003).

In diesem Zusammenhang stellen sich folgende Fragen: Was soll durch den Ökologisierungsprozess erreicht werden und welchen Nutzen kann man daraus ziehen?

Zum Ersten liegt ein Hauptpunkt des Ökologisierungsprozesses darin, die breite Öffentlichkeit zu erreichen, sonst ist die Ökologisierung chancenlos. Damit dies gelingt, bedarf es einer ganzheitlichen Auseinandersetzung mit den entsprechenden Entscheidungsträgern einer Region, die unter Anbietung eines Umwelt-Dialogs an der Mitgestaltung des Wandels beteiligt werden (vgl. Schlatter/Schober 2003).

Zum Zweiten bringt ein Ökologisierungsprozess und somit ein Übergang zu einer nachhaltigen Entwicklung eine umfassende Neuorientierung aller Lebensbereiche in Politik, Gesellschaft und Wirtschaft. Im Zentrum der österreichischen Nachhaltigkeitsstrategie wurden zwanzig Leitziele (Lebensqualität, Ökoeffizienz u.a.) mit einem klaren Zeitbezug versehen. „Durch Monitoring und Evaluation der Umsetzung sollen Transparenz und ein organisierter Lernprozess sichergestellt werden." (BMF+L,U+W 2002: 21)

In Österreich wurde im April 2002 die Strategie zur nachhaltigen Entwicklung von der Bundesregierung beschlossen. Die österreichische *Nachhaltigkeitsstrategie* richtet sich an Akteure in Verwaltung, Schule und Politik, um im Sinne von Selbstorganisation,

Subsidiarität und Regionalität einen eigenständigen ‚bottom-up'-Prozess zu initiieren. In diesem Forschungsansatz sind die Inhalte und Strategien von Spezialisten bestimmt worden, aber im Sinne eines transdisziplinären Prozesses wird erwartet, dass sich die Handlungen freiwillig ‚von unten', in einer induktiven Vorgehensweise entwickeln (vgl. Blättel-Mink/Kastenholz 2002: 2).

Ein Leitziel dabei ist durch Forschung, Ausbildung und lebenslanges Lernen die Chancen der Wissensgesellschaft zu nutzen. „Hier bedeutet Nachhaltigkeit auch soziales Lernen als dialogisch-partizipativer Diskurs. Um in Bildung und Kommunikation zur Nachhaltigkeit zu hohen Standards zu gelangen, ist die Entwicklung von Qualitätsmerkmalen erforderlich, die von allen anerkannt, weiterentwickelt und eingehalten werden." (BMF+L,U+W, 2002: 37)

Für die Umsetzung des Ökologisierungsprogrammes im Bildungsbereich wurde ein so genanntes ‚Umweltzeichen' initiiert. Das Umweltzeichen wird an Schulen vergeben, die ein besonderes Engagement im schulischen Alltag für eine nachhaltige Entwicklung zeigen. In einem umfassenden Kriterienkatalog sind die Anforderungen aus dem ökologisch-technischen Bereich sowie aus dem umweltpädagogischen Bereich aufgelistet und dienen als Bewertungsgrundlage für die Vergabe des österreichischen Umweltzeichens (vgl. BM: BWK, 2002). Des Weiteren startet in diesem Frühling eine so genannte Learnscape-Internetaktion[1] im Rahmen des Ökologisierungs-Programmes, wo Projekte für eine ökologische und nachhaltige Nutzung und Gestaltung von Schulfreiräumen im Sinne der Lokalen Agenda 21 eingereicht werden können. (Vgl. BM: BWK 2003)

Am *UN-Weltgipfel* für nachhaltige Entwicklung im September 2002 in Johannesburg wurde bekräftigt, den Sektoren Bildung und Wissenschaft eine stärkere Gewichtung zu schenken, um die Umsetzung des Leitbildes einer nachhaltigen Entwicklung im Sinne der Agenda 21 durchzuführen. „Im Hinblick auf die Forschungsfunktion von Hochschulen werden diese aufgefordert, zur wissenschaftlichen Entwicklung durch die Bildung von Netzwerken und Partnerschaften mit dem Privatsektor, Regierungen, Nichtregierungsorganisationen und Wissenschaftseinrichtungen in Entwicklungsländern und weniger entwickelten Ländern beizutragen." (Winkelmann 2002: 30) Dies soll nun an Hand von ersten Ergebnissen näher erläutert werden.

3 Welche wissenschaftlichen Lösungswege werden bei diesem Programm verfolgt?

Ein charakteristisches Element im Donauraum, in Bezug auf Umweltfragen, ist ein signifikantes Zusammenwirken der Regionen, die sehr unterschiedlich in Raum und Funk-

---

1 Learnscape ist ein englisches Kunstwort, das sich aus ‚learn' und ‚landscape' zusammensetzt. Internetaktion im Rahmen von ÖKOLOG: http://www.oekolog.at/learnscapes.

tion sind, aber doch eine gleichförmige räumliche Übereinstimmung aufweisen, die durch einen wechselseitigen sozialen, ökonomischen und natürlichen Austausch von Informationen geprägt sind. Die Schaffung eines Donaukorridors z.b. sollte so realisiert werden, dass die Ansprüche des Verkehrs und der Naturräume sich harmonisch in die Landschaft einfügen, unter Berücksichtigung eines gemeinschaftlichen Konsensus aus allen Teilen der Bevölkerung.

Die herkömmliche Planungspraxis zeigt aber, dass das konservative bewahrende Denken in der Form von realem versus beabsichtigtem Zustand, durch das Informationsmedium eines gezeichneten Planes bestimmt ist und dadurch in keiner Weise mit der Verflochtenheit der Wirklichkeit übereinstimmt. Unter diesen Voraussetzungen wird einer ökologischen nachhaltigen Entwicklung im Großen und Ganzen sehr wenig bis gar keine Bedeutung beigemessen. Aus diesem Grunde kommt dem *Lernen* als einem integralen Bestandteil des Planungsprozesses immer mehr Bedeutung zu (vgl. Scharmer 1996).

Das Programm ‚Ökologisierung des Donauraumes' bietet nun die Möglichkeit einen transdisziplinären Ansatz innerhalb der sozialen, ökonomischen, technologischen und den Humanwissenschaften zu realisieren und diesen in das polit-administrative System und die Universitäten einzubinden. Unter Ökologisierung versteht man, dass man die Ergebnisse einer nachhaltigen Entwicklung, allmählich auf allen politischen Ebenen in einem kontinuierlichen Lernprozess einrichtet.

Wenn wir aber neue Forschungsmethoden und Unterrichtskonzepte anstreben, müssen wir auch unsere eingefahrenen Meinungen innerhalb unseres *Wissenschaftsverständnisses* ändern. Wir müssen uns auf Gruppenprozesse einlassen, die sich dynamisch entwickeln und den eingeschlagenen Weg offen lassen. Es ist beabsichtigt ein Forschungs- und Lehrprogramm in transdisziplinärem Management und nachhaltiger Landnutzung so zu entwickeln, das in einem gemeinsamen Lernprozess der Austausch und die Weitergabe von Wissen zwischen allen Teilnehmern so vonstatten geht, dass das Alltagswissen und das universitäre Wissen, auch mit den Kenntnissen von Industrie, Gewerbe und NGOs in Verbindung gebracht wird.

So ein *transdisziplinärer Prozess* beinhaltet einige sehr unterschiedliche Sachverhalte, die aber notwendig sind, wenn man Erfolg haben möchte:

- Schaffung von Wissen das wissenschaftlich *glaubwürdig* ist;
- Aufzeigen von wichtigen Anliegen in der Gesellschaft für die Wissensproduktion, die für die zukünftige Entwicklung von Mensch und Natur *überlebensnotwendig* sind;
- Einbeziehung von verschiedenen Personen und Vertretern aus allen gesellschaftlichen Gruppen, um einen gemeinsamen Lernprozesses zwischen Wissenschaft und Gesellschaft zu initiieren, wo schließlich ein Wissen produziert wird, das dann auch wirklich *Verwendung* findet (vgl. Klein et al. 2001).

Um Erkenntnisse zu gewinnen bedarf es eines planmäßigen Verfahrens. Dies hängt von der Art und Weise ab ‚wie' wir forschen, handeln und denken. Die Krise der Gegenwart ist zumeist eine Krise der alten *Denkmodelle* in Wissenschaft, Wirtschaft und Politik. Zukunftsfähige mentale Modelle basieren nicht mehr nur auf einem Paradigma, sondern auf dem Dialog zwischen verschiedenen Paradigmen. Planung soll verstanden werden, wenn ein demokratischer Pluralismus partizipative Handlungen unterstützt (vgl. Vujosevic 2003). In Zukunft wird schon bei der Ausbildung mit dem Einzug der virtuellen Welt, den internationalen Datennetzen, neuen Kommunikationstechnologien, Modernisierung der Beschäftigungspolitiken und -systeme[2] in der EU, nicht mehr nur das Erlernen von Fakten im Mittelpunkt der zukünftigen Lehre an den Universitäten stehen, sondern das Vermitteln der Wissensfindung. Das erfordert ein Konzept mündigen Lernens, das eigenständige Herangehen an Fragestellungen. Die Lehrenden werden die Studierenden in diesen Prozessen begleitend unterstützen.

Durch die Auseinandersetzung mit anderen *Planungszugängen* können eingefahrene Denkweisen und Muster aufgebrochen werden. Überregionale Forschungsprojekte bieten die Chance, neue Modelle, Perspektiven und Konzepte für die Erhaltung und ökologische Verbesserung von Lebensräumen zu entwickeln – zum Beispiel ‚Ecological Design' als neue Gestaltungs- und Planungsaufgabe (vgl. van der Ryn/Cowan 1996). Es gilt neue Kommunikations- und Kooperationsformen zwischen den und innerhalb der administrativen und institutionellen Einrichtungen zu implementieren, um integrative Gestaltungsprozesse und neue Formen der Organisation (new public management) initiieren zu können. Dabei können so genannte ‚future search conferences' dazu dienen, kooperative Planungsprozesse zu ermöglichen (vgl. Weisbord 1993).

Um diese neuen Kooperationsformen zwischen Verwaltung und Universität zu entwickeln und einen ‚common ground' zwischen den Beteiligten zu erarbeiten, wurde an der Universität für Bodenkultur in Wien ein INTERREG IIB Projekt ‚BRIDGE Lifeline Danube' begonnen. Erste Erfahrungen sind auf der website http://www.new-bridges.net dokumentiert (vgl. Antoni 2003). Das Projekt verstand sich als Initialprojekt am Beginn eines Prozesses zur nachhaltigen Entwicklung des Donauraumes.

Die Disziplin des *Team-Lernens* beginnt mit dem ‚Dialog', mit der Fähigkeit der Teammitglieder, eigene Annahmen ‚aufzuheben' und sich auf ein echtes ‚gemeinsames Denken' einzulassen. So kann es dann passieren, dass ich die Welt mit ‚ihren Augen sehe' und Sie die Welt mit ‚meinen Augen'.

So kann Team-Lernen zur Erkundung und Reflexion von Visionen beitragen:

- Erstellung von Fragensets für die Bearbeitung

- Begleitung des Planungsprozesses mit verschiedenen Methoden (Interviews, etc.)

- Beschreibung des Prozesses der Zusammenarbeit der verschiedenen Akteure

---

2 Vgl. EU-Fördersystem: Ziele für den Zeitraum 2000-2006, http://www.inforegio.org/future/regul_de.htm

Dieser Prozess soll durch *Aktionsforschung* begleitet werden. Somit kann die begleitende Aktionsforschung für die regionale Aktivierungsarbeit im Sinne von Supervision und Prozesssteuerung, zur Aufbereitung der Erfahrungen in der Team-Arbeit und der Arbeit der internationalen Teams beitragen. Damit kann im Laufe des Programms der Erfolg, aber auch der Misserfolg von Planungsüberlegungen und deren Umsetzung dargestellt werden.

Es ergeben sich folgende Fragestellungen für die begleitende Untersuchung:

- Wie und auf welche Weise fördern oder verhindern bestehende Strukturen einen Ökologisierungsprozess?
- Welche Rahmenbedingungen, gesetzliche Regelungen und Maßnahmen sind innerhalb der Verwaltung erforderlich um einen Ökologisierungsprozess im Sinne einer nachhaltigen Entwicklung zu fördern?

4 Welche Projekte sollen im Rahmen dieses Programms durchgeführt werden und welche Ergebnisse sind zu erwarten?

In den vergangenen Jahrzehnten gehörten die Länder des Donauraumes zu jenen, in denen das allgemeine Bildungsniveau der Bevölkerung vergleichsweise hoch war. Unter den früheren politischen Gegebenheiten wurde der Forschung und Entwicklung insbesondere in den Naturwissenschaften und bestimmten Industriebereichen hohes Gewicht eingeräumt. Der Umbruch des politischen Systems brachte neue - finanzielle und strukturelle - Hindernisse und Schwierigkeiten mit sich. Nun gab es geringere staatliche Unterstützung, Abwanderung von Wissenschaftlern, aber auch schwache Aufwendungen für Forschung und Entwicklung von Seiten der Privatwirtschaft (vgl. Vision Planet 2000, First Part: 23).

In dem INTERREG IIB Projekt *Vision Planet* wurden Strategien, Leitlinien und Maßnahmen zur räumlichen Entwicklung des mitteleuropäischen, adriatischen, Donau- und Süd-Ost-Europäischen Raumes (Abkürzung CADSES) entwickelt. In diesem Zusammenhang entstand ein themenbezogener Dialog zwischen Handlungsträgern aus zwölf Ländern.[3] Die Ergebnisse sind nun Grundlage für weitere gemeinsame Projekte.

Voraussetzung für die Umsetzung dieses Raumentwicklungskonzeptes ist die Bildung geeigneter Instrumente und Maßnahmen, die sich auf jene Gebiete konzentrieren, die für die künftige räumliche Integration und Entwicklung von besonderer Bedeutung sind. Eines der Gebiete ist die Kooperationszone Donau, „ (...) die gekennzeichnet ist durch gemeinsame Verkehrs- und Umweltprobleme, ein reiches Natur- und Kulturerbe

---

3 Arbeitsgruppe Vision Planet. Österreich, Bulgarien, Kroatien, Tschechische Republik, Deutschland, Ungarn, Italien, Polen, Rumänien, Slowakei, Slowenien, Serbische Republik; Homepage des Projektes: http://www.univ.trieste.it/vplanet

sowie wirtschaftliches Entwicklungspotential insbesondere im Fremdenverkehr" (Vision Planet 2000, First Part: VI).

In den Empfehlungen des Vision Planet Projektes wurde auch festgehalten: „ (...) das Schwergewicht sollte auf regionalen Maßnahmen sowie auf der regionsübergreifenden Zusammenarbeit in den Bereichen Telearbeit, Fernkurse, Vernetzung von Universitäten und Forschungszentren, Telematikdienste für KMU sowie städtischer Kommunikationsinfrastrukturen liegen. In diesem Sinne kommt der Zusammenarbeit innerhalb des öffentlichen Sektors einschließlich Hochschulen und der Kooperation der öffentlichen Hand mit der Privatwirtschaft und sozialen Organisationen besondere Bedeutung zu" (VisionPlanet 2000, First Part: 24).

Am Beginn des neuen Jahrtausends stellt sich für Wien die Frage, welche Rolle die Stadt heute und in der Zukunft in der *Donauregion* einnehmen wird und welches Bewusstsein in der Gesellschaft einer zukünftigen Zusammengehörigkeit zwischen Wien und den Nachbarländern besteht. Mit dieser Frage ist das ‚Institut für Mitteleuropa und den Donauraum' (IDM) an das ‚Zentrum für Umwelt und Naturschutz' (ZUN) der Universität für Bodenkultur in Wien herangetreten, um im Rahmen einer wissenschaftlichen Tagung diese Problematik zu diskutieren.

Das strategische Konzept der Tagung ‚*Wien in Mitteleuropa*' verfolgte den Zweck, die räumliche Integration quer durch die europäischen Regionen zu intensivieren mit dem Ziel eine nachhaltige, harmonische und ausbalancierte Entwicklung und bessere räumliche Einbindung zwischen Wien und den Nachbarländern zu erreichen. Vertreter aus Universitäten und Verwaltung haben Anfang Februar 2003 im Rahmen einer Veranstaltung über zukünftige Kooperationen in der gesamten Donauregion auf der Grundlage des europäischen Regionalentwicklungsprogramms ihre Gedanken ausgetauscht. Diese wissenschaftliche Tagung bot die Chance, zukunftsorientiertes Denken und internationales Lernen zu initiieren, um eine zukünftige Kooperation zwischen Universitäten, öffentlicher Verwaltung und den Gemeinden in der Donauregion zu ermöglichen. Im Verlauf der Vorbereitungsarbeiten zu dieser Konferenz bestätigte sich jedoch eine der Grundaussagen der Techniksoziologie, dass nämlich soziale Innovationen den technischen Innovationen immer mehr hinterherhinken. „Denn obwohl virtuelle Arbeitsplattformen und Diskussionsforen von der technischen Umsetzung her nur mehr geringe Probleme bereiten, ist der Umgang mit ihnen für viele User alles andere als selbstverständlich." (Michalek 2003: 66)

Die Themenbereiche dieser Tagung waren zu Beginn das Programm ‚Ökologisierung des Donauraumes' und für die Umsetzung dieser Ideen gab es eine ausführliche Diskussion über neue Modelle für eine integrierte Landnutzung (vgl. Holzner 2003). Begriffe wie Lernen, Demokratie, Selbstorganisation und Partnerschaft sind die Grundlagen für neue Planungs- und Gestaltungsaufgaben in der ‚ökologischen Moderne' (vgl. Scheer 2002). Die Aufgabe der ökologischen Moderne ist es, die Entwicklung zur solaren Weltwirtschaft zu forcieren, um damit die Perspektivenlosigkeit der fossilen Moderne zu überwinden und durch Ökologisierungsmaßnahmen und Chancengleichheit eine friedliche Entwicklung einzuleiten.

Als ein Ergebnis dieser Konferenz und in Fortsetzung des Projektes ‚BRIDGE Lifeline Danube' wird nun ein INTERREG IIIB Projekt ‚Donauhanse' angestrebt. Das Österreichische Institut für Raumplanung in Zusammenarbeit mit dem Zentrum für Umwelt und Naturschutz werden dazu eine Projekteinreichung vorbereiten. Als Ziel des EU-Projektes ‚Donauhanse' soll ein Netzwerk von Kompetenzzentren entlang der Donau entstehen. In ausgewählten Städten und Regionen entlang der Donau sollen dabei konkrete Projekte in den Bereichen Fremdenverkehr, Verkehr und Infrastruktur, Wissenschaft und Technik, Umweltschutz und Hochwasserschutz durchgeführt werden.

In diesem Rahmen ist auch die Errichtung einer *Academia Danubiana* als ein Modell für zukunftsorientiertes Lernen und Forschen vorgesehen. In dieser Akademie sollen Projekte, Seminare und internationale Studienprogramme für nachhaltige Modelle einer integrierten Landnutzung in unserer Kulturlandschaft entwickelt werden, um damit eine bessere Integration mit unseren Nachbarländern in Wissenschaft und Verwaltung zu erreichen.

Eine erste Lehrveranstaltung in diesem Zusammenhang heißt ‚*Landschaft ohne Grenzen*'. In dem Studienprojekt an der TU Bratislava im Sommersemester 2003 soll die natürliche Vielfalt der Region in Bezug zu einer nachhaltigen Nutzung der Lebensräume in dem Ineinandergreifen ihrer ökologischen, sozialen, wirtschaftlichen und kulturellen Variablen untersucht werden, um sich Kenntnisse der Funktionsweise des gesamten Systems zu beschaffen. Ziel dabei ist es, das Ineinanderfließen verschiedener Raumansprüche in einer integrierten Landnutzung zu harmonisieren, aber auch die Übung des Perspektivenwechsels - das Training die Welt mit den Augen der anderen zu sehen (vgl. Weisgram 2003: 11).

Der Wegfall der Grenze im Jahr 2004 im alten *Haidboden*, im Dreiländereck zwischen Ungarn, der Slowakei und Österreich wird eine große Herausforderung für die Studentinnen und Studenten, aber auch für die Bevölkerung bringen. Im Hintergrund unserer Integrationsbemühungen soll dabei die Metapher der Donau, als Schicksalsfluss Europas und zugleich Strom der europäischen Einheit unser Projekt begleiten. Wir wollen damit die schicksalhafte Entwicklung in die Hand nehmen, statt es über uns ergehen zu lassen.

Literatur:

Antoni, C. 2003: INTERREG Gestern – heute – morgen. Diplomarbeit am Institut für Freiraumgestaltung und Landschaftspflege. Wien: Universität für Bodenkultur

Blättel-Mink, B./Kastenholz, H. 2002: Transdisziplinarität in der Nachhaltigkeitsforschung - Diffusionsbedingungen einer institutionellen Innovation. In: Mazouz, N./Hubig, Chr. (Hg.): Normativität und Unsicherheit. Berlin: edition sigma (im Druck)

Brandstaller, T. 2001: Die Donau fließt nach Westen. Eine politische Reise von Wien ans Schwarze Meer. Wien: Molden Verlag

BM: BWK 2002: Bundesministerium für Bildung, Wissenschaft und Kultur:

- UMWELTZEICHEN :Österreichisches Umweltzeichen: http://www.umwelt-zeichen.at
- Deutsches Umweltzeichen - Der Blaue Engel: http://www.blauer-engel.de
- Umweltzeichen der EU: http://europa.eu.int/comm/environment/ecolabel/
- Skandinavisches Umweltzeichen – Der Nordische Schwan: http://www.svanen.nu/Eng/ecolabel.htm

BM: BWK 2003: Bundesministerium für Bildung, Wissenschaft und Kultur. Internet-aktion ‚Learnscapes´, Schulfreiräume – Freiraum Schule. http://www. oeko-log.at/learnscapes

BMF+L,U+W 2002: Bundesministerium für Land- und Forstwirtschaft, Umwelt und Wasserwirtschaft (Hg.): Die österreichische Strategie zur Nachhaltigen Entwicklung. Wien: BM

Busek, E. 1997: Mitteleuropa. Eine Spurensicherung. Wien: Kremayr & Scheriau

Deußner, R./Seitz, M. 2000: Intermediate Report WP/SWP 5200 Socio Economic Assessment. 2000 ALSO DANUBE. Wien: OIR (Österreichisches Institut für Raumplanung)

Djapa, D. 2003: Landscape planning in sustainable planning of the Danube region. Scientific meeting 'Vienna in Central Europe'. Wien 6-7 Februar 2003. Wien: IDM (Institut für den Donauraum und Mitteleuropa)

Holzner, W. 2003: Integrated Land Utilization in an Urban Ecosystem. Vienna: Center for Environmental Sciences and Nature Conservation, University of Agricultural Sciences. Scientific Meeting 'Vienna in Central Europe'. Wien 6-7 Februar 2003. Wien: IDM (Institut für den Donauraum und Mitteleuropa)

Klein, J. Th./Grossenbacher-Mansuy, W./Häberli, R./Bill, A./Scholz, R. W./Welti, Myrtha (Hg.) 2001: Transdisciplinarity: joint problem-solving among science, technology and society. An effective way for managing complexity. Basel/Boston/Berlin: Birkhäuser

Medakovic, D. 2001: Die Donau – der Strom der europäischen Einheit. Novi Sad: Prometej

Michalek, C. 2003: Vision versus Wirklichkeit virtuellen Wissenstransfers. Diplomarbeit am Institut für Freiraumgestaltung und Landschaftspflege. Wien: Universität für Bodenkultur. Vgl. auch: http://www.lapskripten.at/di

Miklos, L. 1995: The ecological awareness – selected issues. EKÓLOGIA – Journal for ecological problems of the biosphere. Volume 14. Supplement 1/1995. Bratislava: EKÓLOGIA

Nachtnebel, H. 2000: The Danube river basin environmental programme: plans and actions for a basin wide approach. in: Water Policy 2 (2000) 113-129. Elsevier Science Ltd. http://www.elsevier.com/locate/watpol

Posch, P. 1997: The ecologisation of schools and its implications for educational policy. Wien: BMUK, Mimeo

Scharmer, C. O. 1996: Reflexive Modernisierung des Kapitalismus als Revolution von Innen. Stuttgart: M&P, Verlag für Wissenschaft und Forschung

Scheer H. 2002: „Solare Weltwirtschaft". Strategie für die ökologische Moderne. München: Kunstmann. siehe auch http://www.eurosolar.org

Schindegger, Fr. 1999: Nachhaltige Entwicklung im Donauraum – Herausforderung für Raumordnungspolitiken der Donauanrainerstaaten. in: Weber, G. (Hg.): Raummuster – Planerstoff. Festschrift für Fritz Kastner zum 85. Geburtstag. Wien: IRUB (Institut für Raumplanung und Ländliche Neuordnung)

Schlatter-Schober, P. 2003: Ökologisierung der Donauregion – Erkenntnisse aus dem österreichischen Bundesprogramm "Ökologisierung von Schulen". Beitrag zur Tagung "Wien in Mitteleuropa". 6. Februar 2003. Wien: IDM (Institut für den Donauraum und Mitteleuropa)

Schneidewind, P. 1997: Raum im Fluss. Raum 26/97. Wien: OIR (Österreichisches Institut für Raumplanung)

Schremmer, Chr. 2003: Development issues in a future Vienna-Bratislava-plus integrated Cross-Border-Region. Scientific Meeting ́Vienna in Central Europe ́. Wien 6-7 Februar 2003. Wien: IDM (Institut für den Donauraum und Mitteleuropa)

Stojkov, B. 2000: Cultural Values as a Basis for Spatial Integration of Danubian Countries. Belgrade: Faculty of Geography, University of Belgrade

Umweltdachverband (Hg.): Nachhaltige Universitäten. Chance oder Sackgasse? Wien (Vgl. auch http://www.nachhaltige-uni.at)

Van der Ryn, S./Cowan, St. 1996: Ecological design. Washington D.C. Island Press

Vision Planet 2000 - INTERREG IIC and PHARE-CBC programm: Strategies for integrated spatial development of the Central European Danubian and Adriatic area. First part: Guidelines and policy proposals. Second part: Background report. Trieste: University of Trieste, Faculty of Architecture (http://www.univ.trieste.it/vplanet)

Vujosevic, M. 2003: New-old power game in urban planning in Yugoslavia and Obsolte planning methodology: the case of the Master Plan of the City of Belgrade 2021. Scientific Meeting ́Vienna in Central Europe. Wien 6-7 Februar 2003. Wien: IDM (Institut für den Donauraum und Mitteleuropa)

Weisbord, M. R. 1993: Discovering common ground. San Francisco: Berrett-Koehler Publishers

Weisgram, W. 2003: Der Fluss, die Bäume und der Wald. in: Der Standard, 1/2 März 2003: 11

Winkelmann, H.-P. 2002: Die Hochschulen nach Johannesburg. In: umwelt&bildung. Nr, 4. Wien: Forum Umweltbildung

Kontakt:
Prof. Dr. Werner Kvarda: freiraum@mail.boku.ac.at

Birgit Blättel-Mink

Ökologische Innovationssysteme im Vergleich: nationale und regionale Fallstudien – ein Resümée

1 Einleitung

Welch eine Reichhaltigkeit der Perspektiven sich in den hier präsentierten Fallstudien auch zeigt, es geht in allen um die Frage des Zusammenhangs bzw. der Entkopplung von wirtschaftlicher Entwicklung und Ressourcenverbrauch (vgl. Meyer-Krahmer 1997). Teilweise wird die Perspektive noch um soziale Aspekte erweitert. Die nationalen Studien zu Deutschland, Großbritannien, den Niederlanden und Holland sowie die regionale Studie zu Baden-Württemberg folgen dem theoretischen Rahmen, der zu Beginn beschrieben wurde. Die Studien über die Transformationsländer sowie die regionalen Fallstudien über Bremen und über die Donau-Region greifen einzelne Ansätze auf und fokussieren diese auf ihre Fragestellung hin. So gibt der Beitrag von Zbigniew Bochniarz eine umfassende Einführung in die Situation der so genannten Transformationsländer, die bei weitem nicht die Ähnlichkeit aufweisen, die man auf den ersten Blick vermuten würde, und die sich im Hinblick auf den Zeitpunkt der Liberalisierung, das Ausmaß der wirtschaftlichen Konsolidierung bzw. Stabilisierung und im Hinblick auf die Implementierung adäquater politischer und gesetzlicher Institutionen deutlich voneinander unterscheiden. Dabei spielt jedoch nicht so sehr der Aspekt der ‚Pfadabhängigkeit' die zentrale Rolle, sondern vielmehr die spezifische Anbindung des einzelnen Landes an internationale Netzwerke oder Vereinigungen. Bochniarz kann zeigen, dass die globalen und internationalen ‚ecology pull'-Tendenzen deutliche Auswirkungen auf die Balance von Ökologisierung und wirtschaftlichem Wachstum in den meisten mittel- und osteuropäischen Staaten haben. Damit muss die Ausgangshypothese der Studie noch einmal deutlich hinterfragt werden. Was die regionale Ebene betrifft, so ähnelt die Vorgehensweise in Baden-Württemberg dem deutschen Modell in hohem Maße, dennoch lohnt ein Blick auf spezifische Sonderwege. Bremen, ein Bundesland, das im Hinblick auf nachhaltige Entwicklung in vielen Bereichen vorbildhaft ist, wählt den Weg der Verknüpfung von öffentlicher Wirtschaftsförderung und nachhaltiger Entwicklung. D.h. der verstärkte Einsatz von Umwelttechnologien und die Dienstleistungen, die sich u.a. im Rahmen einer öffentlichen Förderung der Kreislaufwirtschaft herausbilden, stärkt das regionale ökologische Innovationssystem, stärkt die Kooperation zwischen Wissenschaft, Wirtschaft und Politik. Die Ökologisierung der Donauregion wiederum greift die Heterogenität auf, die Bochniarz für die mittel- und osteuropäischen Länder herausgearbeitet hat und nimmt dies zum Ausgangspunkt für strategische Überlegungen, wie auf der regionalen und gleichzeitig supranationalen Ebene eine nachhaltige Entwicklung möglich sein kann. Dabei fokussiert er vor allem die Kooperation unterschiedlicher Akteure und die Herausarbeitung eines Ökologisierungs-Planes für die Region, der alle Akteure einbezieht und der sich prozesshaft - auf der Basis von Kongressen, zeit-räumlichen Kooperationen und der institutionellen und strukturellen Anpassung an die Anforderungen regionaler Ökologisierung - entwickelt.

Im Folgenden wird es darum gehen, die globale Ebene als Initiatorin oder Prime Mover nationaler, regionaler und supranationaler Ökologisierungsbemühungen zu skizzieren. Die nationale Ebene wird eröffnet durch einen kurzen Blick auf die USA, die ja durch ihre Astronautenperspektive und durch ihre bedeutende Stellung im globalen Zusammenhang für manche Länder durchaus richtungsweisend sein können, um sodann die Ergebnisse für die hier dargestellten Länder und Ländergruppen kurz zu skizzieren. Schließlich wird noch kurz auf die Regionen eingegangen, um in einem breiten vergleichenden Kontext Gemeinsamkeiten und Unterschiede herauszuarbeiten und gegebenenfalls die im theoretischen Eingangskapitel formulierte Hypothese zu modifizieren.

2   Die globale Ebene

Das globale ökologische Innovationssystem setzt sich idealtypisch aus allen Akteuren und Institutionen zusammen, die am Prozess nachhaltiger Entwicklung beteiligt sind. Andreas Metzner (1998) verweist darauf, dass die ‚ökologische Konfliktlogik' nicht etwa von neuen Akteuren entfaltet wird, sondern von den Akteuren der Industriegesellschaft (und der Entwicklungsgesellschaft) selbst. „Sie wird ausgetragen vom selben Satz industriegesellschaftlicher (und entwicklungsgesellschaftlicher d.A.) Akteure, noch ergänzt durch soziale Bewegungen und organisierte Öko-Aktivisten" (Metzner 1998: 212). Letztere treten als Nicht-Regierungsorganisationen auf, die die Verhandlungsprozesse von außen beobachten. Allerdings werden im Prozess nachhaltiger Entwicklung neue Positionen geschaffen, wie die Umweltminister auf Länderebene und die Umweltbeauftragten auf kommunaler Ebene. Diese rekrutieren sich aus den legitimierten Institutionen der Gesellschaft.

Auf der Konferenz für Umwelt und Entwicklung der Vereinten Nationen in Rio de Janeiro im Juni 1992, mit deren Vorbereitung die Vereinten Nationen 1989 begonnen hatten und an der schließlich 177 Staaten teilnahmen, wurden fünf Dokumente unterzeichnet, die in den Unterzeichnerländern zu mannigfaltigen Bemühungen, ja Innovationen, führten:

- Rio-Deklaration zu Umwelt und Entwicklung,

- Konvention zum Schutz der biologischen Vielfalt,

- Klima Rahmenkonvention,

- Wald-Erklärung,

- Agenda 21.

Quennet-Thielen (1996) beschreibt den Prozess hin zur Rio-Deklaration als außerordentlich schwierig. Es „(...) rangen die Regierungen zwei Jahre lang um die Ergebnisse, die das Ziel einer nachhaltigen Entwicklung von Empfehlungen einer unabhängigen Kommission zu politisch und rechtlich verbindlichen Handlungsvorgaben weiterentwickeln sollten" (Quennet-Thielen 1996: 11). Zentrales Problem derartiger Konstellationen – und dies gilt nicht nur für nachhaltige Entwicklung – ist die ungleiche Verteilung der Ressourcen und damit der Verhandlungsmacht der einzelnen Teilnehmerstaaten (vgl. Langer/Pöllauer 1995). Bei den Verhandlungen zur Nachhaltigkeit verläuft eine Schiene zwischen Nord und Süd, die andere jedoch zwischen Betroffenheit und Nicht-Betroffenheit, d.h., auch innerhalb der Gruppe z.B. der Entwicklungsländer gibt es deutliche Interessensunterschiede aufgrund unterschiedlicher umweltbedingter Probleme. „Die rund 40 Entwicklungsländer umfassende Allianz der kleinen Inselstaaten vor allem aus dem Pazifik und der Karibik (AOSIS) gehörte zu den aktivsten Kämpfern für eine Konvention mit weitreichenden Verpflichtungen zur Reduktion der Treibhausgase, insbesondere des Kohlendioxids. Mehr als verständlich, denn ihnen droht beim prognostizierten weltweiten Temperaturanstieg aufgrund des Treibhauseffekts der wörtlich zu nehmende Untergang. Das andere Extrem bilden die erdölproduzierenden OPEC-Staaten, ebenfalls Entwicklungsländer. Sie bekämpfen mit ganzen Heerscharen exzellent ausgebildeter Beamten und großer diplomatischer Raffinesse jede Verpflichtung für die Industrieländer, den Ausstoß von CO_2 und damit ihren Energieverbrauch aus fossilen Brennstoffen drastisch zu senken. Hinter den Kulissen wurden sie massiv unterstützt, vor allem von amerikanischen Wirtschaftsvertretern aus den Bereichen Kohle und Öl." (Quennet-Thielen 1996: 12)

Als ein zentrales Organ, das mit der Aufgabe betraut ist den Prozess nachhaltiger Entwicklung voranzutreiben, wird in Rio die ‚Kommission für nachhaltige Entwicklung' eingesetzt, die sich einmal pro Jahr trifft. Quennet-Thielen bringt die Hauptaufgabe dieser Kommission auf den Punkt: es geht um die Internalisierung externer Kosten, oder mit Ernst-Ulrich von Weizsäcker, die Preise müssen die ‚ökologische Wahrheit' sagen. Hieraus ergeben sich folgende Unterpunkte: die Übertragung von Finanzmitteln vor allem vom Norden in den Süden, die Einigung auf Indikatoren für eine nachhaltige Entwicklung, die Identifikation adäquater ökonomischer Instrumente, um die notwendigen Marktanreize für eine nachhaltige Entwicklung zu liefern. Hier zeigt sich der ‚Geist' von Rio: Technologietransfer und technologische Zusammenarbeit mit dem Ziel, „(...) nachhaltige Technologien zu entwickeln und Verhaltensweisen für umweltverträglicheres Leben und Wirtschaften zu stimulieren" (Quennet-Thielen 1996: 18) und schließlich das Thema Handel. „Wie kann verhindert werden, dass Umweltanforderungen an ein Produkt (z.B. hinsichtlich seiner Verpackung oder Inhaltsstoffe), die ein Staat national aus gutem Grund festlegt, von einem anderen Land als nichttarifäres Handelshemmnis angeprangert und damit als potentieller Verstoß gegen das GATT beklagt werden kann?" (Quennet-Thielen 1996 19). Stichworte sind in diesem Zusammenhang Produktgleichheit, d.h. die Möglichkeit, unterschiedlich ‚nachhaltige', aber material gleiche Produkte auch ungleich zu behandeln und Extraterritorialität, d.h. die Berücksichtigung nicht nur der natürlichen Umwelt im eigenen Hoheitsgebiet, sondern auch außerhalb des eigenen Hoheitsgebietes (vgl. Senti 1998). Streitpunkt internationaler Verhandlungen ist die Frage, inwieweit die Freihandelsforderung über den Umweltschutz zu setzen ist oder umgekehrt. Auch hier zeigen sich Nord-Süd- und Betroffenheits-Nichtbetroffenheitskoalitionen.

Als Vorreiter globaler umweltpolitischer Abkommen gilt das Montrealer Protokoll zum Schutz der stratosphärischen Ozonschicht von 1987. „Beim Montrealer Protokoll handelt es sich um eines der seltenen Beispiele eines tatsächlich wirksamen umweltpolitischen Regimes, das zu einer erheblichen Reduktion der Emissionen von künstlich hergestellten, schädlichen Substanzen geführt hat." (Biermann/Simonis 1998: 26) Grundlage ist eine stärkere Gleichberechtigung der beteiligten Länder und damit die Möglichkeit des Ausgleichs nationaler Vor- und Nachteile bestimmter politischer Entscheidungen (vgl. u.a. Biermann 1998). Das Worldwatch-Institute formuliert eine wesentliche Forderung an derartige Verhandlungssituationen: „A key challenge will be to focus on the common interests of all countries rather than on national interests; in the struggle for a sustainable world, the fates of rich and poor, of North and South are inextricably linked." (Worldwatch Institute Report 1997: 10)

So warnt denn Joachim Radkau (1996) vor einer zu starken ‚Belehrung' des Südens durch den Norden. Radkau verweist darauf, dass bestimmte Beschlüsse nur dann von Erfolg gekennzeichnet sind, wenn einheimische Interessen berücksichtigt werden. Das heißt aber nicht, dass beispielsweise die Entwicklungsländer mit stark wachsender Bevölkerung und rascher Industrialisierung von den Reduktions-Verpflichtungen ausgenommen werden sollten, wie im Kyoto-Abkommen geschehen. Dies verringert u.a. wiederum die Wahrscheinlichkeit, dass die USA dieses Abkommen ratifizieren werden. Richard E. Benedick (1998) nennt, abgeleitet aus dem Montreal Abkommen, weitere Voraussetzungen, die gegeben sein müssen, damit ein globales Umweltabkommen von Erfolg gekrönt sein kann: eine starke Führungsrolle (im Falle Montreal die USA), wissenschaftlicher Konsens, Flexibilität der Verhandlungsstruktur und Mitwirkung der Industrie. Diese Voraussetzungen haben das Ozonregime zu einem dynamischen internationalen Umweltregime werden lassen, das in seinen Folgekonferenzen in London und Kopenhagen das Ausmaß der Reduktion von FCKW ständig erhöhen konnte. Benedick hebt hier noch einmal die wissenschaftliche Vorgehensweise hervor: „Das Verfahren der kumulierenden Forschungsergebnisse und immer gründlicherer technischer Analysen der politisch-wirtschaftlichen Optionen hat sich als gute Methode erwiesen, den Vertrag eng mit der Wissenschaft zu verbinden und so den Widerstand gegen strengere Maßnahmen Schritt für Schritt zu überwinden. Auf diese Weise wurde das Montrealer Protokoll wiederholt verändert – von den ursprünglich acht auf mehr als neunzig kontrollierte Chemikalien, mit immer kürzeren Reduzierungsfristen. So wurde es zu einem dynamischen Umweltregime." (Benedick 1998: 10) Der inhärente Gedanke kontinuierlicher Verbesserung ist ein konstitutives Element nachhaltiger Entwicklung. Auf internationaler Ebene taucht dieser Gedanke in der EG-Öko-Audit-Verordnung wieder auf.

Es ist nicht ganz einfach, die Erfolgsfaktoren des Ozonregimes auf das Klimaregime zu übertragen, handelt es sich doch hierbei um eine viel komplexere Problematik. Im Hinblick auf das Ausmaß des Klimawandels, den Auswirkungen dieses Wandels auf die Biosphäre und auf den Menschen herrscht noch große Ungewissheit und wissenschaftlicher Dissens. Des weiteren ist die Klimadebatte in hohem Maße polarisiert und emotionalisiert zwischen Umweltverbänden auf der einen Seite und der Wirtschaft auf der anderen Seite. Im Vergleich zu den Ozon-Verhandlungen mangelt es schließlich bei den Klima-Verhandlungen an einer starken Führungsposition. „Bei den Ozonverhandlungen waren die USA die treibende Kraft, während die Europäische Union eher zögerlich war. In den Klimaverhandlungen sind es dagegen die USA zusammen mit einigen anderen Ländern – die auch traditionell pro Umwelt eingestellt sind – wie Kanada, Australien, Neuseeland, die gegen ein starkes Klimaprotokoll eintreten. Auch viele Entwicklungsländer, die eine Kontrolle über ozonschichtschädigende Substanzen akzeptierten, verweigern bisher jede Verpflichtung zur Verringerung ihrer eigenen Treibhausgasemissionen. Weder der Europäischen Union noch der Allianz der kleinen Inselstaaten (AOSIS) ist es gelungen, eine Führungsrolle in den Klimaverhandlungen einzunehmen." (Benedick 1998: 16f)

Deutlich wird, dass es eine globale Nachhaltigkeitspolitik geben muss, um überhaupt eine Internalisierung externer Effekte in die Wege zu leiten. Die Heimatperspektive, die Sachs beschreibt, und die – durch die Betroffenheit vor allem der nördlichen Länder – quasi automatisch einen Prozess in Richtung Nachhaltigkeit initiieren könnte, hat die Akteure noch nicht erreicht – so weit ist der Prozess reflexiver Modernisierung noch nicht vorangeschritten. Das heißt, es muss Organisationen geben, die in der Lage sind, die Interessen der Beteiligten auszubalancieren. Dabei bleibt in der Realität globaler Umweltvereinbarungen (Weltumweltpolitik) der Wettbewerb zwischen Ländern der zentrale Kern. Darum herum entwickeln sich mehr oder weniger kooperative Strategien, die auf dem zunehmenden Wissen darüber aufbauen, welche Auswirkungen welche Entwicklungslinien haben (Astronautenperspektive) und wie man gegensteuern könnte – ceteris paribus der Wettbewerbsfähigkeit (competition sine qua non!). Effizienz und Konsistenz im Sinne von Verbesserungsinnovationen zeichnen somit weitgehend das Entwicklungsverständnis der globalen Ebene aus. Von Suffizienz im Sinne einer Korrektur des industriellen Zivilisationsmodells und damit einer Basisinnovation lässt sich nichts erkennen (vgl. auch Brand 1997). Interessant ist in diesem Zusammenhang der Vorschlag des Worldwatch Instituts (1997), die globale, auf wirtschaftlichen Zielen beruhende Institution der G7-Länder durch eine G8-Gruppe zu ersetzen, die auf umwelt- und entwicklungsspezifischen Prinzipien beruht. Die ‚eight environmental heavyweights' setzen sich aus vier Industrieländern (USA, Deutschland, Japan und Russland) und aus vier peripheren bzw. semiperipheren Ländern (China, Indien, Brasilien, Indonesien) zusammen. Die acht Länder stellen 56 Prozent der Weltbevölkerung, einen Anteil am Bruttoweltprodukt von 59 Prozent und einen Anteil von 58 Prozent an den Treibhausgasemissionen. Dieser Schritt würde den bereits beim Ozonregime zu beobachtenden stärkeren Ausgleich zwischen Nord und Süd fördern.[1]

Ein etwas anderes Modell stellen internationale Abkommen dar, die einen begrenzten Teil von Staaten integrieren, wie die NAFTA (Nordamerikanische Freihandelszone) oder die EU (Europäische Union) und die einen deutlich stärkeren Handlungsbezug aufweisen. Reguliert werden hier auch mögliche Konflikte zwischen einzelnen oder mehreren Mitgliedsstaaten (vgl. Héritier 1996). Des Weiteren finden sich interne Kompensationen für globale Abkommen, so verweist Benedick (1998) darauf, dass die auf dem Klima-Gipfel in Kyoto beschlossene Reduktion von Treibhausgasemissionen um acht Prozent innerhalb der nächsten zehn Jahre auf der Basis von 1990 in der EU (‚EU-Bubble') durchgesetzt werden könnte, weil Deutschland durch die Wiedervereinigung und den damit zusammenhängenden wirtschaftlichen Umstrukturierungsprozessen eine starke Reduktion der Emissionen verzeichnet und weil in Großbritannien noch unter Margret Thatcher eine Abwendung von der Kohlewirtschaft bei gleichzeitiger Förderung von Erdgas stattfand (vgl. auch Wallström 2000).

Auf dieser Ebene finden sich bereits konkrete Verordnungen, die sich auf die globalen Abkommen beziehen. Für unsere Zwecke sei hier vor allem auf die ‚Verordnung (EWG) Nr. 1836/93 über die freiwillige Beteiligung gewerblicher Unternehmen an einem Gemeinschaftssystem für das Umweltmanagement und die Umweltbetriebsprüfung' kurz ‚EG-Öko-Audit-Verordnung' verwiesen. Diese weitet sich augenblicklich sowohl auf öffentliche Organisationen, wie Schulen, Universitäten und Kommunalverwaltungen als auch auf Nicht-Regierungsorganisationen, wie Vereine und Verbände aus. Hier muss deutlich gemacht werden, dass diese Verordnung neben der internationalen Umweltmanagementnorm DIN (EN) ISO 140001 steht. Für viele Organisationen ist es häufig leichter, sich dieser Norm zu unterwerfen als sich zum Normsetzer des eigenen Umweltmanagementsystems zu machen, wie es die EU-Verordnung festlegt. Allgemein gilt jedoch, je niedriger die Ebene der Verordnung, je stärker die Verordnung auf die Bedürfnisse der Betroffenen zugeschnitten ist - in diesem Falle die Mitgliedstaaten der EU, die ihre eigenen Umweltmanagementnormen aufstellen sollen - desto größer kann auch die umweltschonende Wirkung sein, da Grenzen besser ausgelotet werden können.

---

1 Dies entspricht auf nationaler Ebene dem Versuch, die Indikatoren des Bruttosozialprodukts um einen ökologischen Faktor zu erweitern, in dem Sinne, dass die Verbesserung des Lebensstandards durch eine saubere Umwelt einbezogen wird (vgl. u.a. Seifert 1995).

3 Die Ökologisierung von Nationen

Erfolgreiche nationale Innovationssysteme gewährleisten nationale Wettbewerbsfähigkeit. Dass dieses Ziel nicht notwendig von sämtlichen beteiligten Akteuren verfolgt wird, liegt auf der Hand. Je loser die Verbindung zwischen den Akteuren, desto zufälliger ist das Ergebnis. Das heißt jedoch nicht, dass es notwendig *schlechter* ist im Sinne der angestrebten Wettbewerbsfähigkeit. Liberale marktgesteuerte Volkswirtschaften sind im Bereich radikaler Innovationen besonders erfolgreich. In liberalen Innovationssystemen stehen die Wirtschaftsunternehmen im Zentrum, andere Institutionen spielen eher eine ausgleichende oder unterstützende Rolle. Das macht derartige Systeme fragil, wo sie keine strukturellen und institutionellen Kontinuitäten aufweisen. Eine bedeutende Ausnahme stellen die USA dar, die aufgrund ihrer herausragenden Ausstattung und einer hohen individuellen Leistungsorientierung den Entwicklungsprozess auch unter reinen Marktbedingungen aufrecht erhalten können.

Insgesamt finden sich unter den zehn wettbewerbsfähigsten Volkswirtschaften der Welt deutlich mehr korporatistische oder mesokorporatistische als liberale Systeme. Das heißt, dass Volkswirtschaften, die nicht so gut ausgestattet sind, was die natürlichen Ressourcen aber letztendlich auch die humanen Entwicklungspotentiale betrifft, wie die USA, eher auf Koordinations- und Ordnungsmodelle zurückgreifen, die der hohen Interdependenz zwischen den beteiligten Akteuren entgegenkommt. Mehr und mehr Bedeutung kommt hierbei Koordinationsformen zu, die jenseits von Markt und Hierarchie liegen. Dies impliziert, dass mehr und mehr kollektive Akteure (*stakeholder*) in das Innovationssystem und damit auch in den Prozess der Technikgenese einbezogen werden und dem Staat zunehmend die Aufgabe des Mediators unterschiedlicher Interessen und unterschiedlicher Wissensinhalte zukommt.

Es sei hier noch einmal an die im theoretischen Teil entwickelte Hypothese erinnert. Sie lautete: Gesellschaften, die am liberalen Pol des Institutionengefüges verortet sind, verfolgen eine Wettkampf- und Tauschstrategie, sie setzen auf Effizienz und Innovation sowie auf einen verstärkten Einsatz von Umwelttechnologien. Gesellschaften dagegen, die am korporatistischen Pol des Institutionengefüges verortet sind, verfolgen eine Planungs-, Zentralisierungs- und eine Logik des Habitat (Rückkehr der Bedrohung). Korporatistische Gesellschaften verabschieden eher einen allgemeingültigen Umweltplan, sie setzen auf konsistente Stoffströme und damit auf Basisinnovationen, die u.U. zu einer grundlegenden Änderung des industriellen Metabolismus führen (vgl. Huber 1995), sowie auf Suffizienz, die sich in einer ganzheitlichen Produktpolitik und -verantwortung festmacht und die Produktorientierung zugunsten einer Dienstleistungsorientierung vernachlässigt. Es ist zu vermuten, dass liberale Gesellschaften wegen mangelnder Koordination und Partizipation und wegen geringerer Verbindlichkeit allgemeingültiger Normen nicht so tief ('scope') in Richtung nachhaltige Entwicklung vordringen, wie Gesellschaften, die auf ein Miteinander und auf netzwerkartige oder zentrale Steuerungsformen setzen.

Die USA

Die USA zeichnen sich vor allem dadurch aus, dass Wettbewerb oder Wettkampf die grundlegende Logik auf sämtlichen Ebenen des Systems darstellt. Die USA haben ein sehr erfolgreiches nationales Innovationssystem aufgebaut, das – wie bereits erwähnt – am liberalen Pol des Institutionengefüges verortet ist. Wirtschaftliche Koordination ist marktgesteuert, Interaktionssysteme sind lose gekoppelt und *projektbezogen*. Risiken und der Umgang mit Unsicherheit gehören zum amerikanischen Alltag. Die Idee lebenslanger Partizipation in einem Unternehmen ist den Akteuren in den USA eher fremd, dagegen steht enorme Flexibilität auf der individuellen wie auch auf der institutionellen Ebene. Was die wirtschaftliche Leistungskraft im globalen Vergleich betrifft, so nehmen die USA im Jahr 2002 (wie auch in den Jahren davor) Platz 1 von 49 Ländern ein (IMD 2002; N=49) und auch Platz 1 im Vergleich der Wachstumsraten von 80 Ländern (Vorjahr Platz 2; WEF 2002; N=80). Im Hinblick auf die Nachhaltigkeit erreichen sie allerdings lediglich Platz 45 von 142 Ländern (ESI – Environmental Sustainability Index: Ciesin 2002).[2]

Das amerikanische Mehrheitswahlrecht reduziert den Einfluss einer grünen Partei. Eine nationale Politik in Richtung Nachhaltigkeit ist so lange erstrebenswert als damit die internationale Wettbewerbsfähigkeit erhöht wird und dadurch die Machtbasis der Regierung gestärkt wird. Ein herausragendes Instrument hierfür ist die Stärkung der Umwelttechnologie-Branche. Seit 1993 nehmen die USA im internationalen Vergleich Platz 1 in dieser Branche ein (Deutschland und Japan folgen auf den Plätzen 2 und 3). Nachhaltige Entwicklung wird als eine von mehreren Strategien gesehen, die dazu dient, die Nummer eins in der Welt zu bleiben. Im Hinblick auf das globale Erdsystem nehmen die Amerikaner – neben der reinen Wettkampfstrategie – eine Astronautenperspektive ein, d.h. sie bemühen sich um eine Erweiterung des nationalen Wissens über ökologische und soziale Konsequenzen von ökonomischen und von politischen Entscheidungen, aber auch von demographischen Entwicklungen etc. Mit Hilfe dieses Wissens führen sie den Diskurs in vielen internationalen Organisationen an. Es gibt keinen nationalen amerikanischen Umweltplan und es gibt keine national verbindliche Zusage, die Ausbeutung natürlicher Ressourcen innerhalb einer bestimmten Zeit um eine bestimmte Prozentzahl zu reduzieren. Das gab es nicht unter Bill Clinton und schon gar nicht unter Georg W. Bush. Integrierte Umweltsysteme, welche die so genannten *End-of-Pipe*-Technologien ablösen sollen, und die Nachhaltigkeits-Strategie der Konsistenz lassen sich in den USA höchstens auf *Inseln der Nachhaltigkeit* identifizieren, d.h. in

---

2 Die internationale Vergleichbarkeit dieses Index ist nicht unbestritten. Der Index setzt sich aus folgenden Komponenten zusammen: *environmental systems; reducing environmental stresses; reducing human vulnerability; social and institutional capacity; global stewardship*. Insgesamt werden 68 Variablen erhoben. (Vgl. CIESIN 2002)

einzelnen Unternehmen, Regionen oder in einzelnen relevanten ökologischen Bereichen wie dem Wasser. Die USA können sich diese *Verinselung* und mangelnde Kohärenz erlauben, da sie über ein riesiges Ausmaß an natürlichen Ressourcen verfügen, aufgrund ihrer relativen Unabhängigkeit von anderen Ländern und schließlich aufgrund ihres unbestrittenen wirtschaftlichen Erfolges. Seit dem 11. September 2001 geht es in den USA viel mehr um die Bekämpfung des internationalen Terrorismus als um die Entkopplung von Wirtschaftswachstum und Ressourcenverbrauch bzw. der Internalisierung externer sozialer und ökologischer Effekte. In der Bevölkerung stellt der Umweltschutz ein sehr wichtiges Zukunftsthema dar, hat jedoch einen sehr geringen Stellenwert hinsichtlich aktueller Probleme. Ganz aktuell hat das ‚Center for Free Market Environmentalism' der Umweltpolitik der Bush-Administration eine eher schwache Leistung testiert. Die Orientierung dieses Instituts bestätigt sehr schön die Wettbewerbsorientierung in den USA: When applied to the public sector, the principles of free market environmentalism require respect to private property rights, efforts to draw on market forces to solve problems, reliance on ‚beneficiary pays' principle, decentralization, avoidance of regulation that has minimal or no net benefits, and halting unnecessary expansion of federal involvement." (vgl. http://www.perc.org/publications/news/reportcard_ execsum.html)

Großbritannien

Die Annahme, Großbritannien stehe der US-amerikanischen Nachhaltigkeitsstrategie sehr nahe, erweist sich empirisch nicht als haltbar. Großbritannien blickt auf eine lange Tradition des Umweltschutzgedankens zurück, was letztendlich in seiner industriellen Vorreiterrolle begründet ist. Heute ist das Land weniger als die meisten Industrieländer von den Folgen einer Jahrhunderte andauernden Umweltverschmutzung betroffen. Seine aktuelle Umweltpolitik gründet vor allem in der Umweltpolitik der internationalen Staatengemeinschaft, wobei Großbritannien auch hier seinen eigenen Weg geht. Unter der Regierung von Tony Blair entwickelte das Land ein ganzheitliches Verständnis von Nachhaltigkeit, eine Gleichsetzung gar von Nachhaltigkeit und Demokratie – zumindest in der öffentlichen Darstellung. Nachhaltigkeit ist Chefsache! Der *Dritte Weg* zwischen reiner und sozialer Marktwirtschaft verhilft dem Land zu Platz 16 (IMD 2002) bzw. Platz 11 (WEF 2002) im globalen Wettbewerb. Die Wirtschaftskraft erweist sich dabei als relativ stabil. Im Hinblick auf Nachhaltigkeit liegt Großbritannien jedoch erst auf Platz 91 (CIESIN 2002), obwohl es eines der ersten Länder war, das sich um die Internalisierung externer Effekte bemühte. Die Transformation der Wirtschaft von einer Produktions- zu einer Dienstleistungswirtschaft förderte diese Bemühungen. Das Land spielte eine Vorreiterrolle im europäischen Prozess in Richtung nachhaltige Entwicklung. Was die Bemühungen im eigenen Land betrifft, so sind die Absichtserklärungen jedoch eher kritisch zu betrachten. Zudem dominiert im privaten und im öffentlichen Handeln das Leitbild Individualismus das Leitbild Kollektivismus. Die Umweltpolitik fand bislang weniger gesamtgesellschaftlich als – typisch für diese Gesellschaft – in geschlossenen elitären Zirkeln statt. Aktuell bemüht sich das politische System um eine

Dezentralisierung der Nachhaltigkeitspolitik, um die Stärkung lokaler Akteure, die relativ autonom ihre eigenen Nachhaltigkeitsstrategien im Rahmen der *Lokalen Agenda 21* entwickeln sollen. Eine OECD-Studie empfiehlt dem Land die Förderung öffentlicher Nachhaltigkeitsprojekte, die unterschiedliche Stakeholder integrieren und damit die nationale *Kultur* der Entscheidungsfindung verändern (OECD 2001). Beispielsweise soll die Wirtschaft stärker beteiligt werden.

Die Niederlande

Der erste europäische Umweltplan stammt aus den Niederlanden! Damit nimmt das Land eine Art Vorreiterposition in der Diskussion um nachhaltige Entwicklung ein. Die Idee der intergenerationalen Gerechtigkeit leitet diesen Prozess. Die Strategie des *Back-Casting* ist ebenso eine holländische Erfindung, die dazu dient, den Umweltplan im Fünf-Jahres-Rhythmus auf der Basis der Erfolge oder Misserfolge rückwirkend anzupassen. Das hat seit 1989 in manchen Bereichen Rückwärtsbewegungen mit sich gebracht. Auslöser für die Erstellung eines national verbindlichen Umweltplans waren u.a. die erheblichen Probleme des Landes mit dem umfangreichen Transitverkehr. Im Umweltplan stellen sich die Niederlande selbst als ein erfolgreiches ökologisches Innovationssystem dar. Der Umweltplan verweist auf die globale Logik des Habitat, d.h. der Wahrnehmung, dass auch die Industrieländer handeln müssen und nicht nur die Entwicklungsländer, auf Kreislaufwirtschaft, Konsistenz ganzheitlicher Produktpolitik und -verantwortung. Bürgerbeteiligung und demokratische Prozesse werden als Instrumente der Entscheidungsfindung postuliert. Allerdings muss in den Niederlanden, genauso wie in Deutschland, ein hohes Maß an Überzeugungsarbeit geleistet werden, um die beteiligten Akteure an einen Tisch zu bringen und tatsächlich eine Atmosphäre der Verhandlung und nicht nur des Tausches zu erzeugen. Die Niederlande nehmen im globalen Wettbewerb einen sehr guten Platz 4 (IMD 2002) und einen etwas weniger guten Platz 15 im Hinblick auf die Wachstumsraten (Vorjahr Platz 8; WEF 2002) ein. Bezüglich der Nachhaltigkeit steht das Land auf Platz 34 (u.a. hinter vielen osteuropäischen Ländern, hinter allen skandinavischen Ländern und hinter südamerikanischen Ländern wie Bolivien, Kolumbien und Paraguay; CIESIN 2002). Dieser Platz ist jedoch der beste der fünf hier näher betrachteten Länder. Generell dominiert in den Niederlanden jedoch der soziale Aspekt deutlich den ökologischen Aspekt. Sozialverträglichkeit und demokratische Prozesse der Entscheidungsfindung zeichnen das Land aus. Von Seiten der Regierung werden vor allem gegenüber der Wirtschaft Anreize erdacht, um ökologische bzw. nachhaltige Innovationen durchzuführen und eine Politik der systematischen Internalisierung externer Effekte zu implementieren. Im aktuellen Prozess bemühen sich die Niederlande um eine stärkere Einbindung seiner Umwelt- und Nachhaltigkeitspolitik in den europäischen Zusammenhang, da die Regierung erkannt hat, dass manche Probleme nicht auf der nationalen, sondern auf der internationalen wenn nicht globalen Ebene angegangen werden müssen. Des Weiteren soll der verständigungsorientierte Diskurs zwischen allen Akteuren der Gesellschaft gefördert werden.

Deutschland

Die Entwicklung der Umwelt- und Nachhaltigkeitspolitik in Deutschland geht zum größten Teil auf eine umfassende Umweltbewegung in den achtziger Jahren zurück. Der sehr schnelle und intensive Institutionalisierungsprozess grüner und nachhaltiger Politik kann nur noch mit Japan oder mit den skandinavischen Ländern verglichen werden. Dies bringt Deutschland die Position 50 im globalen Nachhaltigkeitswettbewerb ein (CIESIN 2002), d.h. Deutschland liegt u.a. hinter den USA. Die eher spärliche Ausstattung mit natürlichen Ressourcen fördert in Deutschland sehr früh eine Politik der Förderung der Humanressourcen (vgl. das Stichwort *Produktionsintelligenz* als ein E-lement des so genannten *Neuen Deutschen Produktionsmodells*) und eine ausgeprägte Exportorientierung. Im globalen Wettbewerb erlebt Deutschland augenblicklich einen Prozess des Wandels von Plätzen unter den besten 10 zu einem Platz 15 (IMD 2002) oder Platz 14 im Vergleich der Wachstumsraten (WEF 2002). Hier schlägt Japan nach einigen Jahren der Rezession Deutschland. Ähnlich wie die USA sieht Deutschland in den achtziger Jahren Chancen, seine wirtschaftliche Vorreiterfunktion durch die Stärkung der Umwelttechnologiebranche auszubauen. Das Verhältniswahlrecht ermöglicht (wie in den Niederlanden) auch der Partei der Grünen, recht schnell an politischen Entscheidungsfindungsprozessen zu partizipieren. Das Umweltbewusstsein der Bevölkerung in Deutschland ist vergleichsweise hoch, die infrastrukturellen Einrichtungen des Umweltschutzes und nun auch der Nachhaltigkeit sind die am weitesten fortentwickelten und erfolgreichsten der Welt. Die korporatistische und jüngst auch wieder stärker sozial-demokratische Ausrichtung des Institutionengefüges und des politischen Entscheidungsfindungsprozesses führen zu einer hohen Präsenz von Themen des Umweltschutzes und der Nachhaltigkeit in Deutschland. Die meisten Unternehmen bzw. Unternehmensstandorte, Kommunen und andere öffentliche Einrichtungen, die sich in Europa entsprechend der europäischen Öko-Audit-Verordnung (*EMAS – Environmental Management and Audit Scheme*) haben zertifizieren lassen, sind Deutsche. Die Kreislaufwirtschaft wird politisch gefördert wie auch der Übergang von der Produkt- zur Dienstleistungsförderung. Das heißt jedoch nicht, dass sich diese Leitbilder auch im Alltagshandeln durchsetzen. In Deutschland wird, von Seiten der Bevölkerung, darauf vertraut, dass der Staat die Verantwortung für den Umweltschutz übernimmt und nachhaltige Entwicklung einleitet. Hinzu kommt, dass in Deutschland, im Gegensatz zu den Niederlanden, soziale Verantwortung und intragenerationale Gerechtigkeit über lange Zeit vernachlässigt wurden. Das industrielle Koordinatensystem aus routinisierten Regimen, multinationalen Konzernen und kohärenten Unterstützungseinrichtungen wiederum steht für die Nicht-Anerkennung der gesetzlichen Verordnungen. So wurde und wird von Seiten der Wirtschaft heftiger Widerstand gegen (marktkonforme) Ökosteuern laut. Die deutsche Wirtschaft setzt auf selbstverpflichtende Nachhaltigkeitsleitbilder, vor allem das der Effizienz. In der OECD-Studie (2001) wird Deutschland eine Stärkung der politischen Verpflichtung zu nachhaltiger Entwicklung empfohlen.

Japan

Wie für die USA, so zeigen sich auch für Japan ganz eindeutig nationale Themen bzw. Probleme als Ursachen für den Einstieg in einen staatlich organisierten Umweltschutz. Japan hat – wie übrigens auch Deutschland – das Problem mangelnder natürlicher Ressourcen. Hier steht die Drosselung nationaler Energieimporte im Zentrum nachhaltiger Entwicklung. Dabei verfolgt Japan eine *Top-Down-* und hoch integrative Strategie im Hinblick auf die beteiligten Akteure. Durch die enormen Wachstumsquoten Japans, basierend auf steigender globaler Nachfrage nach japanischen Produkten in den achtziger und neunziger Jahren entsteht ein interner Druck zu effizienter Ressourcennutzung und der Reduktion von Emissionen (Wasser und Luft) im industriellen Produktionsprozess. Dementsprechend effizient und umfassend waren die zentralistischen Bemühungen um eine Entkopplung von Wirtschaftswachstum und Ressourcenverbrauch. Neben Deutschland und den USA nahm Japan über Jahre einen der drei ersten Plätze auf dem Umwelttechnologiesektor ein. Als eines der ersten Länder betrieb Japan auch systematisch den Übergang von *End-of-Pipe-* zu integrierten Umwelttechnologien. Japan ist keine Konsensgesellschaft, sondern eher ein System, das sich auf wenige machtvolle Akteure stützt, die den Modernisierungsprozess vorantreiben sollen. Die hohe Loyalität der japanischen Bevölkerung macht es der Regierung leicht, derartige Strategien erfolgreich zu implementieren. Die Strategien, die von Experten mit dem Ziel einer deutlichen Reduktion des Verbrauchs an natürlichen, nicht-regenerierbaren Ressourcen und einem deutlichen Rückgang an Emissionen entwickelt werden, werden von der Bevölkerung mehr oder weniger klaglos befolgt. Seit die japanische Wirtschaftskraft jedoch schwächer wird, gilt der Ressourcenschutz als eines von mehreren gesellschaftlichen Zielen und die Bemühungen um nachhaltige Entwicklung verlieren an Schubkraft. Im internationalen Vergleich nimmt Japan Platz 30 (Vorjahr 26; IMD 2002) bzw. Platz 13 im Vergleich der Wachstumsraten (WEF 2002) ein. Im globalen Nachhaltigkeitsvergleich liegt der ehemalige Vorreiter Japan von den fünf hier betrachteten Ländern lediglich vor dem Vereinigten Königreich auf Platz 78 (CIESIN 2002). Aber die Bemühungen um nachhaltige Entwicklung in Japan brechen damit nicht ab. Sowohl die Bevölkerung als auch die Wirtschaft zeigen großes Interesse an Umwelt- und Nachhaltigkeitsthemen. Ein Problem dabei ist das unzureichende Wissen bezüglich der tatsächlich nachhaltigen Aktivitäten. Ziel ist es, flächendeckend die ISO 14.001 Norm in der Wirtschaft zu implementieren. Diese liegt jedoch deutlich hinter der europäischen Öko-Audit-Verordnung, was die ökologischen Effekte betrifft.[3]

---

3 Die aktuellen Bemühungen um die Erstellung nationaler Nachhaltigkeitspläne können hier noch nicht näher betrachtet werden.

Die Transformationsländer

Entgegen meiner eigenen Vermutung, wonach sich die ‚frühen' Transformationsgesellschaften (Polen, Ungarn, Tschechien, Slowakei), also die so genannten VG4-Staaten, in ihrem Transformationsprozess eher an korporatistischen orientieren würden (vgl. Blättel-Mink 1996), plädiert Bochniarz eindeutig in Richtung Marktmäßigkeit der Transition und spricht im Hinblick auf die Europäische Union von ‚Überregulation'. Seine These lautet, dass die Transformationsländer durch ihre besondere Ausgangssituation des Umbruchs struktureller, kultureller und institutioneller Gegebenheiten eine besondere Chance der Entkopplung von Wirtschaftswachstum und Ressourcenverbrauch haben. Diese These vermag er auch mit Zahlen zu belegen. Betrachtet man alleine die Zahlen von WEF 2002/03[4], IMD 2002[5] und CIESIN 2002[6], so zeigen sich hier bereits einige positive Zusammenhänge. Das wirtschaftliche Wachstum der Transformationsländer ist durchaus beachtlich – einige sind erst seit zwei Jahren im Ranking enthalten, wenn auch vor allem die *frühen Liberalisierer, frühen Stabilisierer* und *fortgeschrittenen Reformer* schon wieder Zeichen der Stagnation aufweisen. Deutlich wird jedoch ihre gute Stellung auf dem Environmental Sustainability Index. Ausnahmen stellen allerding Polen und Tschechien dar. Bochniarz fordert neben institutionellen Innovationen (vor allem im Hinblick auf die Umweltgesetzgebung) die Förderung des Humankapitals in den Transformationsländern, zum einen im Hinblick auf die Ausbildung von Wirtschaftswissenschaftlern und von Managern und zum anderen im Hinblick auf die Partizipation und Aufklärung der Bevölkerung im Hinblick auf Strategien der Nachhaltigkeit. Das Streben nach Mitgliedschaft in der EU stellt in den Transformationsländern, neben der extremen Umweltverschmutzung und damit einer geringen Lebensqualität und neben rein ökonomischen Aspekten, wie der Förderung der Wettbewebsfähigkeit durch einen Ausbau des Sektors Umweltgüter- und Umweltdienstleistungen, eine der wesentlichen ‚treibenden Kräfte' des ökologischen bzw. nachhaltigen Umbaus in diesen Ländern dar. Bochniarz betont dann auch die Bereitschaft der ausländischen Investoren, die Umweltverordnungen zu unterstützen, wobei er vor allem das ‚polluter pasy pronciple' und den Umweltzertifikatehandel nennt. Beeindruckend ist schließlich der von ihm belegte Zusammenhang von ökonomischer, sozialer und ökologischer Nachhaltigkeit.

---

4 Vgl. WEF 2002/03 (N=80): Estland 26; Slowenien 28; Ungarn 29; Litauen 36; Tschechien 40; Lettland 44; Slowakei 49; Polen 51; Kroatien 58; Bulgarien 62; Russland 64; Rumänien 66; Ukraine 77.

5 Vgl. IMD 2002 (N=49): Estland 21; Ungarn 28; Tschechien 29; Slowakei 37; Slowenien 38; Russland 43; Polen 45.

6 Vgl. ESI 2002 (N=142): Lettland 10; Ungarn 11, Kroatien 12; Slowakei 14; Estland 18; Slowenien 23; Litauen 27; Armenien 38; Moldawien 39; Weißrussland 49; Kirgisien 56; Bosnien Herzegowina 57; Tschechien 64; Rumänien 66; Bulgarien 71; Russland 72; Mazedonien 83; Polen 87; Kasachstan 88; Tadschikistan 110; Aserbaidschan 114; Usbekistan 118; Turkmenistan 131; Ukraine 136.

4 Die Ökologisierung von Regionen

Die Heterogenität der Ökologisierung von Regionen wird bereits deutlich, wenn man nur die drei Fallstudien betrachtet, die in diesem Band enthalten sind. Während das Beispiel Baden-Württemberg in vielen Teilen der Vorgehensweise auf der Bundesebene ähnelt, wobei die spezifische Ausgangssituation in diesem Bundesland durchaus deutliche Unterschiede zum Bund begründet, belegt das Beispiel Bremen den Versuch, ein Segment der Nachhaltigkeit auszuwählen und hier die geforderte Entkopplung von Wirtschaftswachstum und Ressourcenverbrauch zu realisieren. Die Donau-Region hingegen vereint Heterogenität der beteiligten Länder und Homogenität der ökologischen Situation – ähnlich wie bei den Transformationsländern insgesamt – zu einer gemeinsamen Bemühung in Richtung nachhaltiger Entwicklung und setzt dabei vor allem auf Bildungsbestrebungen und Partizipation. Österreich ist eines der wenigen Länder im europäischen Raum, die bereits 1994 über einen Umweltplan verfügen und auch bereits einen Nachhaltigkeitsplan erstellt haben. Dementsprechend vertritt Kvarda im Gegensatz zu Bochniarz eher eine Strategie der Planung, der Verhandlung und der Ausbildung entprechender korporatistischer Institutionen im supranationalen und regional begrenzten Raum.

Insgesamt scheinen folgende Elemente der Ökologisierung in allen Regionen in irgendeiner Weise relevant zu werden:

• Gesetzgebung – institutionelle Innovationen

• Aufbau von öffentlicher Forschungskapazität

• und Förderung privater Unternehmen.

So fasst Manske die wesentlichen Erkenntnisse zu Bremen zusammen, die m.E. durchaus Allgemeingültigkeit – bei aller Heterogenität – beanspruchen können: „Zunächst einmal scheint regionale, kleinräumige Förder- bzw. Innovationspolitik eigene Stärken zu haben. Der theoretisch-empirische Hintergrund dafür ist im Grunde bekannt: eine bestimmte kritische Masse an Innovationspotential in einem sozusagen überschaubaren Raum zusammenzubringen, kann sehr erfolgreich sein. (...) Dabei muss diese Politik offenkundig auch thematisch fokussiert sein (...). Sie muss außerdem verschiedene Kompetenzen entwickeln (wissenschaftliche Kapazitäten) und zusammenführen. Die Region muss sich allerdings nach außen öffnen, d.h. sie muss bereit und in der Lage sein, Wissen aufzugreifen, das woanders entsteht. Letzteres gehört genuin zur Arbeit von Universitäten. Heute sind aber auch kleine, innovative Unternehmen in der Lage, weltweit zu kommunizieren und Entwicklungskooperationen einzugehen. Die Öffnung nach außen ist auch und gerade unter dem Aspekt der Gewinnung von Absatzchancen wichtig." (Manske in diesem Band: 205)

5 Ergebnisse

Der Zusammenhang zwischen globaler und nationaler Ebene ergibt sich über die Rolle der einzelnen Gesellschaften im internationalen bzw. globalen Diskurs. Diversitäten auf der nationalen Ebene ergeben sich durch strukturelle, institutionelle und kulturelle Besonderheiten. Es gibt nicht das Modell nationaler nachhaltiger Entwicklung und es gibt schon gar nicht das Modell regionaler nachhaltiger Entwicklung.

Misst man die Tiefe nachhaltiger Entwicklung allein über die beiden Dimensionen Planhaftigkeit nationaler Umweltpolitik und Logik der Interessenvertretung (Tausch- oder Verhandlungslogik), so ergibt sich folgender Zusammenhang: die USA weisen weder einen Umweltplan auf, noch setzen sie auf Verhandlungslogik. Grundlage der nationalen Kommunikation ist die Durchsetzung eigener Interessen auch gegen die Interessen anderer bzw. mit Hilfe von Kompensationen (*negative Koordinierung* von Scharpf 1996 und 1992). Japan ähnelt in diesen beiden Dimensionen den Niederlanden, wobei der Plan aus langfristigen Zielen besteht, die quantitativ nicht eindeutig bestimmt sind, und die Tauschlogik staatlich bzw. über eine vertikal strukturierte Gruppenkoordination innerhalb der Wirtschaft reguliert wird. Scharpf verweist für einen derartigen Zusammenhang auf das Erreichen des Kaldor-Maximums und damit auf eine *win-win*-Situation durch bürokratische Steuerung. Deutschland geht zwar weiter im Hinblick auf den Einbezug der Akteure (ohne unbedingt ein diskursives Vorgehen zu implementieren), jedoch immer noch ohne national verbindlichen Umweltplan. Großbritannien weist zwar einen Umweltplan auf, der jedoch nur geringe Verbindlichkeit hat und der angesichts der weit verbreiteten Tauschlogik auch wenig Chancen auf Durchsetzung hat. Die Transformationsländer setzen auf Freiwilligkeit, Partizipation und Bildung und sind damit durchaus erfolgreich.

Nimmt man weitere Dimensionen, wie die unterschiedlichen Logiken bzw. Leitbilder im Hinblick auf nachhaltige Entwicklung hinzu, so ergibt sich folgendes Bild: interne Konsistenz im Sinne der Einheitlichkeit von Logiken scheint dabei ein Leitbild zu sein, das der Kohärenz im Innovationssystem entspricht. So stellen die USA ein sehr konsequentes, konsistentes Bild dar. Aus sämtlichen hier näher betrachteten Perspektiven, globale Perspektive, normatives nationales Leitbild etc., dominiert die wirtschaftliche Logik, d.h. Leitbilder wie Effizienz und Wettbewerb lenken den Entscheidungsfindungsprozess der Akteure. Inseln der Nachhaltigkeit stören dieses Bild nicht sehr. Der Tausch stellt die dominante Logik und Koordinationsform sämtlicher Akteure dar. Diese bezieht sich auch auf den Umgang mit anderen Ländern und auf die Positionen in der Völkergemeinschaft. Damit, und natürlich mit anderen Faktoren, wie der Ausstattung mit Ressourcen, stehen die USA im globalen Nachhaltigkeitsvergleich z. B. besser da als Deutschland, das viele Logiken zu vereinen sucht: Tausch und Verhandlung, Effizienz und Konsistenz und teilweise auch Suffizienz, den verstärkten Einsatz von Umwelttechnologien, Kreislaufwirtschaft und ganzheitliche Produktpolitik und -verantwortung, um nur einige zu nennen. Dies vermittelt den Eindruck der Konfusion und mangelnder Einheitlichkeit bzw. Konsistenz. Entsprechend stehen manche Logiken anderen im Wege, so konkurrieren das Leitbild der Effizienz und der Suffizienz sowie das Leitbild des Wettkampfes und des Habitat. Japan wies in den Jahren ein recht konsistentes Bild auf und war auch deutlich weiter im Hinblick auf nachhaltige Entwicklung. Auch die Niederlande zeigen sich recht konsistent, allerdings fehlt hier bislang die Einbindung in den globalen Diskurs, um die eigenen Vorstellungen – auch und vor allem das eigene Land betreffend – durchsetzen zu können. Großbritannien versucht einen Widerspruch zu überwinden: in einem Land, in dem der Individualismus und die Tauschlogik dominieren, *Top-Down* eine Nachhaltigkeitsstrategie zu implementieren. Zu fragen wäre hier, inwieweit diese zentralistische Strategie eher eine Fassade denn nachhaltige Manifestationen beinhaltet. Die Transformationsländer streben, zumindest den Ausführungen Bochniarz zufolge, nach Konsistenz. Sie setzen auf Marktmechanismen und auf Freiwilligkeit gepaart mit entsprechenden gesetzlichen Verordnungen, die jedoch weniger regulieren als den ökonomisch verträglichen Weg in die Nachhaltigkeit aufzeigen. Die Umbrüche allerdings, die sich im Moment beobachten lassen, lassen keine endgültigen Aussagen über das Erfolgsmodell ‚*nachhaltige Transformation*'zu.

Ökologisierungsprozesse bzw. die Initiation nachhaltiger Entwicklung auf der regionalen Ebene machen durchaus Sinn. Die regionale Ebene ist die konkretere Ebene, hier werden Programme und Projekte umgesetzt und – wie bereits Renn und Kastenholz (1996) argumentieren: viele regionale Nachhaltigkeiten machen auch ein Ganzes! Diese Auffassung scheint sich hier zu bestätigen. Jede Region hat ihre eigene Vorgehensweise, abhängig von ihren strukturellen und institutionellen Gegebenheiten und auf dieser Ebene bewegt sie sich schneller oder langsamer, umfassender oder spezialisierter in Richtung Nachhaltigkeit und beeinflusst dadurch ihre ‚Nachbarn'. Regionale Konglomerationen, wie die Donau-Region scheinen dabei besonders interessant zu sein, da es hier gelingen kann, unterschiedliche nationale Logiken und Entwicklungspfade in Einklang miteinander zu bringen. Und wenn es nicht bei der Verhandlungslogik bleibt, sondern aus dem Reden auch ein Handeln (vgl. Brunsson 1982) wird, so kann dies durchaus Erfolg haben im Hinblick auf die Entkopplung von Wirtschaftswachstum und Ressourcenverbrauch. Zunehmend wird dabei auch der soziale Aspekt berücksichtigt. Das belegt auch die Fallstudie zu Bremen, wo ein sozialer Faktor, nämlich die Verfügbarkeit von gesellschaftlicher Arbeit, durch ökonomische und ökologische Nachhaltigkeit verbessert wird.

Stellt man schließlich die Frage, inwieweit die Kohärenz der Akteure, die Innovationssysteme benötigen um erfolgreich zu sein, auch für ökologische Innovationssysteme gilt, so lässt sich auf der Basis der vorliegenden Fallstudien m.E. folgendermaßen argumentieren: trotz der Einbeziehung von deutlich mehr Akteuren in den Prozess der nationalen bzw. regionalen Ökologisierung (vgl. Blättel-Mink 2001), tendieren Ökolgisierungsprozesse, egal ob sie entprechend der Markt- bzw. Tauschlogik oder der Verhandlungslogik funktionieren, ob sie Effizienz oder Konsistenz anstreben, dazu, viele unterschiedliche Akteure zu involvieren und diese dazu zu bringen, ‚an einem Strang zu ziehen'.

Damit ergibt sich für die zukünftige Forschung die Notwendigkeit, neue Formen der Kooperation und Koordination auf nationaler, regionaler, aber auch supranationaler bzw. supralokaler Ebene zu analysieren.

Literatur:

Benedick, R. E. 1998: Das fragwürdige Kyoto-Klimaprotokoll. Unbeachtete Lehren aus der Ozongeschichte. WZB-Discussion paper FS II 98–407. Berlin:WZB

Biermann, F. 1998: Weltumweltpolitik zwischen Nord und Süd. Die neue Verhandlungsmacht der Entwicklungsländer. Baden-Baden: Nomos

Biermann, F./Simonis, U.E. 1998: Institutionelles Lernen in der Weltumweltpolitik. WZB-Discussion paper FS II 98–404. Berlin: WZB

Blättel-Mink, B. 1996: Innovation und Transformation – Annäherungen an ein neues Forschungsfeld. In: Lange, E./Voelzkow, H. (Hg.) Räumliche Arbeitsteilung im Wandel. Marburg: Metropolis: 125-161

Blättel-Mink, B. 2001: Wirtschaft und Umweltschutz. Grenzen der Integration von Ökonomie und Ökologie. Frankfurt am Main: Campus

Brunsson, N. 1982: The Irrationality of Action and Action Rationality: Decision, Ideologies and Organizational Action. In: Journal of Management Studies, Vol. 19 (1): 29-44

CIESIN – Center for International Earth Science Information Network, 2002. 2002 Environmental Sustainability Index. Columbia, online: http://www.ciesin.columbia. edu/indicators/ESI.rank.html

Feess, E./Steger, U. 1998: Nachhaltigkeit und Globalisierung, In: GAIA – Ökologische Perspektiven in Natur-, Geistes- und Wirtschaftswissenschaften, Jg. 7 (1): 51–53

Habermas, J, 1981: Theorie des kommunikativen Handelns. 2 Bände. Frankfurt am Main: Suhrkamp

Héritier, A. 1996: Muster europäischer Umweltpolitik. In: Diekmann, A./Jaeger C. C. (Hg.): Umweltsoziologie. Sonderheft 36 der KZfSS. Opladen: Westdeutscher Verlag: 472–486

IMD 2002: IMD World Competitiveness Yearbook 2002, online: http://www.imd. ch/wcy

Kern, K. 2002: Diffusion nachhaltiger Politikmuster, transnationale Netzwerke und „globale" Governance. In: Brand, K.-W. (Hg.): Politik der Nachhaltigkeit. Voraussetzungen, Probleme, Chancen – eine kritische Diskussion. Berlin: edition sigma: 193-210

Kern, K./Jörgens, H./Jänicke, M. 2001: The diffusion of environmental policy innovations: a contribution to the globalisation of environmental policy. WZB-Discussion paper FS II 01-302. Berlin: WZB

Krings, B. J. 1999: Beyond growth – Nachhaltige Entwicklung versus Wirtschaftswachstum. Tagungsbericht. In: TA-Datenbank-Nachrichten, Jg. 8 (3,4): 112-115

Metzner, A. 1998: Umwelt- und Technik-Risiken als gesellschaftliches Innovations-problem – Überlegungen im Verhältnis von Wissenschaft, Wirtschaft, Politik und Öffentlichkeit. In: Fricke, W. (Hg.): Innovationen in Technik, Wissenschaft und Gesellschaft. Beiträge zum 5. internationalen Ingenieurkongress der Friedrich-Ebert-Stiftung. Forum Humane Technikgestaltung Band 19. Bonn: Friedrich-Ebert-Stiftung: 209–225

Meyer-Krahmer, F. 1997: Umweltverträgliches Wirtschaften. Neue industrielle Leitbilder. In: Blättel-Mink, B./Renn, O. (Hg.): Zwischen Akteur und System. Die Organisierung von Innovation. Opladen: Westdeutscher Verlag,: 209-233

OECD 2001: OECD Environmental Outlook. Paris: OECD

Pearce, D. W./Markandya, A./Barbier, E. B. 1989: Blueprint for a green economy: a report. London: Earthscan

Quennet-Thielen, C. 1996: Nachhaltige Entwicklung: Ein Begriff als Ressource der politischen Neuorientierung. In: Kastenholz/H. G./Erdmann, K.-H./Wolff, M. (Hg.): Nachhaltige Entwicklung. Zukunftchancen für Mensch und Umwelt. Berlin u.a.: Springer: 9-21

Radkau, J. 1996: Beweist die Geschichte die Aussichtslosigkeit von Umweltpolitik? In: Kastenholz, H. G./Erdmann, K.-H./Wolff, M. (Hg.): Nachhaltige Entwicklung. Zukunftchancen für Mensch und Umwelt. Berlin/Heidelberg: Springer: 23–44

Renn, O. 1996: Externe Kosten und nachhaltige Entwicklung. In: VDI-Berichte (1250): 23-38

Renn, O./Kastenholz, H. G. 1996: Ein regionales Konzept nachhaltiger Entwicklung. In: GAIA – Ökologische Perspektiven in Natur-, Geistes- und Wirtschaftswissenschaften, Jg. 5 (2): 86-102

Seifert, E. K. 1995 Jenseits des Bruttosozialprodukts. Neue Ansätze zur Messung von nachhaltiger Entwicklung. In: ISI (Informationsdienst Soziale Indikatoren) Jg. 13, Januar. Mannheim: ZUMA

Senti, R. 1998: Handel und Umweltschutz. In: GAIA – Ökologische Perspektiven in Natur-, Geistes- und Wirtschaftswissenschaften, Jg. 7 (1): 53

Wallström, M. 2000: Europäische Umweltpolitik: ein Zwischenstand. In: ZAU (Zeitschrift für angewandte Umweltforschung), Jg. 13 (1/2): 9–12

Weir, M. 1992: Ideas and politics of bounded innovation. In: Steinmo, S./Thelen, K./Longstreth, F. (Hg.): Structuring politics: historical institutionalism in comparative analysis. Cambridge u.a.: Sage: 188-219

WEF – World Economic Forum 2002: Global competitiveness report 2002-2003

World Commission on Environment and Development 1987: Our common future (*Brundtland-Report*). Oxford

Worldwatch Institute 1997: State of the world 1997: a Worldwatch Institute report on progress toward a sustainable world. New York: Earthscan

Kontakt:
PD Dr. Birgit Blättel-Mink: birgit.blaettel-mink@soz.uni-stuttgart.de

Christa Rübben

Bewertung der ökologischen Effizienz in Schwellenländern

Untersuchung am Beispiel der Elektrizitätssektoren von Indonesien, Malaysia, Philippinen, Singapur und Thailand

In den Wirtschaftswissenschaften sind ökologische und ökonomische Werte an sich keine Gegensätze, da die biologische Umwelt der Lebewesen einschließlich der Menschen eine Grundlage für Wohlfahrt und ökonomisches Handeln darstellt.

Das Thema der vorliegenden Arbeit erfordert einen multidisziplinären Ansatz, da ohne Kenntnis der technisch-physikalisch-biologischen Zusammenhänge in der Elektrizitätswirtschaft weder der adäquate Theorierahmen noch die relevante Datenbasis ausgewählt werden kann.

Nach den Begriffsdefinitionen im zweiten Kapitel soll im Rahmen der vorliegenden Arbeit im dritten Kapitel ökologische Effizienz aus Sicht der neoklassischen paretianischen Wohlfahrtstheorie dargestellt werden. Im vierten Kapitel der Arbeit werden die zu analysierenden fünf südostasiatischen Schwellenländer und ihre Elektrizitäts- und Energiesektoren vorgestellt. Im fünften und sechsten Kapitel erfolgt die sektorale und die gesamtwirtschaftliche Analyse der ökologischen Effizienzen der Elektrizitäts- und Energiewirtschaften. Im siebten Kapitel wird diskutiert, ob die These zur gewählten Methodik und zu den angenommenen Interdependenzen verifiziert werden konnte und welche Bedeutung die Ergebnisse aus wirtschaftstheoretischer und umweltpolitischer Sicht haben.

1. Auflage 2003, 379 S., brosch., 39,– €, ISBN 3-8329-0028-4
(Internationale Kooperation, Bd. 53)

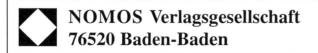

**NOMOS Verlagsgesellschaft
76520 Baden-Baden**

Ralf Herbold/Eckard Kämper/Wolfgang Krohn/
Markus Timmermeister/Volker Vorwerk

Entsorgungsnetze

**Kommunale Lösungen im Spannungsfeld von Technik,
Regulation und Öffentlichkeit**

Das Buch untersucht die unterschiedlichen Wege, auf denen Kommunen den Aufbau moderner und damit notwendigerweiser komplexer Entsorgungssysteme zu bewältigen suchen. Es geht um den Aufbau von Abfallwirtschaftskonzepten, bei denen unterschiedliche Organisationsformen, Technologien und Politikstile zum Tragen kommen.

Die Problemlagen sind zahlreich: Sind technische Lösungen bei dem Risikobewußtsein der Bevölkerung umsetzbar? Wie sicher sind neue Technologien im Realbetrieb? Finden die Organisationsstrukturen der Bring- und Hohlsysteme genügend Rückhalt in der Bevölkerung? Welche Gebühren sind zumutbar? Trotz der Komplexität der Problemlage ist es die Aufgabe der Entscheidungsträger, eine technologisch, ökonomisch und politisch tragfähige Konzeption zu entwickeln.

Anhand von Fallbeispielen wird der Aufbau von fünf Entsorgungskonzepten untersucht, die unterschiedliche Reaktionen auf diese Unsicherheiten darstellen. Herausgearbeitet wird, daß die Art und Weise, wie in kommunalen Entsorgungsnetzen die verschiedenen Akteure aus Politik, Anlagenbau, Abfallerzeugung, Haushalten und Wissenschaft eingebunden sind, entscheidend dafür ist, wie Unsicherheiten wahrgenommen und verarbeitet werden.

2002, 429 S., geb., 55,– €, ISBN 3-7890-7651-1
(Forum Kooperative Politik, Bd. 5)

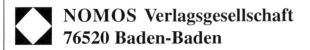

**NOMOS Verlagsgesellschaft
76520 Baden-Baden**